〈監修〉（財）バイオインダストリー協会　生物資源総合研究所
〈編集〉磯崎博司・炭田精造・渡辺順子・田上麻衣子・安藤勝彦

生物遺伝資源への アクセスと利益配分

――生物多様性条約の課題――

❀❀❀

理論と実際シリーズ
0007
環境政策・環境法

信 山 社

はしがき

　1992年、ブラジルのリオ・デ・ジャネイロで開催された国連環境開発会議（UNCED）（地球サミット）で、二つの条約が採択された。「気候変動に関する国際連合枠組条約（気候変動枠組条約）」と「生物の多様性に関する条約（生物多様性条約）（CBD）」である。同じときに誕生し、双子の条約と呼ばれたが、双子はその後、別々の道を歩むことになる。気候変動枠組条約は京都議定書とともに広く我が国でも認識されていったが、CBDについてはさほど我が国で知られることもなく、政府担当者と関連する企業や大学の研究者だけが取り組む限定的な（＝ニッチな）分野であった。

　発効後長らく日陰を歩んできたCBDだが、2008年5月に開催された第9回締約国会議（COP9）において、次期締約国会議（COP10）を愛知県名古屋市で開催することが正式に決定された。それ以降、我が国でCBDが注目を集めるようになり、関連する報道や出版物を目にする機会が一気に増えた。CBDの問題に関し、多くの方々が関心を示してくださるようになったのは非常に喜ばしいことであった。

　一方で、光があたらなかった時期にCBDをめぐる問題は多様化し、とりわけアクセスと利益配分（ABS）に関する問題はどんどん深化・複雑化していた。CBDを取り巻く状況やABSに係る論点を理解するのは容易ではなく、交錯する各国の思惑と絡み合う論点の一部を切り取った不正確な記事や、誤解に基づく情報発信を目にする機会も増えた。そうした情報で危機感を抱いた企業や研究者の方から相談を受けることも多くなった。COP10に向けて我が国でCBDへの関心が高まっていく中で、正しい理解に基づく議論の必要性を強く感じ、これまでCBDの問題に取り組んできた人たちでABS問題の解説書を出したいという思いが日に日に高まった。

　そこで、本分野の第一人者であられる磯崎博司先生にご相談したところ、趣旨にご賛同くださった。次にCBD-ABSの普及・啓発に長年尽力されてきた（財）バイオインダストリー協会（JBA）の方々にご相談したところ、正にJBAも同趣旨の出版を検討しているとのことであった。そこで、同じ思いのもと、一つのプロジェクトとして開始させていただくことになった。JBAのCBDに基づく遺伝資源へのアクセス促進事業のタスクフォースのメンバーを中心に執

筆依頼を行ったところ、皆さん快くお引き受けくださった。本書はこうしてできあがっていった。

　刊行にいたるまでの過程は、数多くのご厚意に支えられたものであった。章の責任者という形ではなかったために編者には入っていないものの、水産大学校の最首太郎先生には企画段階より多くの貴重なご提案とご教示をいただいた。本書作成の全過程を通じて、JBAの渡辺順子さんが適確なご指摘で常に私の取りまとめの不備をサポートしてくださった。また、同じくJBAの野崎恵子さんからは、実に多くの有益なアドバイスとサポート、そして激励をいただいた。ここに厚くお礼を申し上げたい。

　そして、本企画にご賛同くださり、辛抱強く原稿をお待ちくださった信山社の今井守さん、稲葉文子さんには大変お世話になった。深く謝意を表したい。

　本書は、執筆者及び協力者のどなたが欠けても刊行までたどり着くことはできなかった。すべての執筆者・協力者の思いがつまった本書が、CBDそして名古屋議定書についての正しい理解と今後の研究開発活動促進の一助となれば幸いである。

2010年12月

田上　麻衣子

【目　次】

はじめに………………………………………………〔磯崎　博司〕…3

第1章　生物多様性条約(CBD)の基礎知識 ………… 7

1　生物多様性条約(CBD)とは………………………〔最首　太郎〕… 7
　（1）　概　要……………………………………………………… 7
　（2）　CBDの運用実施履行のための法構造 ………………… 9
　（3）　CBDの特徴としての遺伝資源の規制 …………………12

2　CBD成立までの経緯 ……………………………〔高倉　成男〕…19
　（1）　地球サミットとCBD ……………………………………19
　（2）　対立点は先送り ……………………………………………20
　（3）　新条約制定の契機 …………………………………………21
　（4）　政府間交渉は1990年末から ……………………………22
　（5）　条約の目的の変質 …………………………………………23
　（6）　利益配分＝環境コスト負担 ………………………………24
　（7）　TRIPS協定との関係 ……………………………………25
　（8）　日米の反対理由 ……………………………………………26
　（9）　土壇場での修正 ……………………………………………27
　（10）　その後の日米の対応 ………………………………………28

3　CBDで使われる用語、基本条文の説明………〔磯崎　博司〕…29
　（1）　基本的な用語 ………………………………………………29
　（2）　主要条文の分析 ……………………………………………32

v

目次

4　ABS 問題の背景 ……………………………〔磯崎　博司〕…47
　（1）　南北問題 …………………………………………………… 47
　（2）　採択時の残された課題 …………………………………… 49
　（3）　ABS 交渉難航の原因 ……………………………………… 50
　（4）　国家主権と国内法 ………………………………………… 51
　（5）　国境を越える国内法 ……………………………………… 51
　（6）　遺伝資源移転契約の遵守 ………………………………… 57

第 2 章　CBD におけるアクセス及び利益配分
── ABS 会議の変遷と日本の対応
………………………〔炭田　精造・渡辺　順子〕…61

1　問題の背景 …………………………………………………… 61
2　ボン・ガイドラインの策定まで(COP1-COP6) …………… 65
3　ABS に関する国際レジーム(IR)をめぐる議論 …………… 76
4　最終局面の交渉と名古屋議定書の採択 …………………… 103

第 3 章　生物遺伝資源の利用 ………………………………… 111

1　医薬品産業における生物遺伝資源の利用──天然物創薬と生物遺伝資源 ……………………………〔奥田　徹〕…111
　（1）　創薬の起源 ………………………………………………… 111
　（2）　抗生物質時代 ……………………………………………… 112
　（3）　ポスト抗生物質時代 ……………………………………… 114
　（4）　医薬品の探索と開発 ……………………………………… 119
　（5）　医薬品業界と天然物創薬 ………………………………… 121

2 機能性食品・健康食品素材としての生物遺伝資源の利用 〔渡辺 順子〕…127
- （1） 機能性食品、健康食品とは …128
- （2） 機能性食品・健康食品に素材として使用される生物遺伝資源 …130
- （3） 産業の構造と商品開発 …136
- （4） 開発における CBD の課題 …138

3 化粧品素材としての生物遺伝資源の利用 〔渡辺 順子〕…141
- （1） 化粧品に素材として使用される生物遺伝資源 …142
- （2） 原料の調達 …145
- （3） 化粧品の開発 …146
- （4） 開発における CBD の課題 …149

4 園芸産業における生物遺伝資源の利用 〔鴨川 知弘〕…149
- （1） 園芸産業における遺伝資源の利用 …152
- （2） 園芸産業による遺伝資源利用の特異性に基づいたアクセス事例 …158
- （3） 今後解決すべき課題 …163

5 大学や研究機関における生物遺伝資源の利用 〔安藤勝彦〕…165
- （1） 生物遺伝資源の学術利用 …165
- （2） 生物遺伝資源の学術利用から産業利用への移行 …166
- （3） カルチャー・コレクション（Culture Collection: CC） …166
- （4） 分類学研究と CBD …167

目 次

第4章　CBD に関する個別論点 …………………………… 169

1　遺伝資源及び伝統的知識をめぐる国際紛争：
論点と対策 ……………………………〔田上麻衣子〕… 169
（1）遺伝資源及び伝統的知識をめぐる主張の整理 …………… 169
（2）遺伝資源及び伝統的知識へのアクセス及び利用の際の留意点 ……………………………………………………… 178

2　知的財産権に関する論点整理 ……………〔田上麻衣子〕… 182
（1）WIPO／IGC における議論 …………………………………… 182
（2）WTO／TRIPS 理事会における議論 ………………………… 187
（3）論 点 整 理 ………………………………………………… 190

3　伝統的知識の保護 …………………………………………… 193

3-1　伝統的知識（TK）に関する問題の所在
 ………………〔青柳 由香・田上麻衣子〕… 194
（1）伝統的知識とは何か …………………………………… 194
（2）広義の伝統的知識に関する問題の所在 …………… 196
（3）伝統的知識に関する問題の法的解決の可能性 …………… 198

3-2　CBD の締約国会議（COP）等における議論
 ………………………………………〔最首 太郎〕… 201
（1）CBD の伝統的知識（TK）関連規定 ……………………… 201
（2）CBD における伝統的知識関連議論の系譜 ……………… 204
（3）第8条(j)実施において提起される問題について ……… 208

3-3　その他の国際機関等による取組 ……〔青柳 由香〕… 213
（1）国際的な取組 ……………………………………………… 214
（2）地域的な取組 ……………………………………………… 217
（3）国レベルでの取組 ………………………………………… 218

4　Certificate に関する議論 …………………〔渡邊 幹彦〕… 219
（1）ABS における国際認証の議論の開始 …………………… 221

（2）国際認証の議論の内容 ……………………………………… 224
　　（3）実効性・実現可能性と経済性の問題 ……………………… 232
　　（4）国際認証の議論の動向に関する注意点 …………………… 234
　5　食料及び農業のための植物遺伝資源に関する議論
　　　　　　　　　　　　　　　　　　………………〔山本　昭夫〕… 235
　　（1）ITPGR の概要 ………………………………………………… 237
　　（2）MLS の概要 …………………………………………………… 239
　　（3）まとめ ………………………………………………………… 241

第 5 章　海外生物遺伝資源へのアクセス及び利益配分の現状
　　　　　　　　　　　　　　　　………………………………………… 243

　1　海　外　動　向 ……………………………………………………… 243
　　1-1　海外における生物遺伝資源利用の取組
　　　　　　　　　　　　　　 ………〔安藤　勝彦・渡辺　順子〕… 243
　　（1）ノボザイム社のケニアにおける事例 ……………………… 243
　　（2）グラクソ・スミスクライン(GlaxoSmithKline：GSK)社のブラジルにおける事例 ………………………………………… 244
　　（3）アストラゼネカ(AstraZeneca)社のオーストラリアにおける事例 …………………………………………………………… 245
　　（4）メルク(Merck)社の海外生物資源探索事例 ……………… 245
　　（5）米国国立癌研究所(National Cancer Institute：NCI)の海外生物資源探索事例 …………………………………………… 245
　　1-2　英国王立キュー(Kew)植物園の取組 〔山本　昭夫〕… 247
　2　日本における生物遺伝資源利用の取組 ………………………… 250
　　2-1　ABS 問題への日本のアプローチ：JBA の取組
　　　　　　　　　　　　　　　　　　………………〔藪崎　義康〕… 251
　　（1）JBA と CBD との関わり …………………………………… 251

ix

目　次

　　（2）CBD及びボン・ガイドラインの普及 ································ 252
　　（3）「遺伝資源へのアクセス手引」の作成 ······························· 253
　　（4）オープンセミナーによる「遺伝資源へのアクセス手引」
　　　　　の普及 ··· 255
　　（5）ウェブサイト「生物資源へのアクセスと利益配分
　　　　　──企業のためのガイド」の開設 ·································· 255
　　（6）海外遺伝資源アクセスに関する「相談窓口」 ······················· 256
　　（7）遺伝資源アクセスに関する関連動向の把握とアクセス
　　　　　ルートの開拓 ··· 256
　　（8）CBD締約国会議等への参加と我が国政府への支援・提言
　　　　 ·· 257
　　（9）バイオインダストリー集団研修 ····································· 258
　2-2　海外生物遺伝資源利用の取組············〔安藤　勝彦〕··· 260
　　（1）アステラス製薬のマレーシアにおける事例 ························· 260
　　（2）ニムラ・ジェネティック・ソリューソンズ（NGS）の海外
　　　　　生物資源探索事例 ··· 260
　　（3）九州大学のネパールにおける事例 ··································· 261
　　（4）製品評価技術基盤機構（NITE）の海外生物資源探索
　　　　　事例 ·· 261

第6章　名古屋議定書の概略と論点 ············〔磯崎　博司〕··· 264

　1　名古屋議定書の枠組み ·· 264
　2　名古屋議定書の主要規定 ·· 266
　　（1）適用範囲 ·· 266
　　（2）派生物：利益配分の対象範囲 ·· 267
　　（3）派生物：取得規制の対象範囲 ·· 269
　　（4）国内法に対する要件 ·· 269

		（5）	域外効力の対象事項 …………………………………… 271
		（6）	対 応 義 務 ……………………………………………… 272
		（7）	利用国における違反対応措置 ………………………… 273
		（8）	監視・認証制度 ………………………………………… 273
	3	その他の規定 …………………………………………………… 275
	4	今後の課題 ……………………………………………………… 276

おわりに ……………………………………〔炭田 精造〕…279

◆◆ **CBD-ABS に関するよくある質問（FAQ）**〔Q1～15〕——283

略語集

ABS	Access and Benefit-Sharing	アクセス及び利益配分
ADR	Alternative Dispute Resolution	裁判外紛争解決手段
ASEAN	Association of South-East Asian Nations	東南アジア諸国連合
CBD	Convention on Biological Diversity	生物の多様性に関する条約（生物多様性条約）
CC	Culture Collection	カルチャーコレクション
CHM	Clearing-House Mechanism	クリアリングハウスメカニズム
COP	Conference of the Parties	締約国会議
EC	European Community	欧州共同体
EU	European Union	欧州連合
FAO	Food and Agriculture Organization	国際連合食糧農業機関
GATT	General Agreement on Tariffs and Trade	関税及び貿易に関する一般協定
ICC	International Chamber of Commerce	国際商業会議所
IGC	Intergovernmental Committee on Intellectual Property and Genetic Resources, Traditional Knowledge and Folklore	知的財産並びに遺伝資源、伝統的知識及びフォークロアに関する政府間委員会
ILO	International Labour Organization	国際労働機関
IPR	Intellectual Property Rights	知的財産権
IR	International Regime	国際レジーム
ITPGR	International Treaty on Plant Genetic Resources for Food and Agriculture	食料及び農業のための植物遺伝資源に関する条約
IU	International Understanding on Plant Genetic Resources	植物遺伝資源に関する国際的申し合わせ

略語集

IUCN	International Union for Conservation of Nature	国際自然保護連合
JBA	Japan Bioindustry Association	（財）バイオインダストリー協会
MAT	Mutually Agreed Terms	相互に合意する条件
MLS	Multilateral System	多国間システム
MOU	Memorandum of Understanding	覚書
MRC	Microbial Resource Center	微生物資源センター
NITE	National Institute of Technology and Evaluation	（独）製品評価技術基盤機構
PGR	Plant Genetic Resources	植物遺伝資源
PIC	Prior Informed Consent	事前の情報に基づく同意
SMTA	standard Material Transfer Agreement	標準素材移転契約
TCEs	Traditional Cultural Expressions	伝統的文化表現
TK	Traditional Knowledge	伝統的知識
TOR	Terms of Reference	委任事項
TRIPS協定	Agreement on Trade-Related Aspects of Intellectual Property Rights	知的所有権の貿易関連の側面に関する協定
UNCTAD	United Nations Conference on Trade and Development	国際連合貿易開発会議
UNEP	United Nations Environment Programme	国連環境計画
UNESCO	United Nations Educational, Scientific and Cultural Organization	国際連合教育科学文化機関
UNU-IAS	United Nations University Institute of Advanced Studies	国連大学高等研究所
UPOV	Union internationale pour la protection des obtentions végétales (International Union for the Protection of New Varieties of Plants)	植物新品種保護国際同盟

WFCC	World Federation for Culture Collections	世界微生物株保存連盟
WIPO	World Intellectual Property Organization	世界知的所有権機関
WTO	World Trade Organization	世界貿易機関

生物遺伝資源へのアクセスと利益配分

◆はじめに◆

　2010年10月に名古屋において生物多様性条約（Convention on Biological Diversity：CBD）の第10回締約国会議（COP10）と生物安全に関するカルタヘナ議定書の第5回締約国会合（MOP5）が開かれた。環境に関する主な条約については、既に、ワシントン条約、ラムサール条約、気候変動枠組条約、世界遺産条約、国際捕鯨取締条約などの締約国会議が日本で開催されていた。CBDは日本で締約国会議の開かれていない数少ない地球環境条約の一つであったとともに、この先しばらくはこれらの条約のCOPが日本で開かれることはない。

　生物多様性とは「すべての生物の間の変異性」を意味している。一般には、生物種の数が多いこととの誤解をされることが多いが、そうではない。異なることが重要なのであり、例えば、高冷地や砂漠のような生物種数及び生物個体数が極めて少ない区域であっても、生物多様性にとっては、熱帯雨林や湿地のような生物種数及び個体数の極めて多い区域と同じ重要性を有する。

　CBDは、そのような生物多様性の保全を基本目的としており、その上に生物多様性の構成要素の持続可能な利用、また、遺伝資源の利用から生じる利益の公正かつ衡平な配分を、それぞれ目的としている。これらの目的達成の手段としては、特に、遺伝資源利用及び技術移転の促進と、国際資金メカニズムの拡充が掲げられている。

　CBDは基本条約であり、具体的な規制管理措置については、カルタヘナ議定書、ラムサール条約、ワシントン条約などが個別分野ごとに担っている。したがって、CBDの実施確保に当たっては、それらに加えてその他の関連する諸条約との連携が不可欠となる。なお、それらの条約も、自然保護のみではなく持続可能な利用の促進を目的としているが、CBDにおいては、特にバイオテクノロジーとの関わりで経済的側面に関心が集まっている。

　名古屋会議に向けては、様々な広報や啓発が行われていた。しかし、生物多様性という概念が分かりにくいこと、条約の対象範囲が広いこと、身近な関わ

り・望まれる行動・その効果がはっきり示せないこと、ABS（遺伝資源へのアクセス及び利益配分）のような経済的な利害対立が目立つことなどのため、必ずしも国内の理解は進んでいなかった。理解されている場合でも、野生動植物や自然の保護について話し合うための国際的な集まりであるというのが一般的であった。

　そのため、政府や報道機関は、間近になって、生物多様性という概念を分かりやすく表すことを狙って、「国連地球生きもの会議」という言い方をしていた。「生物多様性」についてはそれでよいとしても、「条約締約国会議」の意味は表せていない。国連が主催する場合を含めて地球的観点から生物多様性に関する会議は、無数に行われている。「条約締約国会議」とは、条約などにおける最高意思決定機関のことであり、その条約の正式な締約国（主権国家）によって構成され、法律に基づく決定を採択することができる。その点で多くの国際会議とは根本的に異なっている。その最も重要な要素が、「国連地球生きもの会議」という語からは抜け落ちてしまっていた。ABS議定書が検討されたのも、締約国会議だからである。冒頭に記したように、滅多にない特別な会議であること、今回は議定書という立法提案も検討されること、一方でそのような場にNGOもオブザーバーとして参加できることなど、締約国会議の役割、特色、性質、効果などを確認すべきであった。

　さて、そのようなCOP10・MOP5において主要課題とされたのは、2010年目標の達成評価と次期目標、ABS議定書、及び、カルタヘナ損害補足議定書であった。また、横断的・個別的課題として、CEPA（対話・教育・参加・認識）、国際協力、気候変動、保護区、淡水・海洋、山岳、バイオ燃料、農業、森林なども取り上げられた。これらの課題は相互に結びついているが、本書は、そのうちABSに焦点を当てている。

　国際レジーム（International Regime : IR）に関する議論を行うアクセス及び利益配分に関する作業部会（ABS-WG）では、当初から各国やNGOの見解と現状批判が繰り返され、論点はなかなかまとまらなかった。途中、グラナダで開かれたABS-WG4（2006年）において交渉文書がまとめられたものの、次の会合で撤回された。その進展の遅れを懸念してCOP8において、2010年に予定されているCOP10より前のできる限り早い時期までに国際レジーム（IR）に関する検討を完了することが決定された。それを受けて、交渉は本格的に進み始めた。COP9においては、三つの専門家会合を配置するとともに交渉枠組み項目

はじめに

を定め、ABS-WG7、8、9において検討を進め、COP10への提案をすることが合意された。

しかしながら、ABS-WG7（2009年4月）とABS-WG8（2009年11月）は、国際レジーム（IR）本文に関する各国からの追加及び削除の提案を受け入れることに費やされ、実質交渉は行われなかった。それらの会合で作成された交渉のための基本文書は61頁にもなってしまい、しかも、ほとんどの条文に不同意個所を示す括弧が二重三重に付された。そのため、2010年3月後半に開かれたABS-WG9においては、それまでに作成された基本文書から離れ、ABS議定書を目指す議長提案文書をベースにして実質交渉が始められた。それでも、核となる条文については意見対立が大きく、会期最終日になっても合意ができなかった。締約国会議決定によってWG会合は第9回までとされていたため、苦肉の策として中断とせざるを得なかった。2010年7月にABS-WG9再開会合が開かれたが、やはり核となる条文には合意ができず、再び中断し、COP10直前にABS-WG9再々会合を設定するという極めて異例の交渉形態となった。9月後半には、ABS-WGの下の地域間交渉グループ会合によって合意達成が図られたが、そこでも合意には至らなかった。

そして、COP直前に開かれたWG9再々会合でも合意できず、COP開会日の全体会合において交渉継続が認められたものの、再三の期間延長を繰返しても会期末の前日夜中まで合意ができず、交渉は時間切れとなった。その事態を受けて政治決着が図られ、最終日朝にCOP議長提案書による議長書案が提出され、日付の変わった未明に名古屋議定書として採択された。

以上のABS問題も、全体像の把握が難しい。個別の側面についての解説や報道は行われてきているが、それらの相互関係や全体での動向には注意が向けられていないことも多かった。強大な先進国企業と弱小な開発途上国・先住民という単純な対立構造からの報道が目立ったが、ABS交渉の場で実際に暗礁となっている対立点や法的論点は見過ごされていた。実は、その中心的対立点は、国内法に域外効力を与えることにある。

国際ABSルールの策定をめぐって交渉が行われていたわけではない。上述の61頁にわたる基本文書には、そのような条文提案も含まれてはいたが、対立する議論の主流はそこにはなかった。実際名古屋議定書は、ABSルールは国内法がそれぞれ定めることを前提にして、原産国・提供国のABS国内法に域外効力を与えるための国際手続を定めている。

そのため、採択された名古屋議定書はABS問題のうち外縁的手続を定めるに過ぎない一方で、その実施には外国法の受け入れに伴う多くの法技術的な問題が立ちはだかることとなる。したがって、ABS問題の本質である環境・経済・社会的に健全な利用の促進と公正かつ衡平な利益配分の確保の実現のためには、今後も個別ケースごとに、適切なアクセス管理、利益配分の確保、望ましいABS契約、先住民社会の権利保障、遵守確保と紛争解決、効果的な監視・認証制度などを検討しなければならない。本書がそのための制度及び事例検討の一助となれば幸いである。

第1章
◆ 生物多様性条約(CBD)の基礎知識 ◆

1 生物多様性条約(CBD)とは[1]

(1) 概　要

　生物多様性条約（Convention on Biological Diversity：CBD）は、国連環境計画（United Nations Environment Programme：UNEP）の下で準備が進められ、1992年5月に採択された。その後、同年6月には、ブラジルのリオ・デ・ジャネイロで開催された国連環境開発会議（通称「地球サミット」）において署名のために開放され、1993年12月29日に発効した。第10回締約国会議（COP10）開催時の2010年10月時点で、日本を含む192か国及び欧州連合（EU）が加盟している。日本は1992年6月13日に署名し、1993年5月28日に受諾書を寄託することにより18番目の締約国となった。CBDは生物多様性の保全と継続的利用への包括的アプローチを規定した最初の条約であるといわれ、その目的として、生物多様性の保全、生物資源の持続的利用、遺伝資源から得られる利益の公正かつ衡平な配分が挙げられている（CBD第1条　目的）。ここにいう生物多様性とは、生態系、種、遺伝子の三つのレベルで捉えられており、特定地域の生物とそれが生息する自然環境全体を指している。

　このCBDがつくられた背景には、環境問題に対する地球規模の関心の高まりだけでなく、主に国連を舞台としてこれまで開発途上国が主張してきた開発に対する要求も存在する。すなわち、「環境」「貿易」「開発」の三者の相互関係において、「環境と開発」の関係は開発途上国側が環境NGOと一体となって国

---

(1)　本稿執筆に際して、最首太郎「遺伝資源の規制と生物多様性の保全──国連の環境政策における環境と開発の相克」大内和臣・西海真樹編『国連の紛争予防・解決機能』（日本比較法研究所研究叢書(57)）（中央大学出版部、2002年）を一部改稿して本文中に取り込んだ。

第 1 章　生物多様性条約 (CBD) の基礎知識

連の場においてルール作りを進めてきた。その成果として、1992 年 6 月の地球サミットにおいて一連の多数国間環境協定 (Multinational Environmental Agreement : MEA) が採択された。生物多様性の保全の問題は、1972 年のストックホルムにおける国連人間環境会議において最初に確認され、その後一連の環境関連条約の中に表れてきた[2]。中でも CBD は、環境条約でありながら開発途上国の主張する開発主義とでもいうべき色合いが規定内容上見受けられる。例えば、遺伝資源に対する主権的権利や先住民[3]（原住民）の伝統的知識の保護等、資源提供国側である開発途上国の利益を強く反映している。

そこでは、環境マターを人類全体の共有物として位置づけこれを全世界的に保全してゆこうという MEA のアプローチに対して、CBD においては、生物多様性というものに対してそれが存在する主権国家の管轄権を認めることにより、生物多様性が内包する資源から得られる経済的インセンティヴと引きかえに保全措置を資源原産国の裁量に委ねる方式を採っている。また、遺伝資源へのアクセス及び遺伝資源の成果物からの利益配分の問題は、そのための措置として規定内容に挿入されている。生物多様性の保全のためにこの方式を取り入れていることが、CBD を他の多様性の保全を目的とした国際条約と比較した場合に、特徴的なものとしている。

また、このような CBD はその実施運用上、伝統的知識、遺伝資源へのアクセスと利益配分、及びバイオテクノロジーの移転に関連して知的財産権 (Intellectual Property Rights : IPR) 制度との関連が生じ、資源提供国側である開発途上国は、この CBD を足掛かりとして、ウルグアイ・ラウンドで成立した知的所有権の貿易関連の側面に関する協定 (TRIPS 協定) の関連規定のレビューに際して既存の IPR 制度の見直しを強く主張している（詳細は本章 2 及び第 4 章 2 を参照）。

---

[2]　それらは、1971 年の特に水鳥の生息地として国際的に重要な湿地に関する条約（ラムサール条約）、1972 年の世界の文化遺産及び自然遺産の保護に関する条約（世界遺産条約）、1973 年の絶滅のおそれのある野生動植物の種の国際取引に関する条約（ワシントン条約）、1979 年の移動性の野生動物種の保護に関する条約（ボン条約）、1992 年の気候変動に関する国際連合枠組条約（気候変動枠組条約）、1994 年の深刻な干ばつ又は砂漠化に直面する国（特にアフリカの国）において砂漠化に対処するための国際連合条約（砂漠化対処条約）等である。CBD はこれら一連の MEA の中に位置づけられる。

[3]　本書では CBD の公定訳の引用部分等の一部を除き、「原住民」ではなく「先住民」の語を使用する。

(2) CBD の運用実施履行のための法構造

CBD は枠組み条約として、その加盟国の共通の条約目的を履行・実施してゆくために固有の体制を有している。このような体制を運用してゆく上で、CBD にはいくつかの制度や機関が設置されている。主だったものとしては、締約国会議、科学技術助言補助機関、事務局等が挙げられる[4]。

(i) 締約国会議 (Conference of the Parties : COP)

CBD の履行は締約国会議 (Conference of the Parties : COP) の決定に基づき実施される。その意味で、CBD 締約国で構成される COP は CBD の最高の意思決定機関であるといえる (CBD 第 23 条)。COP の任務は 2 年ごとに会合し、その目的の達成のために、条約の実施状況を検討し、作業計画を採択し、必要に応じた政策指針を提供することにある。また、「生物の多様性に関する条約のバイオセーフティに関するカルタヘナ議定書（カルタヘナ議定書）」の締約国会議 (Meeting of the Parties : MOP) としても機能する。COP は (2010 年 10 月) 現在まで 10 回の通例会合とバイオセーフティ議定書採択に際しての 1 回の特別会合が開催されてきた。1994 年から 1996 年の期間は毎年開催されてきたが、以後開催頻度が落ち 2000 年の開催手続規則の変更に伴い、2 年ごとの開催になった。2010 年 10 月に名古屋において開催された COP10 で 10 度目を数える。

(ii) 「科学上及び技術上の助言に関する補助機関 (Subsidiary Body on Scientific and Technical Technological Advice : SBSTTA) (CBD 第 25 条)

COP は科学技術助言補助機関によって補助される。この SBSTTA は関連分野における専門性をもった政府代表、及び、非締約国政府、科学機関、他の関連を有する機関からのオブザーバーから構成される。SBSTTA は条約実施の技術的側面に関して COP 及び他の補助機関に対し助言を行う。SBSTTA の機能は、生物多様性の現状の評価、条約規定に従って執られた措置のタイプの評価、COP からの質問に回答する。このような SBSTTA は、COP 会期間、又は年に 1 回開催されており、その都度技術的な観点から勧告を COP に宛ててきた。このような勧告は 100 を超え、これらのうちのいくつかは COP により承認され、完全なかたちで、あるいは修正されたかたちで事実上 COP の決定と

---

[4] Secretariat of the Convention on Biological Diversity, *Handbook of the Convention on Biological Diversity Including its Cartagena Protocol on Biosafety*, 3rd edition (2005), pp. xxiv-xxvii (http://www.cbd.int/handbook/) (last visited August 20, 2010)

第 1 章　生物多様性条約 (CBD) の基礎知識

されてきた。SBSTTA は 2010 年 5 月にケニアのナイロビで開催された SBSTTA14 で 14 度目を数える。

(iii) 事　務　局

COP や他の補助機関の会合の準備運営を担当しているのは事務局である。事務局は条約実施のために行われる作業を進める上で他の関連国際機関との間で調整機能を果たすと同時に対外的には CBD を代表する。親機関は UNEP であり、本拠はカナダのモントリオールにおかれている（CBD 第 24 条）。

(iv) そ の 他

(ア)　「アドホックオープンエンド作業部会（WG）」

特定の事項を扱うために COP によって設立されてきた他の補助的な機関として、「アドホックオープンエンド作業部会（WG）」が挙げられる。このような WG は限定的な任務のために必要に応じて一定期間設立され、すべての締約国だけでなくオブザーバー参加にも開放されている。目下のところこのような WG は以下の四つである。

(イ)　アクセスと利益配分（ABS）WG

CBD の条約目的の一つである国家の主権的権利に基づく遺伝資源アクセスとその利用から生じる利益配分の問題を検討する目的で 2000 年の COP5 において設立が決定された（決議 V/26 A-C）。ABS 規定の実施のための指針並びに締約国を補助するための他のアプローチを創設することを任務とする。この目的のため、2002 年に「ボン・ガイドライン」とよばれる法的拘束力のない行動準則が採択された。その後、第 15 条及び第 8 条(j)の規定をも含めた効果的実施措置として、「ABS 国際レジーム」交渉の場となっている。この ABS-WG は 2010 年の COP10 までに 9 回開催されている。

(ウ)　第 8 条(j) WG

CBD 第 8 条(j)に規定される先住民・地域社会の伝統的知識の保全及びこのような知識の保有者に対する利益配分の促進を検討する目的で、1998 年の COP4 においてその設立が決定された（決議 IV/9）。2000 年の COP5 において採択された CBD の目的達成における先住民・地域社会の役割と関与の促進を目的とする作業計画の一環として、2004 年には「原住民の社会及び地域社会により伝統的に占有又は利用されてきた聖地、土地及び水域において実施するよう提案された開発又はそれらに影響を及ぼす可能性のある開発に関する文化的、環境的及び社会的影響アセスメントの実施のための Akwé: Kon 任意ガイ

ドライン(5)」（Akwé: Kon ガイドライン）と呼ばれる行動準則が採択された。このWG はこれまで 6 回開催されてきており、現在までのこの WG での検討対象事項は先住民・地域社会の伝統的知識を法的にどのように位置づけるかという問題から、知的財産権制度との関わりが深い。

（エ）　保護領域（Protected Area）WG

2004 年の COP7 において保護領域に関する作業計画が採択された（決議 VII/28）。この作業計画の始動と監視のために設立されたオープンエンド作業部会は、海洋環境の保護の観点から、国家の管轄権以遠の海洋領域における海洋保護区の設立のために国連海洋法条約を含む他の国際法にしたがった協力の在り方について検討することを主な任務とし、現在までのところ 2005 年第 1 回目の WG がイタリアのモンテカッシーニで、2008 年に第 2 回がローマで開催されている。

（オ）　条約実施見直し WG

条約目的の実施状況を検分、とりわけ生物多様性に関する国家戦略や 2010 年までの行動計画を含む条約実施検討することを任務として 2002 年の COP7 の決定（決議 VII/30）に基づき設立された。これまでに、2005 年、2007 年に 2 回開催されている。

（カ）　専門家会合（Expert Meeting）

COP と SBSTTA は専門家会合を設立し、作業部会や他の会合を開催することができる。これらの会合の参加者は通常政府によって任命された専門家や関連国際機関の代表、地域社会・先住民の組織である。SBSTTA とは異なり、WG は通常政府間会合とはみなされない。これらの会合の目的は、それぞれ異なり、専門家会合は科学的な評価を提供し、作業部会は訓練や能力構築に用いられるからである。連絡グループは、事務局に対して助言し、他の条約や機関と協力して活動する(6)。

　その他の機構として、CBD 第 21 条は資金メカニズムに関し「地球環境ファ

---

(5) *Akwé: Kon Voluntary guidelines for the conduct of cultural, environmental and social impact assessments regarding developments proposed to take place on, or which are likely to impact on, sacred sites and on lands and waters traditionally occupied or used by indigenous and local communities* (http://www.cbd.int/doc/publications/akwe-brochure-en.pdf)（last visited August 20, 2010）

第1章　生物多様性条約(CBD)の基礎知識

シリティ（Global Environmental Facility：GEF）」を規定している。また、CBD 第18 条 3 に基づき、情報交換の目的で「クリアリングハウスメカニズム（Clearing-House Mechanism：CHM）」が存在する。

（3）　CBD の特徴としての遺伝資源の規制

既にみたように、CBD は保全すべき生物多様性という概念の中に遺伝資源を含めている。そのため、1993 年に発効した CBD はそれ以前の遺伝資源規制に対する考え方を基本的に変えたといえよう。

（i）　人類の共有遺産としての PGR（植物遺伝資源）

CBD 発効以前は、遺伝資源の問題は農業食料の観点から植物遺伝資源の問題として国際連合食糧農業機関（Food and Agriculture Organization of the United Nations：FAO）によって取り組まれてきた。遺伝資源（genetic resources）という用語が最初に登場したのは、1946 年の FAO の農業委員会においてであるといわれる。FAO によるこの分野における活動としては、1960 年代から 70 年代にかけて植物遺伝資源（Plant Genetic Resources：PGR）の保全に関する関心の高まりにともない、1980 年代以降 PGR の浸食をくい止めるべく、1983 年の第 22 回総会において植物遺伝資源に関する FAO のグローバル・システムの採択成立が挙げられる。この FAO のグローバル・システムは、保全から得られる利益とそれに必要とされる責務を国際的に分担することにより PGR の保全の促進と持続的利用を目的とし、「植物遺伝資源に関する国際的申し合わせ（International Undertaking on Plant Genetic Resources：IU）と呼ばれる法的拘束力のない文書と政府間の話し合いの場としての植物遺伝資源委員会（Committee on Plant Genetic Resource：PGR 委員会）から成り立っている。

---

(6)　そのような専門家会合としては以下のような会合が挙げられる。
　1999 年 10 月　第 1 回 ABS 専門家パネル会合
　2001 年 3 月　第 2 回 ABS 専門家パネル会合
　2007 年 1 月　国際認証に関する技術専門家グループ会合
　2007 年 9 月　ABS に関する先住民専門家による協議のための先住民地域社会専門家会合
　2008 年 12 月　定義と分野別アプローチのための概念、用語に関する法的及び技術的専門家グループ会合
　2009 年 1 月　ABS 国際レジームの遵守確保に関する技術、法律家専門家グループ会合
　2009 年 6 月　遺伝資源に関連した伝統的知識に関連する技術、法律専門家グループ会合

1　生物多様性条約(CBD)とは

　このような遺伝資源の規制に対するFAOのアプローチを特徴づけるのは、PGRを地球規模において保全し利用するべき公共財として位置づけている点であろう。すなわち、FAOにおいては、それまでジーンバンクを中心として自由に行われてきた遺伝資源交換を促進する意図で遺伝資源を「人類の遺産(heritage of mankind)」として位置づけた。すなわち、このグローバル・システム採択の際の決議事項の一つとして、「すべての遺伝資源は万民の所有物であり、自由に接近可能である。」と規定した[7]。また、FAOのIUはその第1条において「この国際的申し合わせは植物遺伝資源は人類の遺産であり制限なく利用可能であるべきである」とする普遍的に受け入れられた原則に基づいている(IU第1条)としている[8]。このように、遺伝資源の規制に関してFAOが構築しようとする仕組みは「人類の遺産」という考え方に基づいた多数国間のルールの設定というマルチラテラリズムによって特徴づけられる。すなわち、食料農業用の植物遺伝資源の交換・移動のための共通なルールをつくり、資源の移動を容易にする。資源移動に伴い、遺伝資源提供者への利益配分も実現するというものである（詳細は第4章5参照）。

（ⅱ）　CBDの発効とFAO/IUの改定

　前述のようなPGRを一種の地球規模の公共財と位置づけるFAOのアプローチとは対照的に、1993年に発効したCBDでは、遺伝資源には原産国の主権的権利が及び、遺伝資源の利用から生じる利益は公正かつ衡平に配分されなければならないとされる。また、FAO/IUは農業食料用の植物の保全と利用を対象としているのに対して、CBDは動植物すべての生物資源の保全と利用を対象としている。さらに、FAO/IUには厳密には法的拘束力はないが、枠組み条約ではあってもCBDは法的拘束力を持つ。したがって、CBDが発効して以後の1993年以降は、植物遺伝資源の規制に関して両者の抵触の可能性が考慮

---

[7]　FAO総会決議8/83（Res.Decision8/83）
　　Recognizing that:
　　（a）plant genetic resources are a heritage of mankind to be preserved and to be freely available for use, for the benefit of present and future generations;

[8]　さらに第5条においては、植物遺伝資源が科学研究、植物育種、遺伝資源の保全の目的で要請されたならば、資源のサンプル採取のためのアクセスを認め、その輸出を許可することは、かかる資源をその管理下におく政府及び機関の政策であろうと規定されている。サンプル採取は相互交換あるいは相互に合意する条件に基づき無料で利用可能なものとなるであろうと規定している（FAO/IU第5条）。

第1章　生物多様性条約(CBD)の基礎知識

され、CBDとの整合性をとるために1994年からFAO/IUの改定作業のための交渉が開始された[9]。このFAO/IUの改定は、遺伝資源の規制に関して従来FAOが担ってきたマルチラテラリズムから当事国間の交渉に委ねるとするCBDのバイラテラリズムへの移行を意味するといってよい。また、これ以後、遺伝資源自体も、食料農業用利用の場合にはFAO/IUが、それ以外の場合にはCBDが適用されることとなり、利用目的に応じて区別されることとなる。

このように、それ以前のFAOの世界における遺伝資源に関するマルチラテラルな関係がCBDの出現により遺伝資源提供国対利用者の母国というバイラテラルなものとなった。具体的にこのような変容をもたらしたものは、CBDにおける遺伝資源の位置づけに関して原産国の主権的権利を認めたことである。以下CBDにおける関連規定による遺伝資源規制のアプローチととりわけ遺伝資源に対する原産国の主権的権利の意味についてみることとする。

(iii)　CBDのアプローチ
(ア)　遺伝資源の定義

CBDにおける遺伝資源の定義は、FAOのそれよりは広範である。CBDにおいては、遺伝資源、遺伝素材、生物資源という用語を挙げて以下のように定義している（CBD第2条　用語）。

　①生物資源
　　⇒生物資源には、現に利用されもしくは将来利用されることがある又は人類にとって現実のもしくは潜在的な価値を有する遺伝資源、生物又はその部分、個体群その他生態系の構成要素を含む
　②遺伝資源
　　⇒現実の又は潜在的な価値を有する遺伝素材
　③遺伝素材
　　⇒遺伝の機能的単位を有する植物、動物、微生物その他に由来する素材

この定義に含まれる資源を利用する場合には遺伝資源原産国の国内法に従わ

---

[9]　その後「人類の遺産」という表現はその後発効したCBDとの整合性の必要性からしだいに変化してゆく。1993年に、第27回FAO総会において「植物遺伝資源に関する国際的申し合わせの見直し」、及び「植物生殖質の収集と移転のための国際的行動規範」が採択された。さらに、1994年FAO臨時植物遺伝資源委員会で申し合わせの見直し交渉が開始された。

なければならない[10]。

（イ）原産国の主権的権利

CBD第15条1項は「各国は、自国の天然資源に対して主権的権利を有するものと認められ、遺伝資源の取得の機会につき定める権限は、当該遺伝資源が存する国の政府に属し、その国の国内法令に従う」と明文上規定し、遺伝資源の権利に関しては、その原産国に主権的権利があるということを示している。したがって、許可なく他国の遺伝資源を取得してはならない。また、他国の遺伝資源にアクセスする場合にはその国の当該法令を遵守しなければならない（CBD第15条1項）。また、資源アクセスに際しては「事前の情報に基づく当該締約国の同意（Prior Informed Consent：PIC）」を必要とする（CBD第15条5項）。さらに利益配分に関しては「締約国は、遺伝資源の研究及び開発の成果並びに商業的利用その他から生ずる利益を当該遺伝資源の提供国である締約国と公正かつ衡平に配分するため……適宜、立法上、行政上又は政策上の措置をとる。その配分は、相互に合意する条件で行う。」（CBD第15条7項）としている。

つまり、CBDが規定する世界においては締約国間の遺伝資源の移動は、

① 二国間で
② 事前の情報に基づく合意により
③ 相互に合意する条件で

行われる。さらに、このアクセスと資源利用から得られる利益は資源利用者と資源提供国との間で配分されるものとされ、この利益配分に関しては「相互に合意する条件」で行われる。

このようにCBDが規定する世界にあっては遺伝資源の移転はバイラテラルな交渉が個々のケースについて行われ、その際利益配分条件について双方が合意した場合に移転が成立し、資源提供国には、取得の機会（アクセス）、利益配分に関して、国内法により規定する裁量権が認められる。そして、このような経済的インセンティヴと引き替えに、生物多様性の保全措置を資源提供国の裁量に委ねる方式を採っている。また、資源へのアクセス及び遺伝資源の成果物からの利益配分の問題はそのための措置として規定内容に挿入されている。

---

[10] 他方で、日本の産業界に向けては「遺伝資源」は次のように定義されている。「遺伝資源とは、動物、植物、微生物、並びにそれらDNA及びRNAなどを含む現実的及び潜在的価値を有するすべての遺伝素材を意味する。」(財)バイオインダストリー協会「生物多様性と持続的利用等に関する研究（平成10年度報告書）」(1999年) 182頁。

第1章　生物多様性条約(CBD)の基礎知識

(ウ)　既得生息域外遺伝資源（*ex-situ*）コレクションに及ぼす原産国の主権

　CBDにおいて遺伝資源規制に関して遺伝資源原産国の主権的権利を認めることに関するもう一つの問題は、既得コレクションに対するCBDの適用の問題である。CBD発効以前に取得された生息域外コレクション（*ex-situ*）のうち、FAOの食料農業遺伝資源委員会が対象としないコレクションにCBDを遡及して適用できるかという問題に関して、アフリカグループ等開発途上国側は*ex-situ*コレクションにもCBDを適用することにより遺伝資源原産国の権利として利益配分を主張しようとしている。他方、先進国側はそのような条約の遡及適用はそもそも国際法上認められないものであり、一度そのような適用を認めるならば遺伝資源にかかわる権利義務関係が複雑になることから開発途上国の主張に反対しているのが現状である。この問題は、遺伝資源の開発から得られる成果物に関して一定の利益配分が認められることを前提として、資源原産国、提供国の遺伝資源に対する権利が時間的に過去のどの時点まで認められるかという問題である。この点に関して条約法に関するウィーン条約（条約法条約）第28条に規定される条約不遡及の原則[11]からCBDの遡及的適用の主張は、原則的には認められないと考える。

(iv)　遺伝資源関連法制の展開

　CBDにみるこのような方式がうまく機能するためには、この条約の運用にかかっていると思われる。CBDは枠組み条約であり、条約の実施運用に関しては、締約国会議の決定によって方向づけられ、さらには個々の締約国の裁量に委ねられることになる。CBDの枠組みの下、遺伝資源をどのような形で規制するかに関しては、概ね三つの考え方がある。すなわち、①国内的立法措置、②行動準則、③当事者の自由な交渉に委ねる場合である。①はより多くの利益配分をうける意図をもって遺伝資源の移転に関しては厳格な規制を設けたい開発途上国の主張するところであり、②はEU諸国、③はCBD非締約国であるアメリカの主張するところである。とりわけ①に関しては、資源提供国である開発途上国は、遺伝資源規制のために国内法を整備しつつある。このような法制化は今後とも増える傾向にある（詳細は第2章を参照）。また、このような資

---

[11]　条約の時間的適用範囲に関して、「別段の意図が条約自体から明らかである場合及びこの意図が他の方法によつて確認される場合を除くほか、条約の効力が当事国について生ずる日前に行われた行為、同日前に生じた事実又は同日前に消滅した事態に関し、当該当事国を拘束しない。」（条約法条約第28条）

源提供国側の立法措置の規定内容は一般に、CBD の規定に呼応しており、遺伝資源アクセスのためのコンタクト・ポイントや手続、とりわけ事前の情報に基づく合意（PIC）規定、利益配分に関しては、これを金銭的利益と非金銭的利益とに分け、後者に技術移転や共同研究の場合のスタッフのトレーニングなどを含めて規定している。またさらに、遺伝資源を国有財産として明文上規定し、これのコロラリーとして共同研究における収集した標本の国有化、情報への自由なアクセス、開発された技術の政府によるロイヤリティーなしの商業的利用まで規定している例もある（フィリピンの大統領令 247 号）。

　他方で、遺伝資源利用者の母国である先進国には、遵守措置を内容とする立法が求められている。すなわち、遺伝資源提供国の ABS 法の適用を利用者母国の立法措置により担保しようとするものである。

　また、上記のような個々の国家ごとの法整備とならんで、アフリカや南米等動植物相を共有する関係国間において共通のルールをつくることにより遺伝資源規制にむけての地域的アプローチ[12]の例も伝えられる。

　②のアプローチに関しては、2004 年の「ボン・ガイドライン」が挙げられる。しかしながら、このアプローチには、資源提供国としての開発途上国側から自発的な性質をもつ行動準則では利益配分の確保が十分には期待できないとしてさらに法的拘束力をもつ文書の策定が求められており、締約国間では「国際レジーム」に関連した大きな問題として議論が進められて、2010 年 10 月に名古屋において開催された第 10 回締約国会議（COP10）において、法的拘束力ある国際規則として「名古屋議定書」の採択へと結実した（名古屋議定書の詳細については、第 6 章を参照）。

---

[12] 例えば、
　アンデス条約機構のカルタヘナ協定委員会決定 391 号（Decision 391 of the Andean Pact on the Common Regime on Access to Genetic Resources）
　アフリカ統一機構（OAU）の先住民の権利・農民の権利・育種家の権利保護及び遺伝資源へのアクセスに関するモデル法制（立法）
　ASEAN 諸国の枠組み条約（The ASEAN Framework Agreement on access to Biological and Genetic Resources）
　とりわけ、アンデス条約機構の決定には、遺伝資源アクセスの条件に関して加盟国間において最小限度の共通ルールを設定し、ルールの詳細は各加盟国の国内法によって規定されるが、条約決定の基準を下回ることはできない旨規定されるなど遺伝資源カルテル構築が企図されているようにもみえる。

第1章　生物多様性条約（CBD）の基礎知識

　遺伝資源提供国と遺伝資源利用者の関係は、遺伝資源をその主権的管轄下に置く開発途上国と資源開発からの商業的利益をめざす先進国側民間企業との関係に他ならない。開発途上国側は遺伝資源を石油と同様の天然資源としてそこからいかに多くの利益を得るかということを目的としてCBDを実施運用しようとしている。確かに、遺伝資源の商業的利用から得られる利益の配分は開発途上国の経済的発展に貢献するであろうし、生物多様性の保全にも貢献するものと思われる。しかしながら、商業的開発の確立が数万分の一ともいわれる遺伝資源はその開発に多くの時間、労力、資本を必要とし、その意味で資源それ自体の価値は潜在的なものでしかない。それ故、これをその価値が顕在化している化石燃料資源と同様にみなすことはできない。このような遺伝資源に対して、より多くの利益配分を勝ち取るために厳格に過ぎる法的規制を課すことは、資源利用者による開発にとって阻害要因となり、結果として、資源提供国側を利益配分から遠ざけることとなるのではないか懸念される。また、このような事態は、遺伝資源の利用を妨げることを意味する。このことは、遺伝資源の取得の機会に関して、「条約目的に反するような制限を課さないように努力する」と規定するCBD第15条2項に抵触する可能性もある。

　このような懸念を生む開発途上国のアプローチは、1974年のNIEO（新国際経済秩序）関連の国連総会決議へと至った資源ナショナリズムの高揚を彷彿とさせる。しかし、生物多様性の問題は地球規模の環境問題の一つであり、CBDは単なる遺伝資源のための資源協定ではない。生物多様性の保全のための一方策である遺伝資源の規制がいかなるものになろうとも、CBDに規定される「環境」問題としての生物多様性の保全が資源協定としてのCBDの姿を単に擬装するものであってはならない。

【もっと知りたい人のために】
① Secretariat of the Convention on Biological Diversity, *Handbook of the Convention on Biological Diversity Including its Cartagena Protocol on Biosafety*, 3rd edition（2005）
② Charles R. McManis（ed）, *Biodiversity and the Law: Intellectual Property, Biotechnology and Traditional Knowledge*（Earthscan, 2007）

2　CBD成立までの経緯

（1）　地球サミットとCBD

　ソ連崩壊直後の1992年6月、リオ・デ・ジャネイロ（ブラジル）で、国連の主催による環境と開発に関する大きな国際会議が開催された。「地球サミット」とも呼ばれたこの会合は、アメリカ、ロシアを含む世界172か国の政府首脳が東西冷戦後初めて一堂に集まったもので、参加者の総数も延べ約4万人に達するという史上空前の規模の国際会議であった。地球サミットは、出席者の顔ぶれや参加者の数だけでなく、内容の面でも画期的なところがあった。

　それまで環境と開発は対立するものと捉えられてきた。すなわち、経済開発を進めると環境が破壊され、環境保全に努めると経済が停滞するという関係にあると考えられてきた。このため、先進国が地球環境の保全のために開発途上国に共同行動を呼びかけても、開発途上国は開発途上国から開発の機会と権利を奪うものと反発するのがつねのパターンであった。

　地球サミットは、こうした対立関係に終止符を打ち、世界全体で地球環境問題に取り組むための行動理念として、「持続可能な開発」（sustainable development）という新しい理念を打ち出したところに画期性があった。この理念は、開発のための環境資源の利用をいっさい禁止するのではなく、また無制限の利用を許すものでもなく、将来の世代の利益や要求を充足する能力を損なうことのない範囲のなかで、現代の世代が環境を利用し要求を満たしていくことを是認するという考え方である。

　地球サミットは、この「持続可能な開発」の理念を具体化することを目標として開かれたもので、二週間にわたる討議の末、「環境と開発に関するリオ宣言」と、この宣言を実施するための行動計画である「アジェンダ21」とを採択し、全世界の注目の中、成功裏に終了した。また地球サミットの初日には、別途交渉が行われ事務レベルでは既に合意が得られていた「気候変動枠組条約」（UNFCCC）と「生物多様性条約」（CBD）の二つの条約[1]のテキストが署名のために開放され、会議開催中に、UNFCCCについて155か国、CBDについて158

---

(1)　三つ目の条約として「森林の保護に関する条約」（仮称）も準備されていたが、森林を主要な経済資源とする開発途上国の反対のために合意に至らず、地球サミットでは法的拘束力のない声明（森林原則声明）として採択されるにとどまった。

第1章　生物多様性条約(CBD)の基礎知識

か国の政府首脳が署名を行った[2]。

（２）　対立点は先送り

　深刻な南北対立が予想されたCBDが、UNFCCCとともに地球サミット開催中に多数の署名を得たことは、地球サミットの成功に大きく貢献した。逆にいえば、各国の事務レベルは、CBDの対立点を先送りし、それと引き換えに地球サミットの政治的成功を手に入れたということでもある。

　もちろん、CBDは全体としてみれば、生物多様性の保全のための国家戦略や国際共同行動に関する規定など、環境保全の観点から高く評価されるべき多くの規定を含んでいる。しかし、技術移転や利益配分の問題に関する限り、CBDの締結はゴールではなく、スタートであったとみるのが妥当な評価であろう。

　これらの南北問題については、その後、ボン・ガイドライン（2002年）及び名古屋議定書（2010年）の採択など一定の進展はあったものの、総じて根本的な対立点は解消しておらず、むしろ世界貿易機関（WTO）における知的財産交渉や世界知的所有権機関（WIPO）における特許制度の国際調和に関する交渉とも絡み合いながら、争点をますます拡散・複雑化させている状況にある[3]。

　以下では、ポスト名古屋議定書の時代における各国間の合意形成の可能性と我が国としての対応の在り方を考える上で参考になると思われる「俯瞰図」を提供するという観点から、利益配分の問題を中心にCBDの成立過程を振り返ってみることにしよう[4]。

---

[2]　2010年7月末時点において、締約国の数は、UNFCCCについて194、CBDについて193である。これらの締約国数、及び本文に示した署名国の数は、国際機関である欧州連合（EU）の1を含んでいる。

[3]　南北問題としてのCBDに関する論考として、最首太郎「遺伝資源の規制と生物多様性の保全——国連の環境政策における環境と開発の相克」大内和臣・西海真樹編『国連の紛争予防・解決機能』（日本比較法研究所研究叢書（57））（中央大学出版部、2002年）223-251頁、大澤麻衣子「生物多様性条約と知的財産権——環境と開発のリンクがもたらした弊害と課題」国際問題 No. 510（2002年）56-69頁、及び参考文献として、パトリシア・バーニー／アラン・ボイル（池島大策ほか訳）『国際環境法』（慶應義塾大学出版会、2007年）（特に第11章）（特に第11章）がある。また、CBD発効後の遺伝資源アクセス関連の議論の変遷については、嶋野武志・長尾勝昭「遺伝資源へのアクセスと利益配分に関する議論の変遷とわが国の対応①〜③」バイオサイエンスとインダストリー Vol. 63, No. 6〜No. 8（2005年）が詳しい。

（3） 新条約制定の契機

　CBD 制定の契機の一つは、「世界の野生遺伝資源の保全に関する多国間協定」の検討を求めた 1984 年の国際自然保護連合（IUCN）の決議（16/24）[5]である。そしてこれに拍車をかけたのが、1982 年に国連に設置された賢人会議である「環境と開発に関する世界委員会」（ブルントラント委員会）が 1987 年に発表した報告書である。「我ら共有の未来」（Our Common Future）と題するこの報告書は、人口、食料、種と生態系、エネルギー、工業、国際経済など、様々な分野の問題を分析し、「持続可能な開発」の観点から、これらの問題を解決するための具体策を提言したものである。この報告書[6]は、全体として地球サミットのベースとなったものであるが、CBD の成立にも大きな影響を与えた。

　この報告書は、その中で、種と生態系に関し、「生物の種は、農産物の品種改良や医療品の開発のために欠くことのできない資源であり、かつ、倫理的、文化的にも重要である。しかし、生物の種は急速に損なわれつつあり、特に、地球上の種の半分が存在するとされている熱帯林では、貴重な野生生物が絶滅に瀕している。」と警告し、「各国政府と国際機関は、保護区域の拡大、種の保全のための条約の締結や財源の確保等を推進する必要がある。」と提言した[7]。

　この提言に呼応して、ナイロビ（ケニア）に本部を置く国連環境計画（UNEP）は、1987 年、新条約の必要性を検討するために専門家会合を設置することを決定した。当時、生物種の保全に関する条約として、野生動植物の種の国際取引

---

(4) 関連する論文として、高倉成男「環境技術と知的財産をめぐる国際交渉の論点と展望――バイオテクノロジーを中心として」知財管理 48 巻 8 号（1998 年）1295 頁、同「生物多様性条約の技術移転条項の解釈」同 52 巻 4 号（2002 年）4 号 509 頁、同「生物資源と知的財産」同 52 巻 3 号（2002 年）309 頁参照。本節の記述の一部はこれらの論文に基づいている。

(5) この決議は、16/24. Wild Genetic Resources and Endangered Species Habitat Protection (http://cmsdata.iucn.org/downloads/resolutions_recommendation_en.pdf) に採録されている（最終訪問日：2010 年 8 月 20 日）。

(6) 報告書（原文）は、国連ウェブサイト（Report of the World Commission on Environment and Development: Our Common Future (http://www.un-documents.net/wced-ocf.htm)）から入手可能である（最終訪問日：2010 年 8 月 20 日）。

(7) この要約は、環境省資料「環境と開発に関する世界委員会（ブルントラント委員会）報告書― 1987 年―『Our Common Future（邦題：我ら共有の未来）』概要」(http://www.env.go.jp/council/21kankyo-k/y210-02/ref_04.pdf) による（最終訪問日：2010 年 8 月 20 日）。

第1章　生物多様性条約(CBD)の基礎知識

に関するワシントン条約（1975年）、湿地に関するラムサール条約（1982年）などがあった。新条約は、これら既存の条約を包括するアンブレラ（傘）条約として、生物多様性を総合的に保全するための共同行動に関する国際的枠組みを作ることを意図したものであった。

　この新条約とアジェンダ21との関係についてここで言及しておくと、アジェンダ21が具体的行動計画を定め、新条約がそのための法的枠組みを提供するものとして位置づけられていた。UNFCCCとアジェンダ21の関係も同様である。その意味では、UNFCCCもCBDも、アジェンダ21とともに地球サミットで一体的に採択されることが当初から期待されていたということである。

（4）　政府間交渉は1990年末から

　UNEPは、1988年11月から1990年7月までに3回の専門家会合を開催した後、新条約のテキストを作成することを目的として、政府間交渉委員会（INC）を設立すること決定した[8]。第1回INCは、1990年11月に開催された。地球サミットにおける署名開放まで、残された期間は1年半であった。しかし、交渉は難航した。特に、技術移転や利益配分の問題など、開発途上国の経済発展に関係する問題については、各国間の意見の隔たりが大きいことが次第に明らかになった。

　例えば、技術移転について、開発途上国は、バイオテクノロジーを含む生物多様性関連技術一般を対象として、「特許等の存在にかかわらず、非商業的な条件で」技術移転がなされなくてはならないとする規定を盛り込むことを要求した。一般に、国民の健康など国家の緊急事態に対処する必要がある場合、政府が特許権者に第三者へのライセンス許諾を命じること（強制実施権の設定）は、国際法上違法ではないが、その場合でも、特許権者には相応の実施料を受け取る権利があるとされている。したがって、バイオテクノロジー一般を対象に、しかも「非商業的条件」での技術移転を特許権者に強要する新条約は、国際法に反し、国内法に抵触する可能性があった。これは先進国にとって受け入れ難い要求であった。また、利益配分についても、先進国が、生物資源の利用者と提供国との間の合意（当事者の合意）によることを原則とするべきであるとした

---

(8)　第1回目(1990年11月)と第2回目(1991年2-3月)の会合は、「法律・技術専門家暫定作業部会」と呼ばれた。これが政府間交渉委員会と呼ばれるようになったのは、第3回目（1991年6〜7月）の会合からである。

のに対し、開発途上国は、そのような原則への言及を拒んで譲らなかった。

1992年5月11〜19日に開催された最後の（第7回目）のINCの最終日に至っても、南北間のミゾは埋まらず、条約成立は困難かと思われたが、地球サミットの成功のために、先進国が基本的な枠組みについて開発途上国の要求を受け入れ、また開発途上国も条約テキストの文言を緩和することに同意したため、条約採択会議（同年5月20〜21日）の最終日の深夜、南北合意が成立した。

（5） 条約の目的の変質

この南北合意の10日前、第7回INCの初日に議長によって提示された調整案[9]では、条約の目的（第1条）は、「生物多様性の保全」、ただそれ一つであった。「生物資源の持続的利用」と「利益配分」は、ファンドの創設、技術移転等と並ぶ条約目的実現手段に位置づけられていた。

この調整案に対し、開発途上国が激しく反発し、開発途上国は、まず、「生物資源の持続的利用」を「生物多様性の保全」と並ぶもう一つの条約の目的に格上げすることを要求し、先進国はこれを受け入れた。開発途上国は次に、「利益配分」も条約の目的とすることを要求し、多くの先進国はこれも受け入れた。しかし、後者の要求については、日米が反対し、交渉は膠着状態に陥った。

欧州共同体（EC）及びその加盟国は、「条約の目的は実体規定ではないので、開発途上国の要求に応えても実害はないのではないか」と日米に譲歩を求めてきたが、日米は、利益配分が目的に格上げされると、例えば、「締約国は知的所有権がこの条約の目的を助長しかつこれに反しないことを確保する」旨を定める調整案第15条4項（現行第16条5項）と合わせ読むと、締約国には利益配分を助長する義務がさらに生じることを懸念した[10]。

最後は、同条項に「国内法令及び国際法に従って」の文言が挿入されたことにより、現行の国内法及び国際法の枠内で協力すれば足りると解釈することも

---

[9] この調整案は、CBDのウェブサイト（Second Informal Note by the Chairman of the INC and the Executive Director of UNEP Regarding Possible Compromise Formulations for the Fifth Revised Draft Convention on Biological Diversity (http://www.cbd.int/doc/meetings/iccbd/bdn-07-inc-05/official/bdn-07-inc-05-04-en.pdf)）から入手可能である（最終訪問日：2010年8月20日）。

[10] 日米と欧州の見解の相違は、代表団の構成の差によるところもあった。すなわち、日米の代表団にはTRIPS交渉の担当者も加わっていたのに対し、欧州各国の代表団は環境問題の専門家のみから構成されていた。

可能になったことから、日本も利益配分を目的に含めることに同意することにした。しかし、それでも、利益配分を助長するように「現行の国内法及び国際法」を見直すことも同条項の義務に含まれると解釈される懸念はなお残されているとみなければならない。

　この例にみるように、利益配分の法目的化は、決して形式的なことではなく、実体規定の解釈に影響を及ぼす修正であった。しかし、いずれにせよ、交渉の結果、条約の目的は、「この条約は、生物多様性の保全、その構成要素の持続可能な利用及び遺伝資源の利用から生ずる利益の公正かつ衡平な配分をこの条約の関係規定に従って実現することを目的とする。」と修正されることになった。

　こうして条約目的の重心は、「生物多様性の保全」から「その持続的利用」へ、そして「利用から生じる利益の配分」へと移っていった。CBDは、環境保全のためだけではなく、利益配分のための条約であること、南北間の対立点はむしろ後者にあることを認識しておく必要がある。

　ではそもそも、この利益配分という発想はどこから来たのか。これは生物多様性の保全という当初の条約目的とどう整合するのであろうか。

（6）　利益配分＝環境コスト負担

　1980年代にUNEPによる条約原案作成に協力した国際自然保護連合（IUCN）（本部はスイス）の関係者は、生物多様性の保全に必要とされるコストは、その商業的利用から利益を得る者が応分の負担をしなければならないと考えた[11]。この考えを反映して、初期のCBD第1条には、（生物多様性の保全という目的を達成するために）「先進国と開発途上国の間でコストと利益をシェアする」という文言が含まれている。すなわち、利益配分の原点は、保全コストの確保のために、利益を提供者と利用者でシェアしようという発想にあった。

　この発想には、保全コストの確保という財政的側面と同時に、環境の中で暮らす先住民・地域社会の人々を生物資源の維持・管理・利用に主体的に関わらせることによって生物資源の適正な保護を図ろうとする理念、いわゆる「人と環境の共生」という理念の側面もあった。先住民を森から都市へ追い出すので

---

[11]　例えば、前掲注（5）の決議には、「In particular, commercial users of processes derived from wild genetic resources have to participate in these conservation efforts through financial contributions towards the costs incurred by individual States in the fulfillment of this duty.」という提言が含まれている。

はなく、先住民が森で自活することを経済的に可能にすることによって先住民と環境の共生を実現しようとする理念を含むこの利益配分アプローチは、広く欧州市民や欧州議会の共感を集めるところとなり、そのことがさらに、CBD 交渉に臨む欧州政府当局をして利益配分アプローチに融和的態度をとらせることになったと考えられる。

他方、生物資源に恵まれている開発途上国は、生物資源の国家主権の承認と開発途上国への利益還元を含むこのアプローチに敏感に反応し、先進国のコミットメント（例えば、利益配分を企業に義務づけることを先進国が約束すること）を条約の中に具体的に書き込むことを求めるようになった。こうした開発途上国の強気の対応は、折からジュネーブで進められていた GATT ウルグアイ・ラウンド（UR）交渉（1986～1993 年）における「知的所有権の貿易関連の側面に関する協定」（TRIPS 協定）に関する交渉と無縁ではなかった[12]。

(7) TRIPS 協定との関係

UNEP において第 1 回 INC が開催された 1990 年 11 月には、既に TRIPS 協定のテキストに関する専門家レベルの交渉は実質的に終了しており[13]、同協定第 27 条に、医薬品やバイオテクノロジーの発明も原則として特許対象とする（動物・植物それ自体は特許対象から除外することが許される）ことを加盟国の義務とする規定を置くことでほぼ合意が形成されていた。

もちろん開発途上国はこの規定に反対したのであるが、日米欧は、UR の他の交渉分野（繊維、農業、関税など）において開発途上国に譲歩することを見返りとして、知的財産権についてはその主張を通した。TRIPS 交渉では、先進国が「攻め」、開発途上国が「守り」の立場であった。

これに対して、CBD 交渉では、先進国が弱く、開発途上国が強い立場にあった。というのは、生物多様性の保全を求めるのは先進国であり、その負担を負うのは一般に生物多様性が豊富な開発途上国であるからである。このため、

---

[12] TRIPS 交渉の経緯及び他の国際交渉との関係については、高倉成男『知的財産法制と国際政策』（有斐閣、2001 年）参照。

[13] TRIPS 専門家会合は、1987 年 3 月に開始され、1990 年 12 月の GATT 閣僚総会の前に実質上終了した。その交渉成果は、他の分野における交渉成果とともに、1991 年 12 月、GATT 事務局長に提出され、1994 年 4 月の GATT 閣僚総会においてすべての加盟国によって一括的に受諾された。

第1章　生物多様性条約(CBD)の基礎知識

CBD の採択を望む先進国に対して、開発途上国は、財政支援、技術移転、あるいは知的財産権の制限（例えば、特許等の存在に無関係に技術移転を行うことを義務化すること）を強く求めることができる立場にあった。

こうした力関係の中で、開発途上国の交渉官（開発途上国の場合、国連交渉官が TRIPS 交渉と CBD 交渉の両方を担当）は、TRIPS 交渉における「失地回復」を図るかのように CBD 交渉において攻勢を強め、他方、先進国の交渉官（特に欧州諸国の場合、環境問題の専門家が CBD 交渉を担当）は、地球サミットの成功を最優先の政治課題としており、その実現のためには、開発途上国の要求に応じざるを得ないと考える立場にあった[14]。

しかし、日米は、開発途上国の提案する規定、例えば、「特許権の存在にかかわらず」技術移転を行うこと、「当事者間の合意の有無にかかわらず」利益配分を行うことを義務とするような規定は、TRIPS 協定を含む国際法、又は国内法と整合性がとれず、そのような規定を含む CBD は、仮に採択されても、立法府における批准が得られない結果になることを懸念した。

（8）　日米の反対理由

日米にとっての懸念は TRIPS 協定との整合性のみではなかった。地球環境のために必要とあれば、国際法も国内法も見直せば足りることである。日米が利益配分の義務化に対して反対した主な理由は、以下のとおりである[15]。

第一に、一般に、天然資源の管理について国内法を定める権限がその資源の存する国家にあることは受け入れ可能である。しかし、生物資源の商業化は成功確率が極めて低く、幸い成功した場合でも利用者の貢献度が高いのが特徴であって、提供国が利益配分を求める権利を法律で一律に定めることは現実的でない。利益配分は当事者間の契約に委ねるべきである。

第二に、そもそも、生物資源から生じる利益で生物資源の保全を図るという利益配分アプローチが環境保全にどの程度有効か極めて疑わしい。すなわち、利益配分が有効であるとすれば、そのことは商業的に価値ある生物資源の少ない国には無効であることを意味し、またある生物資源について利益配分が成功

---

[14]　先進国の中でも特に生物資源が豊富な国々（カナダ、オーストラリア、ニュージーランドなど）は生物資源のアクセス規制と利益配分に関する開発途上国の主張に比較的好意的に反応したことも特筆されておかなくてはならない。

[15]　高倉・前掲注(12)349 頁参照。

すると、その生物資源の乱獲又は栽培集中が進行するかもしれず、多様性の保全という理念に逆行する。グローバルな環境問題への対策は、ODA等を原資とするグローバルな公共的措置によることを重視するべきである。

しかし、それまで積み重ねられてきたCBDのテキストを根底から覆すおそれのあるこのような訴えを支持する国は少なく、最後は日本も、利益配分について規定する第15条7項の末尾に「その配分は、相互に合意する条件で行う」の文言を挿入することを条件に、同条項を受け入れる立場に転換した。

米国は、「相互の合意」の文言が挿入されたとしても、私企業が利益配分及びそれに付随する情報公開を国際法によって強制されるという不合理に変わりはなく、本条項は受け入れることができないとして反対を続けた。

（9） 土壇場での修正

前述したとおり、条約採択会議の最終日である1992年5月21日の深夜を過ぎても合意に至らなかったために、サンチェス議長（チリ大使）は時計の針をとめて交渉を継続し、その結果、22日の未明、米国を除く満場一致の合意により条約テキストを採択することができた。

南北間の歩み寄りの過程で、多くの条項が「義務規定」から「努力規定」に緩和された。具体的には、最終テキストにおいて、「努力」の語が7か所、「奨励」の語が同じく7か所で使用されることになった。また、現行国内法の枠内で対処すればすむことを示唆するために、「国内法令に従って」が挿入されたところが3か所ある。「適宜、立法上、行政上又は政策上の措置をとる」という表現は、法改正をすることなく、政府の行政指導等で代替できることを意味するものとして4か所で使用されている。「可能な限り」（8か所）又は「実行可能な」（3か所）という語も多用されている。これらは締約国が可能でない又は実行可能でないと判断したとき特に何もしなくても条約違反とならないことを意味するものと解されている。

このような「柔軟性」のゆえに、CBDは地球サミットの会期中に158か国もの首脳の署名を集めることに成功した。その反面、条約から実効性が失われたことは否めない。多くの問題はその後の課題として残され、今日に至っている。残された問題は、環境問題というより、開発問題であって、他の国際機関における交渉にも関係しているものであることを認識しておく必要がある。

第 1 章　生物多様性条約 (CBD) の基礎知識

(10)　その後の日米の対応

　最後に、CBD に最後まで反対した米国のその後の対応について触れておくと、米国のブッシュ大統領 (1992 年当時) は、地球サミットにおける首脳演説の中で、「CBD はバイオテクノロジーの発展を妨げ、知的財産の保護を損なうおそれがあり、また気候変動枠組条約と異なって、財政スキームが作動しない」と批判し、署名を拒否した。財政スキームについての米国の懸念は、具体的には CBD 第 21 条に対するものであって、各国の拠出額が、開発途上国が多数を占める CBD 締約国会議によって一方的に決定されるのではないかという懸念であった。

　その後、1992 年末の米国大統領選挙において CBD 署名を選挙公約の一つに掲げて当選したクリントン大統領が一年後の署名開放期間の最終日の 1993 年 6 月 4 日に署名をしたが、ブッシュ大統領 (1992 年当時) と懸念を同じくする共和党を中心とする議会の承認がいまだ得られておらず、米国はいぜん CBD 未加盟のままである。ただし、米国は、オブザーバーとして CBD の会議には参加しており、事実上加盟国と変わらない立場で活動を続けている。

　日本は、利益配分については、「相互の合意による」旨の文言が挿入されたこと、技術移転については、知的財産権の保護に言及がなされたことから、ともに受け入れ可能と判断し、また米国が危惧した財政スキームについては、「21 条 1 項に基づき締約国会議が行う決定は、締約国の拠出の程度又は性格及び形式についてのものでなく」、「資金供与の制度にとって必要な資金の額についてのものであると解釈する」旨の解釈声明[16]を出した上で、地球サミットの最終日前日の 6 月 13 日に CBD への署名を行った。1993 年の CBD 発効以来、日本は CBD の活動に積極的に参加しており、特に財政面では最大の資金拠出国 (全体の 22％) として条約実施に大きな貢献をしている[17]。

---

[16]　解釈声明の内容については、平成 5 年 4 月 27 日衆議院外務委員会議事録参照。
[17]　外務省「生物多様性条約」(http://www.mofa.go.jp/mofaj/gaiko/kankyo/jyoyaku/bio.html) (最終訪問日：2010 年 8 月 20 日)

【もっと知りたい人のために】
① パトリシア・バーニー／アラン・ボイル（池島大策ほか訳）『国際環境法』（慶應義塾大学出版会、2007年）（特に第11章）
② 大澤麻衣子「生物多様性条約と知的財産権―環境と開発のリンクがもたらした弊害と課題」国際問題 No. 510（2002年）56-69頁
③ 高倉成男『知的財産法制と国際政策』（有斐閣、2001年）
④ 最首太郎「遺伝資源の規制と生物多様性の保全」大内和臣・西海真樹編『国連の紛争予防・解決機能』（日本比較法研究所研究叢書 (57)）（中央大学出版部、2002年）223-251頁

3　CBDで使われる用語、基本条文の説明

（1）基本的な用語

関連する基本的な用語については、第2条において以下のように定められている。

> 「生物の多様性」とは、すべての生物（陸上生態系、海洋その他の水界生態系、これらが複合した生態系その他生息又は生育の場のいかんを問わない。）の間の変異性をいうものとし、種内の多様性、種間の多様性及び生態系の多様性を含む。

このように、最も基本概念である生物多様性とは、遺伝子、種及び生態系の各レベルにおいて、生物の間に違いがあること、違いが生じる性質のあることと記されている。ところが、特定区域に生息する生物種数の多いこととの認識が広まっている。そのことは生物多様性の一側面に過ぎない。正確には、高冷地や砂漠のような生物種数及び生物個体数が極めて少ない区域は、生物多様性にとって、熱帯雨林や湿地のような生物種数及び個体数の極めて多い区域と同じ重要性を有する。特定区域ごとではなく地球全体で変異性を考えなければならない。その観点からは、生物の歴史的な適応放散の結果が現在の生物多様性であるため、それぞれの地元の自然系（特に、その固有種）が生物多様性の基本要素である。さらに、結果の維持にとどまらず、生物多様性は今後の生物進化

に向けての変異能力の源としても捉える必要がある。

> 「生物資源」には、現に利用され若しくは将来利用されることがある又は人類にとって現実の若しくは潜在的な価値を有する遺伝資源、生物又はその部分、個体群その他生態系の生物的な構成要素を含む。
> 「遺伝資源」とは、現実の又は潜在的な価値を有する遺伝素材をいう。
> 「遺伝素材」とは、遺伝の機能的な単位を有する植物、動物、微生物その他に由来する素材をいう。
> 「遺伝資源の提供国」とは、生息域内の供給源（野生種の個体群であるか飼育種又は栽培種の個体群であるかを問わない。）から採取された遺伝資源又は生息域外の供給源から取り出された遺伝資源（自国が原産国であるかないかを問わない。）を提供する国をいう。「遺伝資源の原産国」とは、生息域内状況において遺伝資源を有する国をいう。
> 「生息域内状況」とは、遺伝資源が生態系及び自然の生息地において存在している状況をいい、飼育種又は栽培種については、当該飼育種又は栽培種が特有の性質を得た環境において存在している状況をいう。

　このように、生物資源・遺伝資源は自然状態のものに限られず、人的管理下のものや改良・改変されたものも対象にしている。そのため、改良品種や遺伝子組み換え作物の多くを保有している先進国は提供国であるとともに、飼育種や栽培種の場合には、原産国ともなり得る。

　また、遺伝資源は生物資源に含まれる。したがって、遺伝資源が構造的に生物の一部である以上、通常、遺伝資源に関する規制措置は生物資源にも適用されることとなる。しかしながら、それは遺伝資源の場合であって、遺伝素材の場合には当てはまらない。上記定義に示されているように、遺伝素材は事実的存在であり、それに価値が付与された場合に遺伝資源とされる。価値付けは目的によって決まるため、遺伝的価値の利用を目的としない場合、たとえば、生物資源を単なる食用や観賞用に用いる場合は、そこに含まれているものは遺伝素材であり遺伝資源ではない。したがって、同じ生物資源であっても、遺伝的価値に着目する用途の場合とそうではない場合とで法的取り扱いが異なることになる。ということは、後になって遺伝的価値を利用する場合、すなわち、用途変更の場合、又は虚偽の用途表明であった場合についての対策が必要となる[1]。

3　CBDで使われる用語、基本条文の説明

> 「技術」には、バイオテクノロジーを含む。
> 「バイオテクノロジー」とは、物又は方法を特定の用途のために作り出し又は改変するため、生物システム、生物又はその派生物を利用する応用技術をいう。

　派生物についての定義又は位置づけは明記されていないが、このようにバイオテクノロジーについての定義の中で用いられている。このことは、アクセス及び利益配分（ABS）の対象をめぐって、派生物は含まれるとする開発途上国と、含まれないとする先進国との間に対立を生じさせている。ただし、この項は、バイオテクノロジーが生物又はその派生物を対象とすることに触れているのであって、ABSの対象となる遺伝資源の派生物に触れているわけではない[2]。

> 「持続可能な利用」とは、生物の多様性の長期的な減少をもたらさない方法及び速度で生物の多様性の構成要素を利用し、もって、現在及び将来の世代の必要及び願望を満たすように生物の多様性の可能性を維持することをいう。

　持続可能な利用については、さまざまな条約や国際文書において定義されており、上記と同様のものが多い。他方で、生態的観点からは、持続可能な開発とは、「人々の生活の支持基盤となっている各生態系の許容能力限度内で生活しつつ、その生活の質的改善を達成すること」とされている[3]。つまり、持続可能性は、生態系の支持力又は許容力の持続可能性を意味するのであり、事業

---

(1) たとえば、市販されている食品を購入してその遺伝的価値を利用する場合、及び、科学的利用と申告しておいて商業利用する場合がそうである。これらの場合には、年月が経ってから国境を越えて有効に機能する監視メカニズムが必要となる。
(2) 実は、絶滅のおそれのある野生動植物の種の国際取引に関する条約（ワシントン条約）においても、派生物という用語自体は定義されていないが、他の用語の定義の中で用いられている（第1条(b)）。ただし、その項目は適用対象を定義するものであるため、ワシントン条約の場合は、派生物が対象となることに異論の余地はない。この点で、CBDの場合とは異なる。
(3) IUCN/UNEP/WWF, Caring for the Earth: A Strategy for Sustainable Living (1991), p. 10, Box 1.

第1章　生物多様性条約（CBD）の基礎知識

や活動の継続性を意味するのではない。生態系の支持力又は許容力は、生物多様性が維持されていなければ確保できないのである。生物多様性条約（CBD）はその立場に立っている。そのことは、後述の第1条に上下関係のある3カテゴリーごとの目的が設定されていること、及び、第8条(e)及び第15条2項に「環境上適正」という字句が用いられていることに表されている。また、より詳細には、生態系アプローチ原則、アジスアベバ・ガイドラインなどに定められている(4)。

（2）　主要条文の分析

ここでは、ABSの観点から関わりを有する条文のみ取り上げることとする。なお、公定訳では「アクセス」に「取得の機会」との訳語が当てられているが、アクセスには取得行為も含まれる。

> **第1条　目　的**
> この条約は、生物の多様性の保全、その構成要素の持続可能な利用及び遺伝資源の利用から生ずる利益の公正かつ衡平な配分をこの条約の関係規定に従って実現することを目的とする。この目的は、特に、遺伝資源の取得の適当な機会の提供及び関連のある技術の適当な移転（これらの提供及び移転は、当該遺伝資源及び当該関連のある技術についてのすべての権利を考慮して行う。）並びに適当な資金供与の方法により達成する。

本条に定められている三つの目的はそれぞれ対象範囲が異なる。大前提は生物多様性の保全である。その上に生物資源の持続可能な利用が成り立つ。さらに、その上に遺伝資源利用が成り立つ。これらの関連については、生態系アプローチが定めており、ミレニアム生態系評価としてもまとめられている(5)。

なお、「公正かつ衡平」について明確な基準は存在しないが、それは、強制や

---

(4) 生態系アプローチ原則及びアジスアベバ・ガイドラインについては以下を参照。Ecosystem Approach, Decision V/6, CBD; Ecosystem Approach: Further Conceptual Elaboration (UNEP/CBD/SBSTTA/5/11, 23 October 1999). Addis Ababa Principles and Guidelines on Sustainable Use of Biodiversity: Decision VII/12 Sustainable Use (Article 10), Annex II.
(5) ミレニアム生態系評価については以下のURLを参照。〈http://www.millenniumassessment.org/en/Index.aspx〉

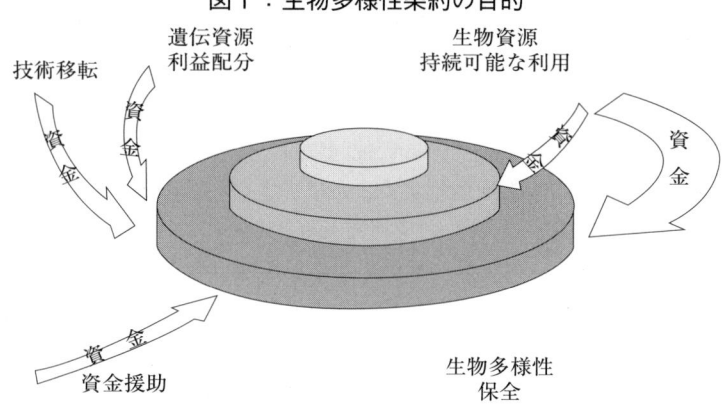

3　CBDで使われる用語、基本条文の説明

図1：生物多様性条約の目的

技術移転
遺伝資源利益配分
生物資源持続可能な利用
資金
資金
資金
資金
資金援助
生物多様性保全

詐欺でないこと、実体面・手続面ともに合法であることに加えて、社会正義に適うこと、情報・能力面で当事者間に重大な格差がある場合に弱者を救済することなどを意味する。

　本条の後半は、これらの目的達成の手段について触れていて、特に、国際資金メカニズムとともに、遺伝資源の取得利用を挙げている。つまり、遺伝資源取得利用から生じる利益の中から、大前提である生物多様性の保全のための資金が提供されることが想定されている。

第3条　原　則

諸国は、国際連合憲章及び国際法の諸原則に基づき、自国の資源をその環境政策に従って開発する主権的権利を有し、また、自国の管轄又は管理の下における活動が他国の環境又はいずれの国の管轄にも属さない区域の環境を害さないことを確保する責任を有する。

　本条が触れている資源には生物資源と非生物資源が含まれており、遺伝資源も当然含まれている。それらを開発する主権的権利を各国が有していることとともに国外への悪影響に関する責任を定めている。ただし、このことは、後述の第15条と同様に、CBDによって設定されたわけではなく、一般国際法上の権利義務が再確認されているのである[6]。そのため、本条では、締約国という語ではなく、諸国（すべての国）という語が用いられている。また、本条は第15

条の上位に位置している。

　ちなみに、主権とは、国際法上、独立国家が有している最高かつ絶対的な権力のことであり、国内法令の制定権や課税権などの対内主権と、独立権や国家平等権などの対外主権とが含まれる。その結果、どの国も他国の法令を適用するよう強制されることはない。逆に、他国に対しては、どの国も自国の法令の適用（域外適用・治外法権）を強制することはできない。国内事項について他国から干渉（他国法を強制）されない権利であるとともに、他国に対して干渉（自国法を強制）しない義務がある。それぞれの国が独自の国内法を定める権限があることと、法的効果がその領域に限定されることとは、国家主権の表裏の関係である。

　他方、主権的権利とは主権に準ずる権利であり、比較的新しい国際法上の権利である。具体的には、大陸棚や経済水域及びそこに存在する資源、また、国家の領域内に存在する生物資源や遺伝資源などの開発に適用され、環境や生態系などの地球的観点や価値に対する配慮を前提とする。主権的権利に基づく国内法令の位置づけは、主権の場合と同様である。

　この基本認識の上で、国際協力を必要とする場合の手法については、次節（4（4）及び（5））において検討する。

第6条　保全及び持続可能な利用のための一般的な措置

締約国は、その個々の状況及び能力に応じ、次のことを行う。

(a) 生物の多様性の保全及び持続可能な利用を目的とする国家的な戦略若しくは計画を作成し、又は当該目的のため、既存の戦略若しくは計画を調整し、特にこの条約に規定する措置で当該締約国に関連するものを考慮したものとなるようにすること。

(b) 生物の多様性の保全及び持続可能な利用について、可能な限り、かつ、適当な場合には、関連のある部門別の又は部門にまたがる計画及び政策にこれを組み入れること。

　本条は、生物多様性国家戦略の策定の基となる規定である。また、名古屋会議の主要議題の一つであるポスト2010年目標とも関わりがある。

---

(6) これらの権利義務については、ストックホルム宣言の原則21及びリオ宣言の原則2が触れている。

ところで、本条のように、「状況及び能力に応じ」、「可能なかぎり」、「適当な場合」という条件の付いた条文又は努力義務にとどまる条文は珍しくない。これらの条件は、本来的に国家の主権又は主権的権利に係わる事項について、国際法が特定の措置や手続をとるよう国家に義務付ける場合に定められる。そのような条件設定は国内状況の違いや法体系の違いを考慮してのことであって、不十分な対応で済ますことやすぐできなければやらなくて良いことを認めているわけではない。一般論として、条約上課せられた義務をどのような立法・行政措置によりどのように実施するかは、各国の裁量に任されている。ただし、それは何もしなくて良いということではない。通常、作為義務が明文で規定されている場合には、不作為は容認されない。

第8条　生息域内保全

締約国は、可能な限り、かつ、適当な場合には、次のことを行う。

(a)〜(d)　略

(e) 保護地域における保護を補強するため、保護地域に隣接する地域における開発が環境上適正かつ持続可能なものとなることを促進すること。

(f)〜(i)　略

(j) 自国の国内法令に従い、生物の多様性の保全及び持続可能な利用に関連する伝統的な生活様式を有する原住民の社会及び地域社会の知識、工夫及び慣行を尊重し、保存し及び維持すること、そのような知識、工夫及び慣行を有する者の承認及び参加を得てそれらの一層広い適用を促進すること並びにそれらの利用がもたらす利益の衡平な配分を奨励すること。

(k)〜(m)　略

本条の規定は遺伝資源についても当てはまる。遺伝資源の保全は生息域内が原則とされるため、生息域内保全に必要とされる基本的な措置を定めている。そのうち、(e)は、第1条に定められている二つ目の目的である持続可能性に関わる。前述のように生態系アプローチの観点から、持続可能性だけでなく環境上適正であることが求められており、第15条2項は本項に基づいている。

他方、(j)はABSにも関係している。そこでは、先住民社会に加えて「地域

社会」という中立的な用語が用いられている。それは、先住民として扱われるか否かは居住国政府の主権的判断に左右されるからであり、中立的用語の併用により、先住民か否かという政治問題化を避けることができる。したがって、先住民の権利保障は拡充されている。しかし、(j)の内容は主権事項でもあるため、「国内法令に従うこと」に加えて、「可能な限り、かつ、適当な場合」という条件が定められているため、その効果は限定的であると言わざるを得ない。また、伝統的知識等の実際の適用やその利用は民間レベルで行われることが普通であるため、その居住国政府に対する義務内容は「促進」及び「奨励」にとどまっている。

このように、本条(j)は先住民の居住国（遺伝資源の提供国）の義務を定めている。ところが、実際は、伝統的知識等の利用による利益を先住民に対して衡平に配分することは、当該提供国ではなく利用者に負わされることが多い。それに加えて、地元当事者からPIC（事前の情報に基づく同意）（ローカルPIC）[7]を取得することも利用者に義務付けられるようになっている。それは、以下の第15条に基づいて定められる提供国の国内法令によって、政府PICを義務付け、その付与条件として、当該遺伝資源の地元の利害当事者（先住民・地域社会を含む）から利益配分を含むローカルPICを得ていることを定めることができるからである。

第9条　生息域外保全

締約国は、可能な限り、かつ、適当な場合には、主として生息域内における措置を補完するため、次のことを行う。
(a) 生物の多様性の構成要素の生息域外保全のための措置をとること。この措置は、生物の多様性の構成要素の原産国においてとることが望ましい。
(b) 植物、動物及び微生物の生息域外保全及び研究のための施設を設置し及び維持すること。その設置及び維持は、遺伝資源の原産国にお

---

(7) このようなローカルPICの必要性は先住民グループを中心に主張されている。ただし、第8条(j)で用いられている用語は「承認」であってPICではなく、また、政府に代わる同意権限を先住民が有することは意味していない。その意味では、PICというよりは、先住民社会の特殊性に配慮したMATが必要とされると考える方が正確である。同様のことは、独立国内の先住民の権利保障に関する国際労働機関（ILO）第169号条約の第2部、特に、第15条及び第17条に定められている。

3　CBDで使われる用語、基本条文の説明

いて行うことが望ましい。
- (c) 脅威にさらされている種を回復し及びその機能を修復するため並びに当該種を適当な条件の下で自然の生息地に再導入するための措置をとること。
- (d) (c)の規定により生息域外における特別な暫定的措置が必要とされる場合を除くほか、生態系及び生息域内における種の個体群を脅かさないようにするため、生息域外保全を目的とする自然の生息地からの生物資源の採取を規制し及び管理すること。
- (e) (a)から(d)までに規定する生息域外保全のための財政的な支援その他の支援を行うことについて並びに開発途上国における生息域外保全のための施設の設置及び維持について協力すること。

　本条の規定は、遺伝資源についても当てはまり、遺伝資源の保全は生息域内が原則であり、生息域外保全は補完的であるとされている。「可能な限り、かつ、適当な場合」という条件付きではあるが、生息域外保全及びそのための施設の建設は原産国で行うこと及び元の生息地へ再導入すること、また、そのための国際協力が求められている。したがって、遺伝資源の提供国（者）が、その遺伝資源の取得条件として、本条に定められている措置を要請することも可能である。

第14条　影響の評価及び悪影響の最小化
1　締約国は、可能な限り、かつ、適当な場合には、次のことを行う。
- (a) 生物の多様性への著しい悪影響を回避し又は最小にするため、そのような影響を及ぼすおそれのある当該締約国の事業計画案に対する環境影響評価を定める適当な手続を導入し、かつ、適当な場合には、当該手続への公衆の参加を認めること。
- (b) 生物の多様性に著しい悪影響を及ぼすおそれのある計画及び政策の環境への影響について十分な考慮が払われることを確保するため、適当な措置を導入すること。

　本条も遺伝資源利用に関して適用され得るため、関連する国内制度によっては、PIC手続に連携して情報公開や公衆参加を含む環境影響評価の手続がとら

第1章　生物多様性条約(CBD)の基礎知識

れる可能性がある。

> **第15条　遺伝資源の取得の機会**
> 1　各国は、自国の天然資源に対して主権的権利を有するものと認められ、遺伝資源の取得の機会につき定める権限は、当該遺伝資源が存する国の政府に属し、その国の国内法令に従う。
> 2　締約国は、他の締約国が遺伝資源を環境上適正に利用するために取得することを容易にするような条件を整えるよう努力し、また、この条約の目的に反するような制限を課さないよう努力する。
> 3　この条約の適用上、締約国が提供する遺伝資源でこの条、次条及び第19条に規定するものは、当該遺伝資源の原産国である締約国又はこの条約の規定に従って当該遺伝資源を獲得した締約国が提供するものに限る。
> 4　取得の機会を提供する場合には、相互に合意する条件で、かつ、この条の規定に従ってこれを提供する。
> 5　遺伝資源の取得の機会が与えられるためには、当該遺伝資源の提供国である締約国が別段の決定を行う場合を除くほか、事前の情報に基づく当該締約国の同意を必要とする。
> 6　締約国は、他の締約国が提供する遺伝資源を基礎とする科学的研究について、当該他の締約国の十分な参加を得て及び可能な場合には当該他の締約国において、これを準備し及び実施するよう努力する。
> 7　締約国は、遺伝資源の研究及び開発の成果並びに商業的利用その他の利用から生ずる利益を当該遺伝資源の提供国である締約国と公正かつ衡平に配分するため、次条及び第19条の規定に従い、必要な場合には第20条及び第21条の規定に基づいて設ける資金供与の制度を通じ、適宜、立法上、行政上又は政策上の措置をとる。その配分は、相互に合意する条件で行う。

　本条はABSに関する基本規定であり、第1項、第2項、第4項及び第5項は取得について、第6項及び第7項は利益配分について定めている。なお、国内法の定め方によっては、利益配分に関する本条の規定ならびに技術移転に関する第16条及び第19条の規定の内容が、遺伝資源の取得条件とされることも考えられる。

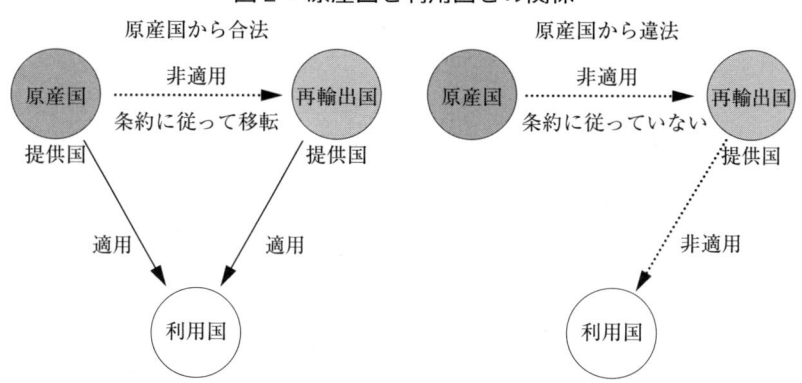

3 CBD で使われる用語、基本条文の説明

図2：原産国と利用国との関係

```
   原産国から合法                       原産国から違法
        非適用                              非適用
 原産国 ┈┈┈┈┈→ 再輸出国        原産国 ┈┈┈┈┈→ 再輸出国
      条約に従って移転                 条約に従っていない
  提供国        提供国                 提供国        提供国
     適用   ↓   適用                              ↓ 非適用
         利用国                              利用国
```

　第1項の前半部分には、天然資源に対して国家が主権的権利を有することが記されている。ただし、第3条と同様に、その権利はCBDによって設定されたわけではないため、一般国際法上そのようになっていることを認識するという記述になっている。それゆえ、第1項では、締約国という語ではなく、各国（すべての国）という語が用いられている。

　第1項の後半部分は前半部分の法的帰結を記している。具体的には、遺伝資源は天然資源に含まれること、そのため遺伝資源に主権的権利が及ぶこと、そのため遺伝資源の取得を規制する権限は当該資源の賦存する国の政府にあること、また、当該国は国内法によって取得規制を義務付けられることを記している。つまり、後半部分の権限もCBDによって設定されたわけではなく、主権的権利があれば当然できることが例示されている。

　なお、遺伝資源の取得規制のための国内法を定めるか否かの決定も主権的権利の範囲内であるため、関連国内法の制定は義務ではない。この点を確認することに関しては、開発途上国からは、同一又は類似の資源を共有する国が薄利多売的な行動をとるケースが払拭できないことから、懸念が表明されている。

　前述のように、本来的に国家の主権又は主権的権利に係わる事項について、国際法が特定の措置や手続をとるよう国家に義務付ける場合には、可能な限りとか適当な場合とかの条件が定められることが多く、他の条文でそれらは多用されている。しかし、本条の第1項、第4項及び第5項は主権的権利の下で資源の賦存する国が当然とることのできる国内措置について触れているため、それらの条件設定はされていない。

第1章　生物多様性条約(CBD)の基礎知識

　次に、第3項は、第15条、第16条及び第19条に係わる適用範囲を定めている。すなわち、それらの規定が適用される遺伝資源は、原産国から直接提供される場合又はCBD発効後にその規定に則して輸入した締約国から提供される場合に限定される（図2左）。したがって、条約発効以前に取得された遺伝資源又は発効後に条約規定に反して取得された遺伝資源（図2右）には適用されない。ただし、特に後者の場合の意味づけには注意が必要である。それは、条約違反のものを通常の利用関係から排除すること、また、そのような資源は利益配分すれば良い訳ではなく違法性を問われなければならないことを意味している。しかし、条約規定に反する場合の具体的措置については触れられていない。もちろん当該国の国内法による措置は可能であるが、後述のように国外に所在する取得者・利用者に対する効果は及ばないという問題につながる。

　第2項及び第4項〜第6項は、第1項の後半と同様に、新たな権利義務を設定しているわけではなく第1項の前半の論理的帰結を記している。したがって、一方では、主権的権利を行使する場合の具体的又は標準的な手続や措置を記している。たとえば、第4項は、遺伝資源の取得条件としてMAT（相互に合意する条件）[8]を定めているが、それは契約法の原則の再確認であり、ABS国内法において特定明記することも可能である。第5項は提供国による政府PICを原則としているが、PICのような許認可の義務づけは主権的権利行使の一形態である。もちろん、主権的権利を有するのであるから、提供国はPIC手続に拘束されず、それ以外の手続を定める権利が確認されている。なお、第4項及び第5項は[9]、私人間の契約も念頭に置いているため、他の規定と異なり、主語又は義務対象者が明記されていない。

　他方では、第2項又は第6項は、主権や主権的権利と抵触しないような努力

---

[8] MATにおける「合意」は、当事者が対等であることを意味しており、他方当事者の主張を拒否することもできる。類似しているが、PICにおける「同意」は対等ではなく、一方で、利用者は許可申請しなければならない立場であり、他方で、政府は許可権限を有する立場である。

[9] これらの項に定められているMAT及びPICは、ABSの国際的な基本要件であると主張されることがある。ただし、本文で指摘しているように、厳密には、国内法においてMAT及びPICが基本要件として義務務付けられていることが前提であり、その違反は国内法違反である。実際、一定の条件の下で、MAT及びPIC要件違反に対する国際協力義務を定めているEU提案も（Submission by the European Union, UNEP/CBD/WG-ABS/8/6/Add.4 (8 November 2009)）、その認識に立っている。

3　CBDで使われる用語、基本条文の説明

義務を定めている。第2項は、円滑な取得条件を整備することと条約目的に反する制限を課さないことを提供国に求めている。これは、前述のように第1条の後半を受けて、条約目的達成のための重要手段の一つである遺伝資源の取得利用が阻害されないように確保することを目指している。なお、第2項が定めている他国が円滑に取得するための条件整備は、遺伝資源の持続可能な利用ではなく、その環境上適正な利用の場合に限られていることに注意すべきである。これも、持続可能な利用の管理は主権的権利の中心に位置するからである。他国（利用国）のための条件整備であるので、努力義務であっても持続可能性について触れることは難しいが、それに上乗せされる環境上の適正性をも満たす利用の場合であれば触れることができるとの判断に本項は立脚している。

　第6項の規定は、科学的研究のための基盤条件が整っているかどうかが係わるため、また、私人の活動に対する制約であるため、締約国に対する努力義務にとどまっている。原産国の立場は、十分な参加という表現と、原産国において実施するという字句に示されている。反対に、利用国（者）の立場は、努力義務であることと、可能な場合という字句に示されている。

　第7項は、ABSの根幹である利益配分に関する基本規定である。この項は、立法措置を含めてとるべき措置を具体的に定めており、さらに、努力義務ではなく実体的義務とされている。金銭的利益のみでなく、技術移転も射程に入れられている。また、提供国だけではなく利用国にも適用される。したがって、提供国の立場を補強する規定となっているのであるが、一方で、利用国の立場も反映されている。それは、措置をとる義務には適宜という条件が付されていること、配分の対象は提供国であり原産国ではないこと、また、配分はMATに基づくことに現れている[10]。

　このように、提供国と利用国、双方の立場を反映した結果、義務内容が弱くなっているように思える。また、実際に、第7項に基づいて制度を定めている

---

[10]　この点に付き、開発途上国は、第3項を根拠にして提供国には再輸出の場合における原産国も含まれるとの解釈を主張している。そのほか本項について、開発途上国は、利用（utilization）という語に着目し、遺伝資源の利用により生じる派生物から得られる利益も配分対象になると主張している。しかし、それらは条約条文の解釈・定義に関わるため、厳密には、締約国会議における解釈提案と論議が必要である。
　なお、その後、2010年7月に開かれたABS作業部会第9回再開会合において、「利用（utilization）」の解釈に関する提案が検討され、議定書案に取り入れられた。

利用国はない。しかしながら、この規定に基づいて利用国において利益配分に関する制度整備が進んだ場合には、ABS に関する複雑な問題と対立を回避することも可能となる。そのために利用国がイニシャチブをとることを条約は期待しているわけであり、本項の具体化に向けた利用国による検討が必要である。

ところで、MAT が要件とされていることは、本条 4 項に関しては、提供者（国）の立場を強化し、利用者による手続違反を明確化する役割を果たしている。しかし、本条 7 項を含めその他の条項では、MAT は先進国の立場を反映するものであり、主権的権利に基づいて提供国が余りに厳格な条件を定めてしまうと利用が行われなくなってしまうことに対する懸念を表している。また、特に、第 16 条及び第 19 条においては、MAT 要件は、利益配分や技術移転は私人間の経済行為であること、知的財産権その他の法的権利の保護が必要であることを反映しており、その保有者の拒否権も確認している。

これらの条件設定を用いることによって、遺伝資源提供国が有する主権的権利、利用国が経済や技術に関して有する主権、知的財産権制度、遺伝資源の適正利用の促進、それによる利益の衡平配分など複数の関連要素の並立が図られている。前述のように、同趣旨のことは第 1 条の後半にも定められている。

> **第 16 条　技術の取得の機会及び移転**
> 1　締約国は、技術にはバイオテクノロジーを含むこと並びに締約国間の技術の取得の機会の提供及び移転がこの条約の目的を達成するための不可欠の要素であることを認識し、生物の多様性の保全及び持続可能な利用に関連のある技術又は環境に著しい損害を与えることなく遺伝資源を利用する技術について、他の締約国に対する取得の機会の提供及び移転をこの条の規定に従って行い又はより円滑なものにすることを約束する。
> 2　開発途上国に対する 1 の技術の取得の機会の提供及び移転については、公正で最も有利な条件（相互に合意する場合には、緩和されたかつ特恵的な条件を含む。）の下に、必要な場合には第 20 条及び第 21 条の規定に基づいて設ける資金供与の制度に従って、これらを行い又はより円滑なものにする。特許権その他の知的所有権によって保護される技術の取得の機会の提供及び移転については、当該知的所有権の十分かつ有効な保護を承認し及びそのような保護と両立する条件で行う。この 2 の規定は、3 から 5 までの規定と両立するよう

　　　　に適用する。
　　3　締約国は、遺伝資源を利用する技術（特許権その他の知的所有権によって保護される技術を含む。）について、当該遺伝資源を提供する締約国（特に開発途上国）が、相互に合意する条件で、その取得の機会を与えられ及び移転を受けられるようにするため、必要な場合には第20条及び第21条の規定の適用により、国際法に従い並びに4及び5の規定と両立するような形で、適宜、立法上、行政上又は政策上の措置をとる。
　　4　締約国は、開発途上国の政府機関及び民間部門の双方の利益のために自国の民間部門が1の技術の取得の機会の提供、共同開発及び移転をより円滑なものにするよう、適宜、立法上、行政上又は政策上の措置をとり、これに関し、1から3までに規定する義務を遵守する。
　　5　締約国は、特許権その他の知的所有権がこの条約の実施に影響を及ぼす可能性があることを認識し、そのような知的所有権がこの条約の目的を助長しかつこれに反しないことを確保するため、国内法令及び国際法に従って協力する。

　前述のように第1条の後半において、条約の目的達成のための主要手段の一つに「技術の適当な移転」が定められていることを受けて、本条はその具体化について定めている。第15条と本条は対になっており、第15条が遺伝資源の移転について定めているのに対して、本条は関連する技術の移転について定めている。両方とも、資源や技術の保有者又は提供国（者）の主権もしくは主権的権利又は知的財産権などの私権を前提としている。しかし、第15条に定められている遺伝資源提供国の権限の方が、本条に定められている技術提供国の権限よりも強い。また、本条の対象とされる技術は、遺伝資源に係わるものにとどまらず、条約の三つの目的すべてに係わる技術を対象にしている。
　第1項は、各締約国に対して、他国によるそれらの技術の取得を促進するよう求めている。また、第2項は開発途上国に移転する場合を定めており、公正で「最も有利な」条件、及び、「緩和されたかつ特恵的な」条件の適用を定めていて、開発途上国の立場を反映した比較的強い規定内容となっている。ただし、後者の条件には、先進国の立場を反映して「相互に合意する場合」（MAT）が前提とされている。さらに、当該技術に知的財産権が付与されているときには、

第1章　生物多様性条約（CBD）の基礎知識

その知的財産権を「十分かつ有効に」保護することが定められている。このことも、先進国の主張に沿っており、また、第1条の後半と符合している。他方で、本項の最終文は、技術移転促進の立場から、第3項から第5項までの規定と両立させることを再確認している。したがって、本項も、開発途上国と先進国、両方の主張の複雑なバランスの上に成り立っている。また、本項は、第15条4項及び5項と同様に、私人間の関係を念頭に置いているため、主語を締約国としておらず、義務対象者を明記していない。

　これに対して、第3項から第5項は締約国（主に先進国）がとるべき措置を定めている。まず、第3項は、開発途上国の主張に沿って、遺伝資源を利用する技術を遺伝資源提供国が取得できるようにするための、立法を含む措置を執ることを明確に義務付けている。しかも、その技術には知的財産権の保護を受けているものが含まれることも明記されている。さらに、第4項及び第5項と両立させることが再確認されている。他方で、そこには、先進国の主張を反映して、MAT、「必要な場合には」、「国際法に従い」、「適宜」という条件が付されている。

　第4項は、締約国（主に先進国）に対して義務設定している。それは、開発途上国の主張に沿って、第1項～第3項の義務とともに、自国の民間部門に対して、生物多様性に係わる広範な技術の移転などを促進させるための、立法を含む措置を執ることを義務付けている。他方で、先進国の主張を反映して「適宜」という条件が付されている。

　第5項については、先進国と開発途上国の間に解釈と意味づけをめぐって開きがある。本項は、CBDに対して知的財産権が及ぼす影響についての基本規定であり、特に、条約の目的に反する影響を生じさせないよう協力する義務を課している。ただし、国内法令及び国際法に従うという条件を付しているため、現行法制度の枠内の協力にとどまる。先進国は、それらの現行法制度の枠を超えるような知的財産権制度の改正に消極的である。

　これに対して、開発途上国は、知的財産権が条約目的に反する影響を及ぼしており、特許法改正のための協力をすべきであるとの立場に立っている。しかし、現行法制度の枠内という条件があるため、WIPOやWTOにおいて本項を根拠にして特許関連条約やTRIPS協定（知的所有権の貿易関連の側面に関する協定）を改正することに主力を注いでいる。それらが開発途上国の立場に沿って改正されれば、国際法に従うという意味が逆転し、国内法改正も求められるよ

うになるからである。
　なお、「国内法令に従って」、すなわち、現行国内法令の範囲内においてという条件を付けて義務設定している条文は、本条5項と第8条(j)及び第18条4項であることに注意する必要がある。条約の起草段階で「国内法令に従って」という条件がなかったとしたらこれらの条文に合意が達成されたとは考えられない。そのため、国内特許法の改正を伴うような国際合意の達成は、不可能ではないが、CBDの枠組みの改正や再交渉と同様の意味合いを持ち、同様の困難を伴うのである。

> **第17条　情報の交換**
> 1　締約国は、開発途上国の特別のニーズを考慮して、生物の多様性の保全及び持続可能な利用に関連する公に入手可能なすべての情報源からの情報の交換を円滑にする。
> 2　1に規定する情報の交換には、技術的、科学的及び社会経済的な研究の成果の交換を含むものとし、また、訓練計画、調査計画、専門知識、原住民が有する知識及び伝統的な知識に関する情報並びに前条1の技術と結び付いたこれらの情報の交換を含む。また、実行可能な場合には、情報の還元も含む。

　本条は情報交換の促進を定めている。第2項は、その対象として、関連する研究の成果とともに、第16条1項が対象にしている広範な技術と結びついたものを含めて専門知識や伝統的知識に関する情報を特定している。さらに、情報の還元も求められており、開発途上国の立場に沿って義務内容は拡充されている。ただし、先進国の主張を反映して「公に入手可能な」及び「実行可能な場合に」という条件が付されている。

> **第18条　技術上及び科学上の協力**
> 1　締約国は、必要な場合には適当な国際機関及び国内の機関を通じ、生物の多様性の保全及び持続可能な利用の分野における国際的な技術上及び科学上の協力を促進する。
> 2　締約国は、この条約の実施に当たり、特に自国の政策の立案及び実施を通じ、他の締約国（特に開発途上国）との技術上及び科学上の協力を促進する。この協力の促進に当たっては、人的資源の開発及び組

第1章　生物多様性条約(CBD)の基礎知識

> 　　　織の整備という手段によって、各国の能力を開発し及び強化することに特別の考慮を払うべきである。
> 3　締約国会議は、その第一回会合において、技術上及び科学上の協力を促進し及び円滑にするために情報の交換の仕組みを確立する方法について決定する。
> 4　締約国は、この条約の目的を達成するため、自国の法令及び政策に従い、技術（原住民が有する技術及び伝統的な技術を含む。）の開発及び利用についての協力の方法を開発し並びにそのような協力を奨励する。このため、締約国は、また、人材の養成及び専門家の交流についての協力を促進する。
> 5　締約国は、相互の合意を条件として、この条約の目的に関連のある技術の開発のための共同研究計画の作成及び合弁事業の設立を促進する。

　本条は、技術及び科学に関する国際協力について定めており、特に、開発途上国の能力構築を重視している。ただし、それには、先進国の主張を反映して、「当該国の法令や政策に従うこと」が、また、共同研究や合弁事業にはMATが前提とされている。

> **第19条　バイオテクノロジーの取扱い及び利益の配分**
> 1　締約国は、バイオテクノロジーの研究のために遺伝資源を提供する締約国（特に開発途上国）の当該研究の活動への効果的な参加（実行可能な場合には当該遺伝資源を提供する締約国における参加）を促進するため、適宜、立法上、行政上又は政策上の措置をとる。
> 2　締約国は、他の締約国（特に開発途上国）が提供する遺伝資源を基礎とするバイオテクノロジーから生ずる成果及び利益について、当該他の締約国が公正かつ衡平な条件で優先的に取得する機会を与えられることを促進し及び推進するため、あらゆる実行可能な措置をとる。その取得の機会は、相互に合意する条件で与えられる。
> 3～4　略

　本条1項は第15条6項と同様の規定であり、前述のように、提供国の立場と利用国の立場を反映している。ただし、第15条6項は一般的に科学的研究を

対象にしており、努力義務を定めているが、本項はバイオテクノロジー研究を対象にしており、実体的義務を定めている。

次に、第2項は第15条7項と同様の規定である。両者ともに、提供国の立場と利用国の立場を反映しており、また、実体的義務を定めている。他方で、第15条7項が遺伝資源からの利益配分を定めているのに対して、本項はバイオテクノロジーからの利益配分を定めている。さらに本項では、第15条7項にはない以下の字句が用いられていることによって、遺伝資源提供国の立場が強化されている。それらは、「成果」、「優先的に」、「取得」(配分ではなく)、「促進」、「推進」及び「あらゆる」である。反対に、「実行可能な」という条件及びMATが付加されることで利用国・技術保有国(者)の立場が反映されている。この項についても、利用国のイニシャチブによる対応が期待されている。

なお、省略した第3項及び第4項は生物の多様性に関する条約のバイオセーフティに関するカルタヘナ議定書(カルタヘナ議定書)に関する規定である。

以上のほか、紛争の解決に関する第27条は条約の解釈適用に関する締約国間の紛争を対象としており、ABS問題にはあまり役立たない。ただし、条約規定に反する国内法令が存在する場合、又は、法的拘束力のあるABS規則が新たに採択されそれに反する国内法令が存在する場合には、本条の対象になり得る。

【もっと知りたい人のために】
① 磯崎博司「環境条約における技術移転メカニズム」特許研究50号（2010年）38-44頁
② IUCN, A guide to the Convention on Biological Diversity, (IUCN Environmental Policy and Law Paper No. 30, 1994)

4　ABS問題の背景

(1)　南北問題

アクセス及び利益配分（ABS）問題の背景には南北問題がある。それは、先進国と開発途上国との間の経済格差として捉えられるが、経済だけでなく、政

第1章　生物多様性条約(CBD)の基礎知識

治、社会、その他の側面を含む構造的問題であり、国際連合体制において最大の課題の一つでもある。開発途上国は、国家主権の確立による国家平等の獲得を通じて問題解決を目指している。貧困撲滅とともに、資源と環境の保全を行う必要もある。そのため、先進国の後追いでない先進国型ではない開発、持続可能な開発が提唱されてきている。

　南北問題の解決のためには資金が不可欠であり、その財源探しとしては、1950年代には経済援助が求められた。1960年代には輸出促進のために貿易制度の改革が求められ、また、鉱物資源や海洋資源の輸出価格の引き上げが求められた。関連して、天然資源に対する恒久主権、人類の共同遺産、新国際経済秩序、経済権利義務憲章などに関する国連総会決議が採択された。その後も、技術移転の促進、多国籍企業の規制、各種の国際課税などが相次いで求められた。公海や深海海底や月・天体に賦存する資源に対しては、共有財として国際管理する主張も行われた一方で、大陸棚や排他的経済水域などの資源に関する主権的権利の強化も主張された。これらの努力にも拘わらず、根本的な問題解決には至っておらず、ミレニアム開発目標も依然として南北問題を対象にしている[1]。

　このような状況の中で、遺伝資源と伝統的知識が、知的財産権との関わりにおいて、残された新たな財源として注目されているのである。その背景には、書籍やデジタルメディアの海賊版に関して先進国から開発途上国に対して行われてきている批判がある。また、TRIPS協定（知的所有権の貿易関連の側面に関する協定）における植物品種保護の義務付け[2]など、先進国の主導による知的財産権制度の展開もそうである。これらに対抗する手段として、開発途上国は遺伝資源の不正取得・不正利用に着目し、バイオパイラシー（生物資源に対する海賊行為）として批判を返すとともに、知的財産権制度の改革を含めてABSの主張をしているのである。ただし、バイオパイラシーとして批判されている事例の多くは、特許制度の問題というよりは、目的外使用又は用途変更の事例であ

---

(1) ミレニアム開発目標は、2000年9月に国連ミレニアムサミットにおいて採択された国連ミレニアム宣言に基づいて作成された。それは、貧困、教育、男女平等、乳幼児死亡率、妊婦保健、伝染病、環境の持続可能性、国際協働を目標として設定している。詳細は以下を参照。United Nations Millennium Development Goals（http://www.un.org/millenniumgoals/）(last visited August 30, 2010)

(2) TRIPS協定第27条3項(b)後段。

るため、後述のように、目的外使用や用途変更に伴う不正利用を防止するための制度を確立しなければならない。さらに、遺伝資源や伝統的知識の提供国へのバイオテクノロジーの移転及び開発成果の還元も求められている。

ところで、上記の天然資源に対する恒久主権の主張は、採掘から販売までの各段階における先進国企業による業界支配権や価格設定権に対抗するためのものであり、資源ナショナリズムとも呼ばれた。その延長上にABS問題は置かれており、遺伝資源に対してそれと同様のことが主張されている。すなわち、遺伝資源に対する原産国の主権的権利は、国境を越えて、派生物を通じて、利益を生じさせる利用行為や利用者にまで及ぶとされている。

(2) 採択時の残された課題

生物多様性条約（CBD）の交渉段階において、開発途上諸国は、条約発効以前に国際移転されて先進諸国のジーンバンクなどで生息域外保管されている遺伝資源についても適用対象とするよう、つまり、遡及適用を主張していた。最終的にその主張は受け入れられなかったものの（CBD第15条3項）、そのことはCBDが採択されたナイロビ会議最終文書の決議3の4項に記されている。そこでは、条約に適合せず（条約発効以前に）生息域外保管されている遺伝資源の再取得又は利用は残された課題とされているのである。その後、この課題の一部は国際連合食糧農業機関（FAO）の食料及び農業のための植物遺伝資源に関する条約（ITPGR）によって対応されているが（詳しくは第4章5参照）、開発途上国は残された課題全体への対応をABS交渉においても求めているのである。

他方で、前節で第15条3項について指摘したように、そこで適用対象外とされている遺伝資源には、条約発効以前のものに加えて、条約に反して取得された遺伝資源も含まれている。後者が対象外とされているのは、CBD違反の資源は合法なものと同列に扱うべきではないからである。しかしながら、そのような資源に対する国際的な手続は定められていない。このことは、第15条7項の解釈にも影響を与えており、開発途上諸国は提供国には原産国が含まれると主張している。というのは、条約に適合せずに原産国から他国に移転され、その後さらに国際移転される（された）遺伝資源を想定した場合に、解決策がないからである。もちろん、原産国の国内法により違反とすることはできるが、国境を越えてその効果を及ぼすことはできない。そのため、開発途上諸国は、

第1章　生物多様性条約(CBD)の基礎知識

原産国への正当な利益配分の回復を国際的に義務付けようとしている。その主張は、利益配分の対象として原産国を明記すること、原産国法令の域外効力を定めること、及び、利益配分そのものを国際義務と定めることという三点にわたっている。

このように、条約に適合せずに提供された遺伝資源の取り扱いは、法的に見ても残された課題であり、ABS問題の根底を成している。

（3）　ABS交渉難航の原因

ABS交渉が難航しているのは、ABSの具体的な規制措置について開発途上諸国と先進諸国が対立しているからではない。ABSの具体的な規制内容を定めるのは、条約第15条1項に定められているように各国の国内法であり、国際交渉は必要ない。この点について、開発途上諸国と先進諸国の間に対立はない。対立しているのは、そのような内容を定めている国内法に国境を越える効力を認めるか否か、また、もし認める場合は具体的にどのような手法によるのかについてである。それは、以下に触れるように、外国法の受入れ強制を意味しており、現代国際法の基本である国家主権原則の例外についての交渉だからである。もちろん、国内法違反について国際協力を定めることは国際法制度の基本であるが、通常は、各国法令に共通する要素に基づいて国際法上の義務や基準を定め、その違反を国際法違反と定める。ABS交渉においては、このような手法も提案されてはいたが、開発途上諸国は国際基準を検討すること自体について反対し、国内法主義を貫いている。

さらに、いくつか困難な法的課題も組み合わさっている。それらは、前述の遡及適用、私人行為に関する国家の責任、私契約に対する法的制約、また、原則禁止・個別合法確認制度などを導入することであり、やはり法律の一般原則の例外にあたる。そのほか、すでに指摘したように、知財権関連法の改正（CBD第16条5項）や原産国への利益配分（CBD第15条3項）、派生物の取り扱い、伝統的知識の取り扱いなど、条約条文の実質的変更につながる主張があることも交渉を難航させている。

このように、ABS問題というよりは、国際法及び国内法の基本原則に関わるような複数の論点を含む法律問題となっているために難航しているのである。

（4） 国家主権と国内法

　ABSのための特別法を制定している国は多くない。しかも、それらの国の法令は様々である。その違いと独自性は、それぞれの国が主権的権利を有していることの法的帰結である。特に、行政及び刑事手続は国家主権の中心であり、他国の行政法及び刑法がそのまま適用されることはない。行政事件又は刑事事件に関する外国裁判結果の承認及び執行についても同様である。

　それでも各国のABS国内法の規定が同様であれば域外適用の問題を避けることができる。国境（主権の範囲）を越えて他国に法的効力を及ぼさせるためには、国内法の規定内容を後述の（5）（ⅲ）（イ）のように国際法によって調和させることも考えられるが、開発途上国は国内法規定にこだわっており、国際的な制約や国際標準の設定に消極的である。

　しかしながら、前節において第3条との関連で触れたように、他国の国内法の受入れと執行を強制することは、主権制度の根幹に触れる。さらに、開発途上国は、先進国に対してはその主権を弱め提供国の国内法の受け入れを求める一方で、提供国としての主権的権利についてはその強化を主張しているのである[3]。

（5） 国境を越える国内法

　ところで、原則論的には上記のようであっても実際には、国境を越えて国内法の効力を確保する必要のある場合は少なくない。そのため、以下のようなさまざまな手法で対応が図られてきており、ABSについてもそれらを参考にすることができる[4]。

（ⅰ） 任意的手法

　任意的手法には、法制度と比べて、合意が不要な点、厳密な手続が不要な点、経費が相対的に低い点、柔軟性が高い点などの特色があり、ABSに関してもさまざまな側面で活用されている。例えば、利用者による遵守宣言、第三者認証、

---

[3] ただし、そのような主張は珍しいものではなく、南北問題との関連において従来より行われてきている。その背景には、実質的、構造的に格差がある法社会においては、弱者を優遇し強者を抑制する法制度が望ましく、そのような法制度が適用された結果として実質的平等が確保されるという論理がある。

[4] この部分は、磯崎博司「ABS国際レジームの法的論点と課題」季刊環境研究157号（2010年）117-119頁に基づいている。

第1章　生物多様性条約（CBD）の基礎知識

国際的に認容された遵守認証、分野別行動綱領・指針、普及・啓発・教育、情報交換メカニズム・データベース、オンブズマン制度、各国の担当窓口の整備、特許の監視調査ツール、モデル規定集、助成金審査への ABS 遵守要件の組み入れ、学術成果の公表出版過程への ABS 遵守要件の組み入れ、透明なトラッキング制度の樹立、遺伝素材移転契約時における ABS 遵守表明機関の研究者の優遇、ABS 遵守表明機関へのインセンティブ付与などがある[5]。これらの手法の重要性は、先進国によって指摘されているが、開発途上国は補足的なものに過ぎないとしている。

（ⅱ）　国内法による対応
（ア）　域外適用の受入れ

　国内法の域外適用に関しては、反対側からのアプローチもある。すなわち、外国法に対する違法性を受け継ぐというアプローチであり、受入れ国の主権的判断の下に行われるため、他国に対する国内法の強制という主権侵害の問題を生じさせない。先行事例としてアメリカのレイシー法及び関税法があり[6]、それらは外国の国内法令の下での違法性を受け継ぐ旨を定めている。

　同様のことは、日本の法令にも見られる。例えば、第一に、ワシントン条約の附属書Ⅱの種であって輸出国において輸出禁止とされている種の標本の輸入の場合は、日本の管理当局は、輸入許可に先立って当該輸出国の管理当局に対してその合法性に関して直接問い合わせを行うことが義務付けられている[7]。この確認手続はワシントン条約には定められておらず、国内法による独自の手続である。

　第二に、違法伐採木材対策として、政府調達の対象を合法木材に限定する措置がグリーン購入法の下でとられている。この法律は対象を国等に限定しているが、広く地方公共団体や民間調達にも普及させることとされている。その運用基準においては、合法性とは、「伐採に当たって原木の生産される国又は地域における森林に関する法令に照らし手続が適切になされたものであること」と

---

[5]　任意的手法の効果は法律専門家会合の議題ともされていた。See, *Appendix, Indicative List of Voluntary Measures, in the Report of the Meeting of the Group of Legal and Technical Experts on Compliance in the Context of the International Regime on Access and Benefit-Sharing*, UNEP/CBD/WG-ABS/7/3 (February 10, 2009), p. 16.
[6]　Lacey Act, 16 U.S.C.3372; Tariff Act, 19 U.S.C.1527.
[7]　外国為替外国貿易法、輸入貿易管理令の下の輸入公表第三号の7の（6）参照。

定義されており、原産国・輸出国の国内法に基づいている[8]。

他国の国内法令の域外適用を受入れるというアプローチは、利用国の多くが採用すれば ABS についても効果的である。ただし、ABS において他国の国内法令の結果を受け入れるというアプローチをとるためには、対象とされる遺伝資源を特定する必要があろう。なお、以下の（iii）（ウ）で触れるように、他国国内法の受入れ手段をとることを国際的に定めるものもある。

（イ）　利益配分に関する法整備

前節で触れたように、第 15 条 7 項は利益配分に関する法政策整備を利用国にも義務付けている。この手法をとる場合、提供国の国内法令や契約の遵守に触れる必要が生じるであろう。

（ウ）　国外犯規定

刑法の国外犯規定によって自国民又は外国人が自国以外において行った犯罪を処罰することができる。通常、国外犯としては、殺人などの重大犯罪にとどまらず窃盗や文書偽造なども対象とされる。開発途上国によって求められている ABS 国内法の違反に対する取締りは、通常、このような国外犯規定の対象行為を含むため、利用者の国における重要な救済手法として位置づけることができる。ただし、適用される犯罪の類型は、その利用国の刑法に定められているものに限られるし、違反の位置づけも、提供国の国内法違反ではなく利用国の刑法違反である。

この観点では、日本の刑法は外国人も含めて比較的広く国外犯を定めている。日本人及び外国人については、日本の公文書などの偽造や行使が対象とされている（刑法第 2 条、特に、第 5 号、第 8 号）。また、日本人については、私文書偽造、偽造私文書行使、私印偽造及び不正使用、窃盗、不動産侵奪、強盗、詐欺、電子計算機使用詐欺、背任、準詐欺、恐喝、業務上横領、盗品譲受けなどが対象とされている（第 3 条、特に、第 3 号、第 4 号、第 13 号～第 16 号）。ただし、重大犯罪でない場合にこれらの国外犯規定が援用された事例はほとんどないため、そのような場合の告発や訴追手続を機能的に整備する必要がある。

---

[8] 林野庁「木材・木材製品の合法性、持続可能性の証明のためのガイドライン」(2006 年)。なお、その下での合法証明手法は、「木材・木材製品が、伐採段階から加工・流通段階、最終納入段階まで、合法性を証明されたものであり、かつ、分別管理されていることを証明する証明書を交付することとし、それぞれの納入ごとに証明書の交付を繰り返して合法性の証明の連鎖を形成することにより証明を行う」と定められている。

第1章　生物多様性条約(CBD)の基礎知識

(iii)　国際法による対応

国境を越えて国内法の違反取締りについて他国の協力が必要な場合には、国際法に基づいて国際協力が行われてきている。

(ア)　二国間条約

そのような国際協力としては二国間条約が一般的である。例えば、犯罪人相互引き渡しに関する条約やその他の司法協力に関する条約などがそうである。提供国と利用国との間にABSに関連してこのような条約があれば、提供国の国内法違反について利用国においても取締りや処罰が可能となる。ただし、このアプローチには、個々の国家間の力関係が反映してしまうこと、多数の個別交渉が必要になることなどの課題がある。実際、重大犯罪について日本が締結しているこのような二国間条約の相手国は限定されている。

(イ)　多国間制度

多国間条約が実体的な権利義務、手続及び基準などを定めることによって国内法を制約又は調和させる場合がある。そうなれば、国内法アプローチが直面する上記の困難を避けることができる上に、個別に二国間条約を締結する労苦がなくなる。ABSそのものについて国際法が定めることであるが、開発途上国も先進国も、この手法に対しては消極的である。

この手法は最も基本的であり、人権保障や労働に関する諸条約、バーゼル条約[9]、モントリオール議定書[10]、ワシントン条約[11]（附属書Ⅰ及びⅡ）など、多くの条約が作成されている。なお、既存条約の中で国際組織犯罪防止条約（国際的な組織犯罪の防止に関する国際連合条約）はABS問題に関わりがある。この条約は、犯罪人引き渡し及び司法協力、執行協力、没収手続を定めており、金銭又は物質的利益を得るために三人以上の団体によって国境を越えて行われる犯罪行為に適用される。そのため、ABS問題がこの条約の対象になることを明確にするための議定書の検討などが提起されている。

---

[9]　有害廃棄物の国境を越える移動及びその処分の規制に関するバーゼル条約（Basel Convention on the Control of Transboundary Movements of Hazardous Wastes and their Disposal）

[10]　オゾン層を破壊する物質に関するモントリオール議定書（Montreal Protocol on Substances that Deplete the Ozone Layer）

[11]　絶滅のおそれのある野生動植物の種の国際取引に関する条約（Convention on International Trade in Endangered Species of Wild Fauna and Flora）

なお、この手法には、国際性の高いものから低いものまで幅がある。国際性の低い部類として、国内法基準のうち重大なものを国際的に特定する手法がある。その手法に基づくとともに、そのような国際的に特定された基準に反する場合は他の国も違反取締に協力することを定めれば、ABS 国内法違反を利用国において制裁・救済することに向けて道を付けることができる。その観点から、遺伝資源の「不正取得」について国際的な標準や定義が検討されているが[12]、開発途上国はこの部類についても消極的である。

(ウ) 国内法を根拠にする多国間制度

多国間の制度ではあるが、国際基準ではなく国内法を根拠にする場合がある。その場合は、上記 (ⅱ)(ア) の外国法における違法性を受け継ぐという制度の国際版となる。例えば、文化財不法輸出入等禁止条約[13]において対象とされる文化財の指定は各締約国の国内法に基づいている。ワシントン条約の付属書Ⅲには、国際基準に基づく国際審査は行われずに、掲載希望国の国内法に基づいて対象種が掲載されており、それは国際的に法的拘束力を有する。他方で、生物の多様性に関する条約のバイオセーフティに関するカルタヘナ議定書（カルタヘナ議定書）の第 25 条 1 項は、同議定書の実施のために定められた国内法措置に違反する国際移動を不法国際移動であると定めている。したがって、国際的な不法性は輸出国の国内法令に基づいている。ただし、その効果は ABS 問題とは逆向きであり、第 2 項は、当該国内違法の生じた国に責任を負わせている。また、第 3 項は、そのような不法移転事例を BCH（バイオセーフティに関する情報交換センター）に登録するよう求めている。

日本において、文化財不法輸出入等禁止条約の国内実施は、文化財の不法な輸出入等の規制等に関する法律[14]によって行われている。この法律は、民法第 192 条に定められている即時取得の例外規定とされている。ただし、対象とさ

---

[12] このような国際定義や国際標準などの多国間アプローチは、法律専門家会合の議題ともされていた。See, the Report of the Meeting of the Group of Legal and Technical Experts on Compliance in the Context of the International Regime on Access and Benefit-Sharing, UNEP/CBD/WG-ABS/7/3 (10 February 2009). また、本章 2 注 9 のように、EU は国際標準に基づく提案をしている。

[13] 文化財の不法な輸入、輸出及び所有権移転を禁止し及び防止する手段に関する条約 (UNESCO Convention on the Means of Prohibiting and Preventing the Illicit Import, Export and Transfer of Ownership of Cultural Property)

[14] 2002 年 7 月 3 日法律第 81 号。

第1章　生物多様性条約（CBD）の基礎知識

れる文化財が盗取された締約国からの条約に基づく通知を受けて、当該文化財を国内法において「特定外国文化財」として個別指定するというメカニズムになっている。これに対して、ワシントン条約付属書Ⅲは違反確定されたものを個別指定する制度ではないため、外国為替及び外国貿易法（外為法）の下の貿易管理令・輸入公表において包括指定されている。

　開発途上国がABS国際レジーム交渉において主張していることは、この（ウ）の手法に類似している。

（iv）　相互協調に向けて

　ABS交渉の場では、政治的、原則論的な主張の交換が目立ち、進展は見られなかったが、2009年頃から法技術的な検討が始められたこともあって、上記のような論点が少しずつ理解されてきている。問題とその解決のために提唱されている手段の本質を理解した上で、実現性と実効性のある手段を探るという相互協調的な流れも一部に見られるようになってきている。例えば、EUは、提供国の法執行を確保し得る法的拘束力のある国際レジームの提案をしている[15]。それは、公正で透明な手続保障に関する国際標準に合致するような国内法の下のPIC（事前の情報に基づく同意）又はMAT（相互に合意する条件）の取得違反については、利用国においても取締りと救済の対象とすることを記している。他方で、基本となる提供国の国内法令に実効的な細則と公正な手続が備わっていなければ、国境を越える協力は得られないとの認識もされるようになってきた。実際、いくつかの提供国の国内法令には制限的なものがあり、取得利用と利益配分が減少した事例が多かったこともあり、フィリピン、ブラジル、インドなどでは、過剰又は不明確な規制措置を是正するための改正や規則や手続の整備が行われている。

　南北問題の解決、利益配分の確保、資金や技術の移転、能力構築、遺伝資源の不正な取得や利用の防止・摘発、法令や契約の遵守、国内法執行の国際支援などが必要なことについて異論はない。それぞれの法原則は例外を認めないわけではないため、限定的な条件を明定できれば上記の例外的手法も導入可能となる。実際、国内法の執行支援のための上述の多彩な手法も、主権原則の上に編み出され、組み入れられてきている。

　その際、前述のように、ABS問題の根本にある目的外使用や用途変更に対し

---

[15]　本章3　注（9）を参照。

て効果的な対策措置がとれるかどうかが決定的な条件となろう。それが不十分であると、結局は、遡及適用、域外適用、原則禁止、強制合法認証などの導入が必要との主張につながってしまう。

（6） 遺伝資源移転契約の遵守

民商事分野の活動は国境を越えることが多く、関連する紛争も国境を越える。そのため、国際協力を前提として私法レベルの対策が採られてきている。国境を越える私契約の一方当事者が契約内容の遵守に反した場合は、他方当事者は違反した当事者の所在地を管轄する裁判所に訴えを提起するのが普通である[16]。これは裁判結果の執行確保を重視してのことであるが、原告には、他国の裁判所、法律、言語という不利が伴う。他方、このような民商事案件については、原告が自身の所在地を管轄する裁判所に訴えることも可能である。その場合は、他方当事者の出廷の確保、判決の執行の点で問題が生じ得る。

なお、ここでは繰り返さないが、（5）（i）で触れた任意的手法や認証制度は、遺伝資源移転契約の遵守確保にも用いることができ、すでに活用されたり、検討されたりしている。

（i） 民商事裁判の活用

国境を越える私契約の遵守確保に関する問題との関連では、外国判決の相互承認及び執行という手続が整備されてきている。例えば、そのような手続については、ハーグ国際私法会議、UNCITRAL（国連国際取引法委員会）及びUNIDROIT（私法統一国際協会）などが取り扱ってきている。なかでも、ハーグ国際私法会議は、関連する法支援国際協力に関する条約、裁判管轄権及び執行協力に関する条約など、多くの条約を作成してきている。

民商事分野の紛争解決に関するこれらの手続は、国内裁判所を通じたABS契約の遵守確保について当てはめることができる。ただし、上記の諸条約はいずれも、その締約国の数は限られており、締約国を増やすことが大きな課題である。一方で、そのことはABS契約の国境を越えた遵守確保にとっても困難な問題を生じさせる。実際、ハーグ会議は、民事及び商事に関する裁判管轄及

---

[16] 日本においては、契約の違反当事者の相手方は、当該相手方及び違反当事者が日本人か外国人かを問わず、日本の裁判所において管轄が認められれば民事訴訟を提起して損害賠償等の救済を求めることができる。また、仲裁の合意があれば、合意の当事者が日本人か外国人かを問わず、日本国内で仲裁の申し立てができる。

第1章　生物多様性条約（CBD）の基礎知識

び外国判決の承認執行に関する条約案について合意することができなかった。対立が解けなかった項目の一つに知的財産権が関わる判決の承認執行条件がある。ABS に関する外国判決の承認執行について国際的な制度構築を考える場合にも、知的財産権は切り離せないため、ハーグ会議と同じ困難に直面することが予想される。

　この点に関して、日本はハーグ条約（民事及び商事に関する外国判決の承認執行に関する条約と附属議定書）は批准していない。他方で、民事訴訟法第 118 条及び民事執行法第 24 条による対応が可能である。契約の違反当事者の相手方は、当該相手方及び違反当事者ともに日本人か外国人かを問わず、外国で民事判決を受けた時は、その外国判決が民事訴訟法に定める一定の要件を充足するときは自動承認され、日本で執行判決を得ることによりその外国判決を日本で執行することができる。当該外国判決の当否は日本の裁判所において審査されないが、その内容が承認要件の充足との関わりにおいて執行判決の過程で争われる可能性はある。

　（ⅱ）　ADR の活用

　調停や仲裁などの ADR（裁判外紛争解決手段）には、司法手続に比べて、共通性及び普遍性、そして、時間及び費用面での優位性がある。なかでも仲裁は、伝統的に企業間の契約に関わる紛争解決に用いられてきている。

　このような ADR を通じた紛争解決については国際商業会議所（International Chamber of Commerce：ICC）が様々な対応を行ってきている。ICC 仲裁規則は、FAO の ITPGR において、その下の MLS（多国間制度）での遵守確保の際の最終的な紛争解決メカニズムとして採用されている。UNCITRAL も関連する仲裁又は調停規則を定めている。また、常設仲裁裁判所は、2001 年に「自然資源又は環境に関する紛争の仲裁のための選択規則」を、2002 年には同種の調停規則を採択した。そのほか、ロンドン国際仲裁裁判所、アメリカ仲裁協会なども紛争解決メカニズムを提供している。他方で、投資紛争の解決については、ICSID（国際投資紛争処理センター）の下に、運用・財政規則、調停及び仲裁の開始に関する手続規則、仲裁手続規則、並びに調停手続規則が採択されている。これらに加えて、ICSID は、条約の適用を受けない当事者間の紛争についても 1978 年以降追加手続を策定している。以上のように、ADR は様々な局面で活用され、効果を上げてきている。また、外国仲裁判断の承認及び執行に関するニューヨーク条約も備わっている。

ABS 問題の複雑性と専門性に鑑み、国際レジームにおいて独自の調停・仲裁を定めることも主張されている。その際、上記、常設仲裁裁判所による「自然資源又は環境に関する紛争の仲裁のための選択規則」が参考になるとされている。というのは、そこでは、科学及び法律の分野が関わるために、当事者又は審判所に対してその分野の専門家を迅速に提供できるように、各締約国及び事務総長によって選任された環境及び自然保全に関する法律について学識と経験を有する仲裁人のパネル、並びに、各締約国及び事務総長によって選任された科学的専門的支援を行うことのできる環境科学者のパネルが設置されているためである。

さて、日本において、ニューヨーク条約は批准されている[17]。また、日本の仲裁法第 45 条と第 46 条はそれに対応しており、外国の仲裁判断は、当事者が日本人か外国人かを問わず一定の要件を充足すれば日本で承認され、当事者は、日本の裁判所で執行決定を得て外国の仲裁判断を日本で執行することができる。

(iii) 今後に向けて

遺伝資源移転契約に関して、民商事裁判や ADR は役立つ制度ではある。しかしながら、司法解決手段に限らず ADR の場合にも、法律の専門知識、法廷技術、費用と時間など、様々な負担が伴う。特に、開発途上国や地元住民など、専門的、法的、金銭的に弱者の立場にある当事者への訴訟や制度を利用するにあたっての支援を提供する必要がある。なお、資源移転契約においてこれらの紛争解決手段の活用とその順番についてあらかじめ明確に定めておくことが欠かせない。

繰り返しになるが、契約についても、定期報告、再移転の制限、第三者監視、情報センター、代理人・保証人の指定など、目的外使用や用途変更に効果的に対応できる手続や制度が確立されなければならない。

---

[17] 昭和 36 年条約第 10 号。

第1章 生物多様性条約(CBD)の基礎知識

【もっと知りたい人のために】
① 磯崎博司「生物多様性条約における遺伝資源をめぐる問題の現状と展望——第3回 名古屋議定書案の特異な構造とその概略」NBL 936号（2010年）36-44頁
② Evanson C. Kamau & Gerd Winter (eds), *Genetic Resources, Traditional Knowledge and the Law: Solutions for Access and Benefit Sharing*（Earthscan Publications Ltd., 2009）

第2章

◆ CBDにおけるアクセス及び利益配分 ◆
―ABS会議の変遷と日本の対応

1 問題の背景

　生物多様性条約（CBD）は、その第1条で、①生物多様性の保全、②その構成要素の持続可能な利用、及び③遺伝資源の利用から生ずる利益の公正かつ衡平な配分を実現するという三つの目的を示している。このうち、特に③は経済活動に対して影響を及ぼすと考えられる。

　1987年6月、国連環境計画（UNEP）の下に、生物多様性を保全する措置等について検討するための専門家会合の設置が決定された。これを皮切りにCBD策定交渉が始まったのだが、当初は、生物多様性保全のための取組に重点が置かれ、「公正かつ衡平な利益の配分」という言葉は登場していない[1]。

　ところが、その作業過程において、生物多様性に富む国（主として開発途上国）の遺伝資源へのアクセスの確保が先進国のバイオ産業にとって重要であることに着目した開発途上国側が、「生物多様性の保全に関する責務を開発途上国側だけに負わせ、遺伝資源に由来する利益を先進国が独占するのは公平性を欠く」という主張を展開した。その結果、遺伝資源の利用から生まれる「利益の配分」という概念が重要な交渉上の争点として浮上したのである[2]。

　最終的には、開発途上国に環境保護のインセンティブを与え、先進国自身のアクセスを確保するための妥協案として、「遺伝資源の利用から生ずる利益の公正かつ衡平な配分（＝アクセス及び利益配分）（ABS）」という考え方が導入され、CBDの目的の一つとして、第1条に盛り込まれたのである。これにより、生物多様性の保全を意図していたはずのCBDが、経済問題としての側面も持

---

[1] 嶋野武志・長尾勝昭「遺伝資源へのアクセスと利益配分に関する議論の変遷と我が国の対応①」バイオサイエンスとインダストリー　Vol. 63, No. 6（2005年）63-65頁。
[2] 大澤麻衣子「生物多様性条約と知的財産権―環境と開発のリンクがもたらした弊害と課題」国際問題　No. 510（2002年）56-69頁。

第 2 章　CBD におけるアクセス及び利益配分

表１：生物多様性条約におけるアクセス及び利益配分の議論の推移

年	月	会合	開催地	決定事項等
1992	6	国連環境開発会議(UNCED)	リオ・デ・ジャネイロ(ブラジル)	・CBD を採択(5月)、UNCED で署名開放(6月)。 ・1993年12月29日 CBD が発効。
1994	11-12	COP1	ナッソー(バハマ)	・ABS 関連はまだ正式議題に上らなかった。
1995	11	COP2	ジャカルタ(インドネシア)	・ヒト遺伝資源を対象外とすることを決定。
1996	11	COP3	ブエノスアイレス(アルゼンチン)	・世界微生物株保存連盟(WFCC)が微生物遺伝資源の ABS に関する非公式ワークショップを開催。
1998	5	COP4	ブラティスラバ(スロヴァキア)	・ABS が初めて COP の正式議題となり、ABS 専門家パネルの設置を決定。
1999	6	CBD 運用関連中間会合	モントリオール(カナダ)	・ABS 専門家パネル会合(1)の指針を提供。
1999	10	ABS 専門家パネル会合(1)	サンホセ(コスタリカ)	・①研究・商業目的の ABS の取決め、②国・地域レベルの ABS 措置、③規則手続と奨励措置、④能力構築、を議論(結果を COP5 に報告する)。
2000	5	COP5	ナイロビ(ケニア)	・ABS ガイドライン(ABS-GL)の策定のため、作業部会(ABS-WG)の設置を決定。
2001	3	ABS 専門家パネル会合(2)	モントリオール(カナダ)	・ABS-GL の基礎となる要素について議論 (結果を ABS-WG1 に送る)。
2001	10	ABS-WG1	ボン(ドイツ)	・ABS-GL 案を作成(結果を COP6 に送る)。
2002	4	COP6	ハーグ(オランダ)	・ABS-GL 案を修正後採択(ボン・ガイドライン)。
2002	9	WSSD	ヨハネスブルク(南アフリカ)	・ABS 確保のための国際レジーム(IR)をボン・ガイドライン(B-GL)を念頭に CBD の枠組みの中で、交渉することを決定。
2002	10	スコーピング会合	クアラルンプール(マレーシア)	・「利用者側措置」の具体的内容が明確化。
2003	3	多年度作業計画会合(MYPOW)	モントリオール(カナダ)	・IR 検討のプロセスと主要要素を ABS-WG2 で議論することを要請。 ・締約国に B-GL の実施経験の提出を要請。

1　問題の背景

年	月	会合	開催地	決定事項等
2003	12	ABS-WG2	モントリオール（カナダ）	・IRの検討プロセスと主要要素を議論。
2004	2	COP7	クアラルンプール（マレーシア）	・IR検討に係るABS-WGへの委任事項(TOR)を決定（2回のABS-WG開催を含む）。
2005	2	ABS-WG3	バンコク（タイ）	・議論は入り口で南北対立し各国の主張を並記。 ・既存制度では解決できない問題点解明のため、ギャップ分析を行うことを決める。 ・知的財産権制度における遺伝資源の出所開示、国際的に認知された証明書(国際認証)を議論。
2006	1-2	ABS-WG4	グラナダ（スペイン）	・議論膠着が継続。各国の主張を並記し新テキストを作成。COP8に送る。 ・事務局にギャップ分析の完成を要請。 ・国際認証の技術的な検討を推奨。
2006	3	COP8	クリチバ（ブラジル）	・ABS-WGのIR交渉作業をCOP10前までに完結することを命令。 ・国際認証に関する技術専門家会合(TEG)の開催を決定。
2007	1	TEG：国際認証	リマ（ペルー）	・遺伝資源等の原産地・出所・法的由来の国際認証に関する選択肢を技術面から検討。
2007	10	ABS-WG5	モントリオール（カナダ）	・議論の集約不調。各国意見を列挙した2つの資料文書(information document)を作成。
2008	1	ABS-WG6	ジュネーブ（スイス）	・「COP9決議案」及び「IR主要要素の検討案」を作成。COP9に送る。
2008	5	COP9	ボン（ドイツ）	・IRの内容の審議は見合わせCOP10に至るIR交渉の作業行程表を作成。 ・3回のABS-WG開催と3回のTEGの開催を決定。
2008	12	TEG：コンセプト等	ウイントフック（ナミビア）	・コンセプト、用語、作業定義、分野別アプローチについて専門家が議論。
2009	1	TEG：遵守	東京（日本）	・遵守について専門家が議論。
2009	4	ABS-WG7	パリ（フランス）	・IRの目的、範囲、遵守、利益配分、アクセスについて交渉するも集約は不調。各国主張を並記。
2009	6	TEG：TK	ハイデラバード（インド）	・遺伝資源に関連する伝統的知識について議論。

第 2 章　CBD におけるアクセス及び利益配分

年	月	会合	開催地	決定事項等
2009	11	ABS-WG8	モントリオール（カナダ）	・IR の性質、伝統的知識、能力に係る意見と ABS-WG7 結果への追加意見をすべて並記。
2010	3	ABS-WG9	カリ（コロンビア）	・共同議長による議定書草案（議長テキスト）が提出され議論。
2010	7	再開 ABS-WG9	モントリオール（カナダ）	・ABS-WG9 の議定書草案（議長テキスト）について交渉。その結果、「交渉中議定書草案」が作成された。
2010	9	地域間交渉グループ(ING)会合	モントリオール（カナダ）	・「交渉中議定書草案」について交渉を継続。
2010	10	COP10	名古屋(日本)	・IR を審議、今後の進め方を決定。
2010	10	再開 ING 会合	名古屋（日本）	・「交渉中議定書草案」について交渉を継続したが、議定書草案は未完成のまま作業を終了した。
2010	10	再々開 ABS-WG9	名古屋（日本）	・再開 ING から「交渉中議定書草案」の報告を受け、未完成の結果を COP10 に送ることを確認した。
2010	10	COP10	名古屋（日本）	・ABS 非公式協議グループ（ICG）を設置し、交渉を継続したが、合意に達しなかった。 ・最終的に COP10 議長がクリーンな議長テキストを作成し、全体会合において「名古屋議定書」として採択。

つようになったといえる[3]（起草過程の議論の詳細は第 1 章 2 を参照）。

　ABS に関する原則は CBD 第 15 条と第 8 条(j)で規定されているが、ABS を確保するための締約国の措置については各締約国の裁量に任されており、具体的な義務が国際的規定となっているわけではない。開発途上国は、CBD 第 15 条と第 8 条(j)の規定だけで十分としたわけではなく、遺伝資源へのアクセスから得られる利益配分を確保するために、議定書を含め何らかの措置が必要であるという主張を CBD 関連会議の場で表明してきた。しかし、利益配分を確保するためには CBD 自身にどのような問題点があり、それを現実的に解決するにはどのような選択肢があるのか、という実質的なところまで踏み込んだ議論

---

[3]　嶋野＝長尾・前掲注(1)。

〈コラム〉
　国際的な議論が進む一方で、各国レベルでは開発途上国を中心にABS国内法の制定が進められた。主要なものとして以下のものがある[4]。

フィリピン	大統領令247（1995年）、共和国法9147（2001年）、生物探査活動ガイドライン（2005年）
アンデス諸国	アンデス協定決定391号（1996年）
コスタリカ	生物多様性法（1998年）
アフリカ統一機構	アフリカモデル法（1998年）
タイ	タイ国知的伝統医療保護促進法（1999年）
ブラジル	暫定措置令2186-16（2001年）、大統領令第5459号（2005年）
ペルー	集団知識法（2002年）
インド	生物多様性法（2002年）、生物多様性規則（2004年）
南アフリカ	生物多様性法（2004）
オーストラリア	クイーンズランド州　Biodiscovery法（2004年）、北部準州　生物資源法（2006年）

はされなかった。各国の主張すべてを条文案という形で並記した文書ができたのは、名古屋でのCBD第10回締約国会議（COP10）開催日が一年以内に迫った2009年11月の作業部会であった。COP10では具体的な内容を含む国際レジーム（International Regime：IR（選択肢の中には議定書も含まれる））に関する議論が行われた。本章では、CBD採択から国際レジーム「名古屋議定書」採択（2010年10月）までのABSに関する国際交渉の中身の変遷（表1参照）を概観する。

2　ボン・ガイドラインの策定まで（COP1-COP6）

■ CBD第1回締約国会議（COP1）（1994年11月28日～12月9日、ナッソー（バハマ））

　CBDは1993年12月29日に発効し、第1回締約国会議（COP1）が1994年11月にバハマの首都ナッソーで開催された。COP1では、手続規則、拠出金の分担割合等の基本案件に関する暫定措置や中期作業計画の議論が行われた。バイオセイフティーに関する議定書の必要性と態様（CBD第19条3項）の検討のために作業グループを設置して、COP2を目標に作業を行うことが決まった。

第 2 章　CBD におけるアクセス及び利益配分

ABS に関しては、まだ正式の議題には上らなかった[5]。なお、バイオセイフティー議定書の交渉が第 2 回締約国会議（COP2）以降、ABS に先行して進むことになるが、その進行過程は ABS 交渉者にとって他山の石として参考にされることになる。

　日本では CBD 採択前夜の 1991 年度からアジア諸国における研究開発基盤形成に関する基礎調査が行われた[6]。これがその後の海外との研究協力プロジェクトの基本理念となった。1993 年度において、（財）バイオインダストリー協会（JBA）は、NEDO（新エネルギー・産業技術総合開発機構）を経由して、通商産業省（現：経済産業省）から政府開発援助（ODA）による「生物多様性保全と持続可能な利用等に関する研究協力」プロジェクトを受託し、タイ、インドネシア、マレーシアを対象国とし、1993 年度から 1998 年度まで実施した。

　当時既に、生物資源へのアクセスは保有国の資源ナショナリズムもからんで極めてデリケートな問題であった。したがって、日本の関係者は短兵急に物事を運ぶのではなく、相手国と CBD に基づいた相互認識を共有し、コンセンサスを形成することから始めたものである[7]。

■**CBD 第 2 回締約国会議（COP2）（1995 年 11 月 6 ～17 日、ジャカルタ（インドネシア））**

　ヒトの遺伝資源が CBD の枠内に含まれないことを再確認した[8]。また、第 3 回締約国会議（COP3）への準備として、CBD 第 15 条の実施のための立法、

---

(4)　これら国内法の運用状況は下記文献を参照されたい。
　　　Kathryn Garforth et al., *Overview of the National and Regional Implementation of Access to Genetic Resources and Benefit-Sharing Measures*, 3rd edition（Centre for International Sustainable Development Law (CISDL), 2005), p. 100（http://www.cisdl.org/pdf/ABS_ImpStudy_sm.pdf）(last visited August 23, 2010)

(5)　五十嵐卓也「生物多様性条約締約国会議に出席して」バイオサイエンスとインダストリー Vol. 53, No. 1（1995 年）63-65 頁。

(6)　（財）バイオインダストリー協会「熱帯地域の生物多様性保全と利用等に関する基礎調査」（通商産業省委託）（1992 年）。

(7)　石川不二夫「熱帯資源と日本—生物多様性条約の時代を迎えて」バイオサイエンスとインダストリー Vol. 53, No. 6（1995 年）64-67 頁。

(8)　COP2 Decision II/11
　　　"2. Reaffirms that human genetic resources are not included within the framework of the Convention;"（http://www.cbd.int/decision/cop/?id = 7084）(last visited August 22, 2010)

2 ボン・ガイドラインの策定まで（COP1-COP6）

〈コラム〉CBD 第 3 回科学技術助言補助機関会議（1997 年 9 月 1 〜 5 日、モントリオール（カナダ））
　CBD 第 3 回科学技術助言補助機関（SBSTTA）[11]会議の際のイベントとして、遺伝資源へのアクセスと利益配分に関するワークショップが世界資源研究所（World Resource Institute：WRI）によって開催された。東南アジア（マレーシア、フィリピン、ラオス）、国際連合貿易開発会議（UNCTAD）、国際自然保護連合（IUCN）、NGO（（財）バイオインダストリー協会（JBA）はNGO として参加）、英国 Kew 植物園等の ABS 専門家が参加し、現状の概観と今後の方向が熱っぽく議論された[12]。

行政又は政策上の国内措置策定の選択肢に関する締約国の見解を編纂するために、各国政府に対して、国内措置に関する情報を速やかに CBD 事務局へ送付するよう要請した。

■ CBD 第 3 回締約国会議（COP3）（1996 年 11 月 4 〜 15 日、ブエノスアイレス（アルゼンチン））
　COP3 のサイドイベント（非公式行事）として開催されたワークショップで、今後 COP として微生物遺伝資源へのアクセスと成果の共有に関してどのように取り組んでゆくべきかに関する提言[9]が、CBD 事務局と世界微生物株保存連盟（WFCC）等の協力により作成され、公表された[10]。それ以前まで、CBD での議論では生物といえばもっぱら動物や植物が念頭にあり、微生物に特定した議論はなされなかった。CBD の全条文の中にも微生物という言葉は皆無に等しい。
　微生物遺伝資源へのアクセス問題は COP の正式議題の対象ではなかったが、このワークショップは日本からの参加者に大きなインパクトを与えた。なぜなら、日本のバイオ産業の国際的な優位性の相当な部分が、伝統的に微生物

---

(9) *Access to Microbial Genetic Resources*, UNEP/CBD/COP/3/Inf.19（October 29, 1996）（http://www.cbd.int/doc/meetings/cop/cop-03/information/cop-03-inf-19-en.pdf）（last visited August 22, 2010）
(10) 炭田精造「微生物遺伝資源へのアクセスと成果の共有に関する提言が本格登場—生物多様性条約第 3 回締約国会議から」バイオサイエンスとインダストリー　Vol. 55, No. 2（1997 年）81-82 頁。

第2章　CBDにおけるアクセス及び利益配分

資源の探索と利用技術にあり、微生物系統保存機関（カルチャー・コレクション）や自然界から微生物を探索する行為がCBD第15条の原則の下でどのように規制されるかは、保存機関のみならず企業や研究機関に対して大きな影響を与え得る問題と考えられるからである。

COP3でのWFCCワークショップのニュースは、日本のバイオ産業界や学界の関係者に速やかに伝えられた。振り返ってみると、COP3でのこの出来事は、日本のバイオ産業界がABS問題に関して早期から意識を高め、真剣に取り組む重要な契機となった。

■ CBD第4回締約国会議（COP4）（1998年5月4日〜15日、ブラティスラバ（スロヴァキア））

第4回締約国会議（COP4）においてABSが初めてCOPの正式議題となり、CBD第15条（遺伝資源の取得の機会）を実施するための立法上、行政上又は政策上の措置に関して議論が始まった。

その結果、締約国の意見の相違が明らかになってきた。多くの開発途上国は、遺伝資源へのアクセスとその利用から得られる利益の配分に関する国内法の整備の必要性を強調した。スイス、フランス等は、法的拘束力は持たないが、ABSを確保するための最低限度の基準を意味する行動原則（code of conduct）又はガイドライン（guideline）の必要性を表明した。米国は、利益配分のための最も効果的な方法は自発的な契約レベルの合意であることを強調し、利益配分の合意規定のための多国間の試みに反対の意見を表明した[13]。議論の結果、ABSの実施を促進させるための知恵を専門家に求めることとし、ABSに関するABS専門家パネルを設置することが決定された[14]。

もう一つの論点は、CBD発効以前に取得されていたコレクションはCBD適

---

[11] CBD第25条に規定された「科学技術助言補助機関（Subsidiary Body on Scientific, Technical and Technological Advice）」

[12] 炭田精造「生物多様性条約第3回SBSTTA会議報告」バイオサイエンスとインダストリー　Vol. 55, No. 11（1997年）63-64頁。

[13] 米国はCBD非締約国であるが、この当時の会議では非締約国が意見を活発に表明することに対して許容度が高かった。

[14] 最首太郎「遺伝資源アクセスと利益配分をめぐる議論の法的側面——第4回生物多様性条約締約国会議から」バイオサイエンスとインダストリー　Vol. 56, No. 11（1998年）53-56頁。

2　ボン・ガイドラインの策定まで（COP1-COP6）

用の対象となるか、という点であった。多くの開発途上国はこれを CBD の対象とするよう提唱したのに対し、先進国側は対象としないことを主張した。先進国の主張は条約不遡及の原則[15]に基づいている。結局、本問題については合意に至らず、更に情報を収集し議論を継続することになった。

■CBD 運用関連中間会合（1999 年 6 月 28～30 日、モントリオール（カナダ））

COP4 以降の条約実施状況のレビューと第 5 回締約国会議（COP5）（2000 年）の予備作業のため、中間会合が開催された。その実質的課題の一つとして ABS が議論された。注目すべき点としては、アフリカ・グループ（代表国：マリ）が ABS に関する議定書の策定を提案したことである。また、CBD 発効以前に取得されていたコレクションの件は、事務局が作成する質問状による情報収集の継続が決定された[16]。

■第 1 回 ABS 専門家パネル（1999 年 10 月 4～8 日、サンホセ（コスタリカ））

COP4 の決議を受け、第 1 回 ABS 専門家パネルが開催された。44 か国から 44 名の専門家、12 名のオブザーバー（国際機関、先住民団体、産業界、NGO の代表等）、ホスト国（コスタリカ、スイス）等が参加した。日本政府の推薦する（財）バイオインダストリー協会（JBA）の専門家も 44 名の中の一人として CBD 事務局によって選出された。

会合では、①ABS の取決め、②国・地域レベルでの立法上等の措置、③規制手続と奨励措置、④能力構築、の四議題について議論された。

CBD が発効してかなりの時間が経つにもかかわらず、多くの国において ABS 国内法が整備されておらず、本会合では、各国が ABS 措置を確立するために何をどうすればよいかという点が、議論の焦点であった。成果として、「締約国は、ABS 措置のための国内窓口と権限ある当局を配置すべきである」、「COP にガイドラインを検討してもらうために、本パネル会合の議論を反映した文書を提出する」等の点で合意が得られた[17]。

---

[15]　条約法に関するウィーン条約（条約法条約）第 28 条「条約は、別段の意図が条約自体から明らかである場合及びこの意図が他の方法によって確認される場合を除くほか、条約の効力が当事国について生ずる日前に行われた行為、同日前に生じた事実又は同日前に消滅した事態に関し、当該当事国を拘束しない。」（「条約法条約」とは、条約に関する国際法上の諸規則を法典化し、一般条約として 1969 年に国連条約法会議が採択した条約である。）

[16]　最首太郎「生物多様性条約（Convention on Biological Diversity）中間会合報告」バイオサイエンスとインダストリー　Vol. 57, No. 9（1999 年）55-56 頁。

第 2 章　CBD におけるアクセス及び利益配分

■ CBD 第 5 回締約国会議（COP5）（2000 年 5 月 15〜26 日、ナイロビ（ケニア））

　COP5 での遺伝資源アクセスに関する議論の主要な焦点は、「ABS に関するガイドライン」、「知的財産権と TRIPS 協定[18]、及び CBD の関連条項との間の関係」等であった[19]。

　「ABS に関するガイドライン」については、遺伝資源提供国の法的措置を補完するために、先進国において法的規制措置が必要であると強調する開発途上国もある一方、多くの国が ABS に関する専門家パネルの報告[20]を高く評価し、柔軟性のある ABS 国際ガイドラインの作成の重要性を支持した。結果として、ABS を促進するためにガイドライン草案を作成することが合意され、草案を次回第 6 回締約国会議（COP6）に提出することが決定された。そのため、COP の下に ABS 作業部会（ABS-WG）を設置し草案作成に集中するとともに、専門的な議論が必要な際にも ABS-WG を活用することが可能な体制をとることにした。また、今後の議論すべき内容を明確にした上で、第 2 回 ABS 専門家パネル会合を開催することが決定された。その結論を ABS-WG に送り、それを参考にしてガイドライン草案を作成しようというものである。

　また、COP は締約国に対して ABS の「国内窓口」（フォーカル・ポイント）と「権限ある管轄当局」の指定を要請することを決め、当局の名称と住所を届け出ることを求めた。

> 知的財産権と CBD の関連条項との関係

　議論の焦点は、世界知的所有権機関（WIPO）での先進国の知的財産権に関する考え方と、開発途上国側が主張する先住民や地域社会が持つ有益な知識、工夫、慣行等（伝統的知識：TK）に対する考え方の差異であった。多くの国が様々な意見を述べたが、一般に先進国は WIPO の重要性を認識するとともに、第 8

---

(17)　安藤勝彦「生物多様性条約アクセスと利益配分に関する専門家パネル報告」バイオサイエンスとインダストリー　Vol. 58, No. 1（2000 年）59-61 頁。

(18)　知的所有権の貿易関連の側面に関する協定（1995 年 1 月 1 日発効）(http://www.jpo.go.jp/shiryou/s_sonota/fips/trips/ta/mokuji.htm)（最終訪問日：2010 年 8 月 22 日）

(19)　安藤勝彦・炭田精造「生物多様性条約に関する第 5 回締約国会議報告　遺伝資源へのアクセスについて」バイオサイエンスとインダストリー　Vol. 58, No. 8（2000 年）61-64 頁。

(20)　*Report of the Panel of Experts on Access and Benefit-Sharing*, UNEP/CBD/COP/5/8 (November 2, 1999) (http://www.cbd.int/doc/meetings/cop/cop-05/official/cop-05-08-en.pdf) (last visited August 22, 2010)

2 ボン・ガイドラインの策定まで（COP1-COP6）

〈コラム〉COP5
（1） インドネシアの提唱
　COP5において、インドネシア代表はABSガイドラインの作成にあたって、開発途上国が単独で作業するのではなく、開発途上国と先進国とが協力するイニシアチブをCBD全締約国に対し提唱した。日本代表団はこの提案に賛同し、インドネシアに協力したい旨、直ちに表明し、COP5の3か月後にはインドネシアに日本から第1回ミッションを派遣した。日本は、ASEAN諸国や先進国が参加する多国間会合を想定していたが、実際に行ってみると、参加したのは日本とインドネシアのみであり、結果的に二国間協力になった。数回の合同会合の後、2002年、両国の合意したABS原則は、両国の研究協力「微生物資源に関する（独）製品評価技術基盤機構（NITE）―インドネシア協同プロジェクト」のMOU（覚書）という形で実現した。
（2） スイスとコスタリカ共催のサイドイベント
　スイスとコスタリカが、「ABSガイドラインの開発」に関するセミナーをサイドイベントとして開催した。日本は「遺伝資源へのアクセスと利益配分に関する方針」（（財）バイオインダストリー協会（JBA）作成、英文版）を公式会議の中で政府代表が紹介するとともに、関係資料をロビーで配布した。また、非公式な情報交換でJBAが注目したのは、スイス等がアクセスに関する「仲介メカニズム」の役割の可能性に関心を持っていることであった。JBAでは、かねてからCBDに基づいたABSの流れを促進する効果を持つものとして公的な仲介メカニズムというコンセプトを検討していた。JBAの活動に注目したスイスのシンクタンクから意見交換と協力の提案があった。なお、日本の場合、この考えは「遺伝資源へのアクセス促進事業」として、後日、実現することになる。

条(j)との整合性は、今後WIPOや他の関連機関と情報交換し調整してゆくべきと主張した。開発途上国側は、第8条(j)に関連する伝統的知識の保護及びその利用から生じる利益の衡平な配分を保証する固有の制度（*sui generis* system）の導入を主張した。先進国側は固有の制度（*sui generis* system）の導入は時期尚早であり、今後、これに関する情報を広く集めつつ慎重に進めるべきであるとの意見を述べた。
　TRIPS協定に関して最も問題となったのは、CBD第8条(j)に関係する伝統

第2章　CBDにおけるアクセス及び利益配分

的知識の保護とその利用から生じる利益の衡平な配分について、TRIPS協定における知的財産権との整合性を今後どのようにとるかという点であった。開発途上国側からの意見としては、そのための固有の制度（*sui generis* system）あるいは伝統的知識の国際的登録制度の制定などがあった。しかし先進国側は、伝統的知識の定義、その帰属、その保護の在り方等不明な点が多く、それら問題点を解決することなくそのような制度を創設することはできないと主張した。他方、CBD第8条(j)及び関連する条項は知的財産権の問題と密接に関わっていることから、CBDがTRIPS理事会にオブザーバーとして参加できるように要求することが承認された（知的財産に関連する問題の詳細については第4章2参照）。

> **国連食糧農業機関（FAO）の食料農業のための植物遺伝資源とCBDとの関係**

FAOとCBDとの問題に関しては、各国から、CBDは他の機関と共同してFAOの問題を議論しCBDとの適切な整合性をとるよう要望が出された。FAO代表者から、「この問題に関しては1995年からメンバー国161か国で調整を進めてきたが、対象作物の特殊性から議論は難航している。基本的にはCBDに沿う形で解決策を模索しており、今年中にはPresident Reportを出したい」との表明があった。CBD発効以前に取得され、FAO食料農業植物遺伝資源に関する委員会で検討されていない生息域外コレクションについては、COP4決議IV/8第2項、及び中間会合2の勧告3を受け、アンケート調査を実施し情報を収集することが了承された（食料農業植物遺伝資源に関連する問題の詳細については第4章5参照）。

■**第2回専門家パネル（2001年3月19～22日、モントリオール（カナダ））**

COP5は第1回専門家パネルの報告を高く評価し、ABSガイドライン草案の作成に合意した。これを受けて第2回専門家パネルが開催され、50か国50名の専門家、22名のオブザーバー（国際機関、先住民団体、産業界、NGOの代表）等が参加した。日本政府の推薦する（財）バイオインダストリー協会（JBA）の専門家も50名の一人として選出され参加した。

ABSガイドライン草案作成の目的は、締約国や利害関係者のため、立法上、行政上、政策上の措置のため、又は契約作成のためのガイドを提供することで

ある。

　本会合では、第1回専門家パネル会合の結果を踏まえた上で、① ABS における遺伝資源提供側と利用側の経験に関する評価、② ABS 過程における利害関係者の関与に関するアプローチの明確化、③ CBD の枠組みの下で ABS に対応するための補助的選択肢の検討、を行った。

　議論を通じて明確化された要素、及びガイドライン草案作成にあたって重要と考えられる要素を取りまとめた[21]。本会合の結果は ABS-WG1（2001年10月（ボン））に送られた。

■第1回 ABS-WG（ABS-WG1）（2001年10月22〜26日、ボン（ドイツ））

　本会合は COP5（2000年5月）の決定に基づいて開催され、その結果は、COP6（2002年4月）に送られた。会合では、先進国（日本、EU、スイス等）と開発途上国間の意見の隔たりが大きく、COP6 でも議論が難航することが予想された[22]。

　国際ガイドラインの草案の作成、能力構築のための行動計画の作成、ABS における知的財産権の役割に関する意見の取りまとめが行われた。この会合で作成されたガイドライン草案の主要なポイントは以下のとおりである。

---

①特徴：各国行政府による施策の立案、及び民間での契約の作成時に使用し得る柔軟な指針。任意のガイドラインであり、経験等に基づき見直しを行う。

②範囲：CBD の対象となる全ての遺伝資源及び関連する伝統的知識、その利用から生じる利益を対象とする。ヒトの遺伝資源を除く。CBD 発効以前の遺伝資源は含めない。派生物（derivatives）と産物（products）については合意に至らず、括弧つきで留保した。

　また、知的財産権の申請時に遺伝資源の原産国の開示を奨励すること等も盛り込まれた。

---

[21] 安藤勝彦「遺伝資源へのアクセスと利益配分に関する国際ガイドライン作成の動き──ABS 専門家パネル第2回会合報告」バイオサイエンスとインダストリー Vol. 59, No. 8（2001年）69-71頁。

[22] 日本貿易振興会・(財)バイオインダストリー協会「平成13年度　特定商品輸入実態調査に関する調査研究報告書」（2002年）161-183頁。

第2章　CBDにおけるアクセス及び利益配分

当初案の「その他の規定」の中に、ABS国内法等の違反に対する罰則措置についてかなり詳細なパラグラフがあったが、原則のみを述べる表現にすることで合意に至った。なお、本会合において日本は積極的に議論に参加し、ガイドライン草案の作成を支持した。

■ **CBD第6回締約国会議（COP6）（2002年4月7～19日、ハーグ（オランダ））**[23]

ABS議題の目玉は、「遺伝資源へのアクセスとその利用から生じる利益の公正・衡平な配分に関するボン・ガイドライン」（通称「ボン・ガイドライン」）案が採択されるか否かであった。開発途上国と先進国との間で激しい議論が展開されたが、終盤が近づいて双方が譲歩し、採択された[24]。

➢ **審議の経過**

先進国側はボン・ガイドライン案の自発的指針としての価値を評価し、COP6での採択を目指そうという声が強かった。開発途上国側は、利用国の遵守責任を強化すべきとの意見が強かった。コンタクト・グループや議長フレンズ・グループが設置され、意見の集約が試みられた[25]。

以下の論点を紹介する。

➢ **ボン・ガイドラインの遵守のため、利用国の責任をどのように強化するか？**

コンタクト・グループ会合において、メキシコとコロンビアが利用国の責任の強化を主旨とする新しい文案を提出し、ボン・ガイドライン草案への追加を強く要求した。追加のためにはボン・ガイドライン案の内容に大幅な変更を加

---

[23] 炭田精造ほか「遺伝資源へのアクセスと利益配分に関するボン・ガイドラインの採択――生物多様性条約第6回締約国会議（COP6、ハーグ）から」バイオサイエンスとインダストリー　Vol. 60, No. 6（2002年）62-63頁。

[24] *Bonn Guidelines on Access to Genetic Resources and Fair and Equitable Sharing of the Benefits Arising out of their Utilization*（2002）（http://www.cbd.int/doc/publications/cbd-bonn-gdls-en.pdf）(last visited August 22, 2010)

[25] 検討すべきテーマが細分化されている場合などに、テーマを特定分野に限定したグループを編成して意見集約の効率化を図ろうとすることがある。その際に設置されるグループを、親グループと区別して、慣習的に「コンタクト・グループ」と呼ぶ。コンタクト・グループの会合は他の会合との重複の少ない時間帯をぬって機動的に行われる。それでも意見集約が困難な場合は、最小人数の「議長フレンズ」（Friends of Chair）会合を設置し、打開案を探ることがある。

2 ボン・ガイドラインの策定まで（COP1-COP6）

〈コラム〉COP6
(1) オーストラリアが ABS 国内法の法案を 2002 年内に議会に提出すると発表した。先進国として ABS を法制化する世界最初の例となる。
(2) サイドイベントの一つとして、国連大学高等研究所（UNU-IAS、本部は日本）及び（財）地球環境戦略研究機関（IGES、東京）が「ボン・ガイドライン：政策立案者の道具箱」と題するワークショップを開催した。（財）バイオインダストリー協会（JBA）及び（独）製品評価技術基盤機構（NITE）の専門家も講演者として参加し、ABS 活動の成果を発表した。これを契機に、日本の ABS 関係者がサイドイベントを活用して積極的に国際発信することとなる[27]。

えなければならないため、新提案に対し長い議論が行われた。結局、メキシコ・コロンビア提案を相当に修正することで落着した。

メキシコ・コロンビア提案の背景には、メキシコを議長国とするメガ多様性同志国家（Like-minded Megadiverse Countries：LMMC）グループが、COP6 に 2 か月先立つ 2002 年 2 月に結成されたことがある。その宣言書（カンクン宣言[26]）が CBD 事務局を通して COP6 参加者に配布された。それによると、LMMC は、利用国に ABS の遵守を強制できる国際レジーム（IR）の設置を目指す、とある。後述するように、2002 年 8 〜 9 月に開催された WSSD 以降、LMMC は CBD の交渉の舞台で、利益配分の確保のための議定書の策定を主張し連携行動を展開していくこととなる。

---

[26] カンクン宣言（Cancun Declaration）：2002 年 2 月 18 日にメキシコのカンクンにおいて、高度の生物多様性を有する 12 か国（ブラジル、中国、コロンビア、コスタリカ、エクアドル、インド、インドネシア、ケニア、メキシコ、ペルー、南アフリカ、ベネズエラ）の環境大臣及び専門家が集まり、「メガ多様性同志国家（LMMC）」グループの結成を宣言し、毎年、会合を開催することを決めた。同グループは、①生物多様性の原産国の正当な利益を守るには、現在の国際条約等では限界があることを懸念し、②グループの共通の利益を振興するための仕組みとして国際会議での交渉で共同戦線を形成し、③生物多様性の利用から生じる利益の公平な分配を有効に守るための国際レジーム（IR）の設置を目指した事業等を推進する、ことを目的としている。*Cancun Declaration of Like-Minded Megadiversity Countries*（2002）, http://www.lmmc.nic.in/Cancun%20Declaration.pdf (last visited August 22, 2010)

> 遺伝資源の「派生物と生産物」をボン・ガイドラインの範囲に含めるか？

開発途上国側は、ボン・ガイドライン案の範囲（Scope）に遺伝資源を基にした派生物や製品も含めるべきとし、派生物等が利益配分の対象となることを明確に位置づけるべきであると主張した。先進国側は、「ボン・ガイドラインの範囲はその親条約である CBD の範囲よりも広くはできない。また、遺伝資源を基にした派生物や製品の定義や範囲は、個々のケースによって変わり得るから、利益配分に関わる問題は個別の契約の中で考慮されるべきである」と主張した。長く激しい議論の末、ボン・ガイドラインの範囲から「派生物と生産物」を削除する代わりに、ボン・ガイドラインの「相互に合意する条件（MAT）」の項の例示的リストの中で「派生物と生産物」を取り上げることで決着した。

> 用語の定義をどう扱うか？

定義の議論には長時間を要することが予想されるため、慎重な手続が必要なことに先進国・開発途上国側双方が合意し、議論を先送りすることになった。

> ABS における「知的財産権の役割」、「能力構築等を含む他のアプローチ」について

開発途上国は、特許の出願明細書に遺伝資源や伝統的知識の原産国を開示することを義務化すべきであると主張したが、先進国側はこの件については知的財産権分野に専門知識を有する WIPO で議論するべきことであると主張した。アプローチとして、ABS を確保するそれ以外の措置としてどのようなものがあり得るのかについては ABS-WG で議論を継続することとした。

3　ABSに関する国際レジーム（IR）をめぐる議論

■持続可能な開発に関する世界サミット（World Summit on Sustainable Development：WSSD）（2002年8月26日〜9月4日、ヨハネスブルク（南アフリカ））

2002 年 8 月に世界サミット（WSSD）において、G77＋中国と LMMC（17 か国）[28]は、ボン・ガイドラインに法的拘束力がないことを理由に新たな制度の策

---

[27] 炭田精造ほか「シリーズ：JBA の 20 年　生物資源戦略の実行——生物多様性条約の下でのあゆみ」バイオサイエンスとインダストリー　Vol. 65, No. 2（2007 年）32-37 頁。

[28] ボリビア、コンゴ、マダガスカル、マレーシア、フィリピンが設立当初（12 か国）後に新しく加わった。

定を求めた。南北間の論争の末、「国際レジーム（IR）」の交渉を始めることが決定された[29]。

WSSDは、リオ・サミット（1992年）[30]から10年目に当たる2002年に、1992年当時の計画の見直しや新たに生じた課題等について議論するために開催された会合である。WSSDは、各国の首脳レベルの会議であり、強い政治的意義を有するものであった。日本からは当時の小泉総理大臣をはじめ外務大臣、環境大臣ほかが参加した。WSSDにおいて、生物多様性の保全と利用も一つの重要な問題として討議に時間が割かれた。その中で、ABSに関する問題も議論されたが、その交渉は最後まで難航した。

LMMCやアフリカ諸国を中心とする開発途上国側は、COP6で策定されたボン・ガイドラインには法的拘束力がないのでABSのための措置として不十分であり、「法的拘束力を有する新たな国際レジーム（legally-binding international regime）」の制定が必要であることを強く主張した。先進国側は「ボン・ガイドラインの効果を判断できない段階で、新たな国際レジーム（IR）を構築することについて交渉する必要性には同意できない」として、結論は閣僚級会合まで上げられた。閣僚級会合において、深夜にわたる数次の交渉が重ねられ、最終的に、WSSDの実施計画パラグラフ44(o)「CBDの枠組みの中で、ボン・ガイドラインに留意しつつ、遺伝資源の利用から生じる利益の公正かつ衡平な配分を推進し保護するための国際レジーム（IR）の交渉を始める」[31]として決定された。

この合意により、ABSを確保するための措置としての「国際レジーム（IR）」という言葉が国際的に公式に認知され、CBDの枠内で交渉されることが決定された。この意味でWSSDはABS分野における歴史的な出来事であった。

WSSD実施計画パラグラフ44(o)をめぐる議論のポイントは、法的拘束力の

---

[29] （財）バイオインダストリー協会「平成14年度環境対応技術開発等（生物多様性条約に基づく遺伝資源へのアクセス促進事業）委託事業報告書」（2003年）32-42頁。

[30] 1992年6月、ブラジルのリオ・デ・ジャネイロにおいて開催された国連環境開発会議（UNCED）、いわゆる「地球サミット」。

[31] "Negotiate within the framework of the Convention on Biological Diversity, bearing in mind the Bonn Guidelines, an international regime to promote and safeguard the fair and equitable sharing of benefits arising out of the utilization of genetic resources" (http://un.org/esa/sustdev/documents/WSSD_POI_PD/English/POIChapter4.htm) (last visited August 22, 2010)

第2章　CBDにおけるアクセス及び利益配分

〈コラム〉遺伝資源へのアクセス及び利益配分のための能力構築方法に関するスコーピング会合[33]

　WSSDの1か月後、2002年10月7～9日に開催された国連専門機関によるABS関連の標記国際会議[34]の席上で、メキシコとペルーの中心的なABS専門家が「利用者側措置（ユーザー・メジャー）[35]」についての考えを発表した。それによると、利用者側措置は自発的システムと法的拘束力を持つ措置に分けられ、各種の選択肢が挙げられている[36]。COP6（2002年4月）におけるボン・ガイドラインの審議の過程で、メキシコ、コロンビア、ペルーなどが行った「利用国政府の責任」についての主張を、この「利用者側措置」の内容と比較すると、開発途上国側の考え方を推察する上で参考になる。

　ある国際レジーム（IR）について交渉するのか、否か、という点であった。開発途上国は、Negotiate legally binding international regime という表現を盛り込むことに最後まで固執したが、先進国側は、前述した理由によりこの表現を盛り込むことに反対した。結局、何らかの国際レジーム（IR）の交渉をスタートさせることを最大の成果として取りまとめたい意向を有していた議長（南アフリカ外相）から、legally binding という表現を削除するとの提案がなされ、合意に至ったのである。この経緯から明らかな通り、そもそも国際レジーム（IR）とはどのような性格のものなのか、またどのような課題をどのように解決するのかという共通認識は存在せず、議論の行方は混沌としたままであった。

　特記すべきことは、WSSDの開催されていた2002年9月頃の日本の国内では、日本語翻訳版「ボン・ガイドライン」（(財)バイオインダストリー協会（JBA）仮訳）[32]のチェックを終え、国内の普及活動をまさに開始しようとする段階にあった。

---

[32]　「遺伝資源へのアクセスとその利用から生じる利益の公正・衡平な配分に関するボン・ガイドライン」（JBA仮訳）（http://www.mabs.jp/archives/bonn/index.html）（最終訪問日：2010年8月22日）

[33]　(財)バイオインダストリー協会「平成14年度環境対応技術開発等（生物多様性条約に基づく遺伝資源へのアクセス促進事業）委託事業報告書」（2003年）43-52頁。

[34]　クアラルンプール・マレーシアで開催された。参加国（18か国）：日本、マレーシア、スペイン、ペルー、米国、コスタリカ、イタリア、タイ、メキシコ、インド、カザフスタン、インドネシア、エチオピア、フィリピン、ケニア、サモア、モーリシャス、カナダ。

3 ABSに関する国際レジーム(IR)をめぐる議論

■多年度作業計画会合（MYPOW）（2003年3月17〜20日、モントリオール（カナダ））

　国際レジーム（IR）について2003年3月の中間会合（MYPOW）で意見交換されたが、先進国と開発途上国間での基本的意見の違いは明確であった。

■第2回ABS-WG（ABS-WG2）（2003年12月1〜5日、モントリオール（カナダ））

　国際レジーム（IR）交渉に関するABS-WGへの委任事項（Terms of reference：TOR）草案の作成がこの会合の最重要課題であった。COP6とWSSDの決定事項を踏まえ、国際レジーム（IR）の性格（Nature）、範囲（Scope）、諸要素（Elements）等をどのようなものとするかについて議論が行われた。法的な性格が最大の争点であり、「法的拘束力を持つ国際レジーム（IR）を策定すべきか、否か」の議論となったが、開発途上国と先進国の間で何らの合意もできなかった。その他の多くの論点についても合意できず、両論並記（合意できない箇所は留保を示す括弧を付す）のテキストしか作成できなかった。そのテキストのまま、第7回締約国会議（COP7）に提出されることになった[37][38]。

　以下に双方の主張のポイントを述べる。

◆開発途上国側の主張　　WSSDの決定に基づき、直ちに法的拘束力のある国際レジーム（IR）の交渉を開始すべきである（表2参照）。アフリカ諸国は、さらに、国際レジーム（IR）実施の能力構築のための技術協力の必要性を強調

---

[35] Charles V. Barber *et al., User Measures -Options for Developing Measures in User Countries to Implement the Access and Benefit-sharing Provisions of the Convention on Biological Diversity* (UNU/IAS, 2003), p. 37 (http://www.ias.unu.edu/binaries/UNUIAS_UserMeasuresReport.pdf) (last visited August 22, 2010)

[36] 安藤勝彦・炭田精造「遺伝資源利用に関する新たな国際規制案が浮上　新コンセプト『利用者側措置（ユーザー・メジャー）』とは？」バイオサイエンスとインダストリー　Vol. 61, No. 4（2005年）55-56頁。

[37] 嶋野武志・長尾勝昭「遺伝資源へのアクセスと利益配分に関する議論の変遷と我が国の対応②」バイオサイエンスとインダストリー　Vol. 63, No. 7（2005年）62-64頁。

[38] 炭田精造ほか「遺伝資源アクセスと利益配分に関する国際規制は必要か？生物多様性条約第2回Ad hoc ABS作業部会合から」バイオサイエンスとインダストリー　Vol. 62, No. 3（2004年）59-60頁。

した。

表2：LMMC の見解（メキシコ政府作成）

> （1）法的拘束力を持つ国際レジーム(IR)の採択を目的とする「政府間交渉委員会」の設置を COP7 において決定することを推奨する。
> （2）法的拘束力を持つ国際レジーム(IR)は、以下の点を含むべきである：
> ① 提供国の国内法を利用国が遵守することを確保するための条項
> ② 遺伝資源及び関連する伝統的知識の法的出所証明の開発
> ③ モニタリング・遵守・執行のメカニズム
> ④ 利用者側措置の更なる促進
> ⑤ 利益配分の条項（特に、金銭的及び非金銭的利益、技術移転を含む）
> ⑥ 遺伝資源に関連した伝統的知識に対する先住民・地域社会の権利の保護
> ⑦ CBD の枠内で国際レジーム（IR）を実施する手段
> ⑧ 能力構築の措置

◆**先進国側の主張**　ボン・ガイドラインの実施を始めたばかりであるから、今は実施の推進に専念すべきである。法的拘束力のある国際レジーム（IR）は、過剰な規制により遺伝資源へのアクセスを阻害し、本来、生み出し得る利益すら生み出せなくする可能性も懸念される。まずは既存の制度では解決できない問題は何かについて整理を行い、真に必要な措置を検討するべきである。また、国際レジーム（IR）は法的拘束力の有無を限定しているわけではなく、ボン・ガイドライン、TRIPS 協定、WIPO 等の既存の枠組みの効果的活用も含むものであり、WSSD の合意が、即、法的拘束力のある国際レジーム（IR）の交渉の開始を意味するものではない。

日本は、以下の内容を骨子とする主張を行い、ノン・ペーパー[39]を条約事務局に提出すると共に、会場ロビーで配布した。

「国際レジーム（IR）がいかなるものになるとしても、現状把握と問題点の明確化により、遺伝資源の提供側と利用側の相互理解を深めることが重要であり、その上で効果的な解決のための議論が必要である。何らかの制度を構築する議論を行うとしても、その前提として、規制対象を特定することや、実施可能性、透明性、柔軟性のあるシステムとすること等が重要である。」

---

[39] *Position Paper on Access and Benefit Sharing (Japan)*（November 14, 2003）

3 ABSに関する国際レジーム(IR)をめぐる議論

〈解説〉何が問題なのか？

　開発途上国は既存の制度ではバイオパイラシー（生物資源に関する海賊行為）を防げないと主張する。バイオパイラシーという言葉は定義されていないが、①CBDに違反する行為、②遺伝資源提供国の国内法に違反する行為、③原産国の遺伝資源や伝統的知識を用いて、原産国に無断で関連特許を出願する行為、等を含むと考えられる（詳しくは第4章1参照）。

　CBD第15条1項が確認しているように、各国はABSに関する国内法を整備することが可能である。しかし、開発途上国側は、「提供国側が国内法を制定してもそれは国外では適用されないから、ひとたび遺伝資源が国外に持ち出されたなら、提供国はその遺伝資源の移動、情報公開、譲渡等について把握することができず、モニターする権利もない」と主張する。これに対して、先進国側は、「COP6（2002年4月）で採択されたボン・ガイドラインの普及をまず行うべきである。その経験を踏まえて、ボン・ガイドラインの効果を評価した後で、次のステップを検討するべきである。ボン・ガイドラインの普及の実施を始めて間もない今の段階（2003年12月時点）で、法的拘束力を持つことを特定した国際レジーム（IR）の検討に入るという提案は受け入れられない」と主張する。

　日本の意見は国際レジーム（IR）の実効性、実現可能性等を強調したもので、以後の交渉過程で他の先進国もしばしば使う表現となった。

　また、（財）バイオインダストリー協会（JBA）と国連大学高等研究所（UNU-IAS）がサイドイベントを共催し、東京で両者が共催したABS国際シンポジウムの成果を発表した。

■ **CBD第7回締約国会議（COP7）（2004年2月9～20日、クアラルンプール（マレーシア））**

　国際レジーム（IR）の検討に関するABS-WGへのTORが合意された。TORに従い第8回締約国会議（COP8）までに2回のABS-WG会合を開催することとなった[40]。

---
(40) 炭田精造ほか「遺伝資源アクセスと利益配分に関する新国際規制は継続審議へ　生物多様性条約第7回締約国会議（COP7）より」バイオサイエンスとインダストリー　Vol. 62, No. 6（2004年）49-50頁。

COP7決議のための文書の作成作業が行われたが、ABS-WG2における議論の状況が劇的に変化することはなく、交渉は難航した。8回のコンタクト・グループ会合の結果、「ABS-WGに対し、国際レジーム（IR）の検討プロセス、性格、範囲、考慮すべき要素について具体的に検討するマンデートを与える。COP8までに少なくともABS-WG会合を2回開催する」ことを骨子とするCOP7決議にようやく合意した。

> **議論のポイント**

◆**国際レジーム（IR）の性格**　「国際レジーム（IR）は一連の原則、規範、規則及び意思決定手続を有する一つあるいは複数の文書から構成され、法的拘束力の要否についても検討すること」とされた。しかし、法的拘束力の是非は容易に結論が得られないとの認識が締約国間で共有されたため、議論を先送りにすることで決着した。

◆**派生物の取り扱い**　「CBD及びボン・ガイドラインのいずれの範囲においても、派生物は対象とされていない。その定義もない。したがって、国際レジーム（IR）の範囲から派生物を外すべきである」とする先進国と、「派生物こそ利益を生む源泉である。派生物を外せば利益配分の確保ができない」とする開発途上国との対立が続いた。数次にわたる会合の結果、派生物を国際レジーム（IR）の範囲からは外すが、「遺伝資源、派生物、産物の商業化から生じる利益配分を確実にする措置」を国際レジーム（IR）の「考慮するべき要素」の一つとして明記することで決着した。

この頃から、自発的なABS実施ツールの開発を目指す国々が現れた。スイス経済省は、ボン・ガイドラインを基礎とした「ABS管理ツール」（実務的基準を目指す）を開発するプロジェクトを立ち上げた。ベルギー政府は、EU委員会の資金助成による「微生物遺伝資源に関するABSシステム（MOSAICS）」の開発を目指すプロジェクトの開始を決めた。日本は遺伝資源の利用者が心得るべき指針（開発途上国のいう「利用国措置」の一種に相当する）に特化した「遺伝資源へのアクセス手引」の作成を準備中であった。日本はスイス、ベルギーの各プロジェクトに参加し情報と経験を共有した。

■**第3回ABS-WG（ABS-WG3）（2005年2月14〜18日、バンコク（タイ））**
COP7決議に基づき議論が行われたが、何らの合意もできず、両論並記（合意できない箇所は留保を示す括弧を付す）の議長テキストしか作成できなかった[41]。

国際レジーム（IR）の性格について、開発途上国側は「直ちに法的拘束力のある国際レジーム（IR）の交渉を開始すべきである」と主張し、先進国は「既存の制度では解決できない問題の有無の分析（ギャップ分析）を行い、その結果を確認した上で真に必要な措置を検討すべきである」と主張した。また、派生物の扱いをめぐる従来の意見の対立が再燃した。その他、テキストの細部にわたって意見が対立し、深夜に及ぶ交渉を続けたが進展はなかった。各国は妥協案の作成を断念し、今後の交渉の選択肢という位置づけですべての考え方を議長テキストに載せることで合意した。

知的財産権に関する原産国・出所の開示の問題についても、これまでの意見の対立が繰り返された。結局、「締約国は、遺伝資源と伝統的知識に関する特許出願時の原産国・出所の開示に関する国内の法的制度の取組を、CBDの求める事前の情報に基づく同意（PIC）やMATの措置を支える一つの措置として導入することを考慮することが勧められる」との文言で落着させ、この問題の分析を続けることとした。

> **特記事項**

開会声明の中で、UNEP事務局代表が「TRIPS協定はCBDが定めているABSの条文をなし崩しにしている」と発言した。この発言に対して先進国が反発し、最終日の全体会合において、「TRIPS協定とCBDは整合性があり、何ら悪影響を及ぼしているものではない」ことを主張した。開発途上国側はUNEPの見解を支持し、TRIPSによって保護されている知的財産権が遺伝資源に係わる地域社会等の権利を著しく侵害していると主張した。結局、すべての見解が議事録に記載されることになった。

初日の一般声明では、EUがWIPOに対して提出した「原産国・出所の開示に関する提案[42]」について言及した。日本は、ABSを促進させるための利用国側措置として、「遺伝資源へのアクセス手引[43]」を作成したことを発表した。

---

[41] 炭田精造「生物多様性条約第3回 Ad hoc アクセスと利益配分（ABS）作業部会会合報告」バイオサイエンスとインダストリー Vol. 63, No. 5（2005年）61-63頁。

[42] EUは2004年12月、WIPOに対して特許出願書類中に遺伝資源及び関連する伝統的知識の出所の記載を義務化することについての提案をした。European Community and its Member States, *Disclosure of origin or source of genetic resources and associated traditional knowledge in patent applications -Proposal of the European Community and its Member States to WIPO*（http://www.wipo.int/tk/en/genetic/proposals/european_community.pdf）(last visited August 22, 2010)

第 2 章　CBD におけるアクセス及び利益配分

〈解説〉特許関連の議論に関する新たな動き

　開発途上国は、提供国から取得した遺伝資源に関する発明を特許出願する場合には、出願書に当該遺伝資源の出所を記載することを義務づけるというスキームの必要性をかねてから、CBD のみならず WIPO や TRIPS 協定等の国際フォーラで主張してきた。特許情報は公開されるため、開発途上国にとって自国の資源がどのように使われているか、情報を追跡することができるという観点である。さらに、開発途上国は遺伝資源関連の特許出願の際には、当該資源の提供国の同意を得て利用したことを証する文書を添付することを法的に義務づけることを内容とするスキームも提案している（詳しくは第 4 章 2 参照）。

　このような動きは、COP4 の頃から開発途上国の主張として存在していたが、2004 年 12 月に、EU が WIPO に対し本件に関する提案をしたことにより新たな局面を迎えた。EU 提案の骨子は以下のとおりである。

　①遺伝資源を利用した発明の特許出願の際、出所の開示を法的に義務化する。
　②開示の対象は当該発明に直接使用（directly based on）した遺伝資源に限定する。
　③発明に直接使用した遺伝資源の出所開示ができなかったり拒否したりする場合には、特許の手続を進めない。出所が不明の場合にはその旨を宣言すればその限りではない。
　④虚偽の出所開示をした場合には、特許法とは別に罰則を設ける。特許の効力には影響を及ぼさない。

（財）バイオインダストリー協会 (JBA) と国連大学高等研究所 (UNU-IAS) がサイドイベントを共催した。両者が東京で共催した ABS 国際シンポジウムの成果を報告すると共に、(独) 製品評価技術基盤機構 (NITE) の専門家が「NITE－インドネシア共同プロジェクト」を紹介した。このサイドイベントに各国政府代表、産業界、NGO 等から多数の参加があり会場は満席となった。

⑷　(財)バイオインダストリー協会・経済産業省『遺伝資源へのアクセス手引』(JBA、2005 年) (http://www.mabs.jp/archives/tebiki/index.html) (最終訪問日：2010 年 8 月 22 日)

> 〈コラム〉ABS-WG4
> 　日本は、会合初日の一般声明の中で、ABS を促進させるための効果的な手段として、経済産業省と（財）バイオインダストリー協会（JBA）が作成した「遺伝資源へのアクセス手引」による ABS の普及の取組、開発途上国の能力構築に向けた JICA-JBA の研修活動、（独）製品評価技術基盤機構（NITE）の海外との二国間研究協力の例などを紹介した。政府ブースから、上の取組に関するペーパーのほか、英語版「遺伝資源へのアクセス手引」を配布した。また、国連機関ブースから、JBA・国連大学高等研究所（UNU-IAS）合同シンポジウム（2005 年 10 月開催）及び UNU-IAS・JBA 共催横浜ラウンドテーブル（2005 年 3 月開催）の Proceedings を配布した。

■第 4 回 ABS-WG（ABS-WG4）（2006 年 1 月 30 日～2 月 3 日、グラナダ（スペイン））

　国際レジーム（IR）の議論が継続されたが、議論の推移は、前回のバンコク会合（ABS-WG3）での対立状況を再現したものであった。前回会合の結果はまったく生かされることなく、同じ議論が繰り返された。唯一とも言える進展は、国際認証に関する技術専門家グループの設置に関する議論であった。先進国は、国際認証に関する実用性、費用対効果の検証が必要であるため更に情報収集をするべきであり、また、これは特許出願手続とは切り離して検討するべきであると主張した。開発途上国側は、国際認証は違法なアクセスに対して法的手段を講じることが可能となるように法的拘束力を付与したシステムとするべきである、と主張した。両者間の主張の差は極めて大きかったが、「技術専門家グループを設置し、CBD 第 15 条及び第 8 条(j)の目的を達成するため、態様、目的、実用性、実施可能性、コストなどを考慮した国際認証システム案を作成する」ことを COP8 に提言することとなった。この合意が ABS-WG4 の唯一の具体的な成果であったといえる。

　その他、COP8 に対して以下を提言することになった。

① 国際レジーム（IR）に関する議論の結果（内容のほとんどすべての項目に留保を示す括弧がついた議長テキスト）を附属書として提出する。
② COP8 後に、ABS-WG 会合を再度招集し国際レジーム（IR）の議論を継続する。
③ 事務局長にギャップ分析を完成させるよう要請する。

第 2 章　CBD におけるアクセス及び利益配分

■ CBD 第 8 回締約国会議（COP8）（2006 年 3 月 20～31 日、クリチバ（ブラジル））

　国際レジーム（IR）の検討作業をいつ迄に完了させるかの期限について議論され、最終的に、「COP7 決議（VII/19D）の TOR に従って国際レジーム（IR）の交渉を継続し、COP10 までのできる限り早い時期に ABS-WG の作業を完了させる」ことで合意に至った。これは国際レジーム（IR）交渉における一つの区切りをつけるという意味で特記されるべきことである。第 9 回締約国会議（COP9）までの二年間に二回の ABS-WG を開催することで合意した。

　また、遺伝資源の原産地・出所・法的由来の国際的に認知された証明書（国際認証システム）の問題を検討するために、技術専門家会合（TEG）を設置することについて合意が得られた[44]。

■ 第 5 回 ABS-WG（ABS-WG5）（2007 年 10 月 8～12 日、モントリオール（カナダ））

　本作業部会会合と次回会合（ABS-WG6）を一つの連続した会合とみなして、作業の配分を行うことが会合冒頭で決められた。会合の主な目的は、国際レジーム（IR）の要素である、①利益の公正・衡平な配分、②遺伝資源へのアクセス、③遵守（a．遵守を支援するための措置、b．原産地・出所・法的由来に関する国際的に認知された証明書（国際認証）、c．モニタリング、執行、紛争解決）、④伝統的知識、⑤能力構築、について検討することであった。

　本会合で、EU が国際レジーム（IR）の具体的な内容に踏み込んだ新たな提案をした。すなわち、

> ① ABS 国内法に関する「最小限の国際要件」を設定する。
> ② 提供国の国内法が最小限の国際要件を満たす場合は、この国内法に違反した利用者に対して、利用国は不正使用を防止するための国内措置を検討する。

---

[44]　この国際認証システムに関する TEG は、2007 年 1 月 22～25 日にペルーのリマにて開催された。会合報告は、下記報告書を参照。「遺伝資源の原産地・出所・法的由来の国際的な認証に関する技術専門家会合」（財）バイオインダストリー協会「平成 18 年度　環境対応技術開発等（生物多様性条約に基づく遺伝資源へのアクセス促進事業）委託事業報告書」（2007 年）89-104 頁（http://www.mabs.jp/archives/reports/index_h18.html）（最終訪問日：2010 年 8 月 25 日）

③利益配分のための標準的な選択肢を開発する。
④分野別の標準的な素材移転契約（MTA）を開発する。

　①はアクセス手続の適正化につながり、②は「最小限の国際要件」が基礎になって、国内遵守措置を利用国が受け入れ得る法的な素地をつくり、③と④は利益配分の現実的な実施を円滑化する、等の利点が期待されるコンセプトと思われた。他方、その解釈次第では過剰規制となる懸念があり更なる文言の検討を要するが、これまでの国際交渉の膠着状況から抜け出し、提供側と利用側の双方がこのコンセプトの原則さえ受け入れれば、新しい交渉段階に進み得るという展望を与える提案であった。しかし、開発途上国はEU提案に応じる姿勢を示さなかった。この提案に対して、①利益配分の最小条件（又は基準）、及び②能力構築と技術移転の最小要件、を主張し対抗した。

　各国による議論の後、共同議長から二つの文書(a、b)が提出された。(a)は、各国による議論に基づき、ある程度議論の収束が図れた事項、及び収束が図れていない事項を列挙したものである。(b)は、本会合では何ら議論されなかったにもかかわらず、あたかも議論された体裁に作成された文書であり、開発途上国側の意見の方を多く反映していた。これら文書をめぐり各国の議論が紛糾した結果、これら文書は資料文書（Information Document）という位置づけとし、次回会合（ABS-WG6）の参考[45]に供するが、今後の交渉のベースとして用いないこととなった。

　日本は、本会合において二つの文書[46]をCBD事務局に提出し、また、三つの文書[47]を会議場外で配布し好評を得た。

---

[45] *Co-Chairs' Reflections on Progress Made by the Working Group on Access and Benefit-Sharing at its Fifth Meeting*, UNEP/CBD/WG-ABS/6/INF/1 (November 26, 2007)（http://www.cbd.int/doc/meetings/abs/abswg-06/information/abswg-06-inf-01-en.pdf）; *Notes from the Co-Chairs on Proposals Made at the Fifth Meeting of the Working Group on Access and Benefit-Sharing*, UNEP/CBD/WG-ABS/6/INF/2 (November 26, 2007)（http://www.cbd.int/doc/meetings/abs/abswg-06/information/abswg-06-inf-02-en.pdf）(last visited August 22, 2010)

第 2 章　CBD におけるアクセス及び利益配分

■第 6 回 ABS-WG（ABS-WG6）（2008 年 1 月 19～25 日、ジュネーブ（スイス））

　会合に先立ち共同議長は非公式協議を開催し、次の二点を説明し了解を得た。
　①ABS-WG6 では国際レジーム（IR）の「性質、範囲、目的、主要な構成要素」を議論する。特に、国際レジーム（IR）の「目的、主要な構成要素」に関しては、コンタクト・グループを設置する。
　②本作業部会による、COP9 から COP10 前までの作業計画に関する草案を作成する。

➢ **国際レジーム(IR)の性質**

　共同議長が国際レジーム（IR）の性質として、法的拘束力を持たせる、自発（任意）的なものとする、又は、両者の組み合わせとする、という三つの選択肢案を提示したが、意見を集約できる状況にはならなかった[48]。結局、各国から提案されたすべての選択肢と議長案を並記し、「これらは議論、交渉、あるいは合意のなされたものではない」という但し書きを付記し COP9 に送ることとした。

➢ **国際レジーム(IR)の範囲**

　共同議長案が提示され各国が意見交換を行った。「派生物を範囲に含めるか」、「食料及び農業のための植物遺伝資源に関する条約（ITPGR）等の既存の国際条約との関係をどうするか」、「定義が必要か」等について各国意見に大きな隔たりがあった[49]。時間の制約から、詳細な議論を避け、「これらは議論、交渉、あるいは合意のなされたものではない」と付記した上で、共同議長案と各

---

[46]　① *Implementation of the CBD and the Bonn Guidelines in Japan*, UNEP/CBD/WG-ABS/5/INF/2/Add.2 (October 5, 2007)（http://www.cbd.int/doc/meetings/abs/abswg-05/information/abswg-05-inf-02-add2-en.pdf）(last visited August 22, 2010)
　② *Discussion Paper submitted by Japan on an internationally recognized certificate of origin/source/legal provenance*, UNEP/CBD/WG-ABS/5/INF/4/Add.1 (October 3, 2007)（http://www.cbd.int/doc/meetings/abs/abswg-05/information/abswg-05-inf-04-add1-en.pdf）(last visited August 22, 2010)

[47]　① UNU & JBA, *UNU-IAS/JBA: Collaborative Work on ABS Cases Studies in Progress*（2007）
　② METI & JBA, *Guidelines on Access to Genetic Resources For Users in Japan*（2006）
　③ Mikihiko Watanabe et al., *Issues to be addressed in Discussions on a Certificate - Verifying Effectiveness, Discussion Paper*（2007）

3 ABSに関する国際レジーム(IR)をめぐる議論

国の提案[50]を並記しCOP9へ送ることとした。

国際レジーム(IR)の「目的と主要な構成要素」に関するコンタクト・グループを開催し、これに特化した議論を行った。

> **国際レジーム(IR)の目的**[51]

国際レジーム(IR)の目的として、開発途上国側は利益配分の促進、不正利用の防止、CBD遵守の確保を挙げた。先進国側は、COP7決議VII/19DのTORに従い、CBDの第15条及び第8条(j)の実施、条約の三つの目的の支援を主張した。共同議長が議長草案を提示したが、議論が収束せず、最終的にこれらすべての提案を取り込んだ留保(括弧)つきのテキストとして、COP9へ提案することとなった。

> **国際レジーム(IR)の主要な構成要素の小項目の分類**

この会合では主要な構成要素の議論に最も多くの時間がかけられた。コンタクト・グループを開催し、①公正で衡平な利益配分、②遺伝資源へのアクセス、

---

[48] アフリカグループとLMMCは利用国と提供国の双方に強制力を持つ、単一で法的拘束力のある枠組みであるべきと主張した。遺伝資源の利用に基づく利益配分を実現し、不正利用(misappropriation)をなくすためには、任意の措置では不十分で、法的拘束力のある措置が必要である。これにより、契約における弱者の保護、国際的な安定性と予見性が担保されることになる。また、利益配分メカニズム(技術移転、情報共有、能力構築等の非金銭的利益配分を含む)を効率的に実施するためにも、法的拘束力のある制度が必要である。ブラジル、エチオピア等が同様の趣旨の発言を行った。ノルウェーは、いくつかの要素は法的拘束力を持つべきとし、CBD下での議定書の作成を提案した。EU提案は、いくつかの措置は法的拘束力を有し、いくつかは任意とするとしたが、性質を議論する前に国際レジーム(IR)の実質的な議論が必要である、とした。カナダ、ニュージーランド、オーストラリアも同様の主張を行った。スイスは、国際レジーム(IR)は他の既存国際制度と調和した枠組みとして検討されるべきとした。日本は、利益配分を実現するためには、遺伝資源へのアクセスを促進すべきであり、ボン・ガイドラインに基づく資源各国の国内法の整備、各国法に基づく契約、及び国際私法で対応可能とした。

[49] EU、カナダ、オーストラリアはCOP7決議19DのTORに範囲が記載されており、これはCBD発効以前の遺伝資源には遡及せず、派生物は含まず、他の条約に抵触しないものであるとした。スイスは、CBDにおける遺伝資源の定義の解釈に合意することが必要で、他の国際機関で実施中の作業を侵害してはならないとした。LMMCは、派生物が除外されると国際レジーム(IR)の意義が弱まるとした。アフリカグループは、生物資源、遺伝資源、伝統的知識、派生物をすべて範囲に含めるべきとし、ITPGRで規定される植物遺伝資源も食料・農業用の目的のみを除外すべきとした。コロンビアやペルーは国際レジーム(IR)とITPGRの補完性を主張した。中国も、ヒトを除くすべての遺伝資源、伝統的知識、派生物を範囲とするが、派生物の明確な定義が必要との発言を行った。

89

第2章　CBDにおけるアクセス及び利益配分

③遵守、④遺伝資源に関連した伝統的知識、⑤能力、の各項目の下のそれぞれ小項目について、「締約国で当面の検討対象として合意できるもの（ブリック）」と「それ以外のもの（ブレット）」への分類作業を目指した。この分類は項目の重要度の差異を表すものでないが、作業の膠着状態から抜け出すための素地をつくり、その後の交渉作業を前進させようという一つの工夫であった。これは国際レジーム（IR）の構成要素の内容の方向性に直接かかわる議論ではないため、議論の過度な紛糾は抑えられ分類作業は進捗した[52]。

> **COP9からCOP10前までの作業計画草案**

次回作業部会（COP10前）の議論のベースとして、どの文書を用いるかに関

---

(50)　オプション1：すべての生物資源、遺伝資源、派生物、製品、及び関連する伝統的知識に関して、CBD発効以前・以降にかかわらず、これらの商業的及びその他の利用により生じた利益を対象とするが、ITPGRにリスト化されるものは条約の目的内であれば除外する。

　　　オプション2：他の国際義務を条件とし、CBDに包含されるすべての遺伝資源と関連する伝統的知識、工夫及び慣行とし、ヒト遺伝資源、主権の及ばない遺伝資源は除外する。

　　　オプション3：CBDの関連する条項に従い、遺伝資源へのアクセスと利益の公正かつ衡平な配分を対象とし、CBD発効以前に入手した遺伝資源、ヒト遺伝資源を除外し、他の機関・条約には特に配慮する。

　　　オプション4：ヒト遺伝資源を除くすべてのタイプの遺伝資源及び派生物、遺伝資源及び派生物に関連した伝統的知識を対象とするが、ITPGRの利益配分条項を除外しない。

　　　オプション5：CBDに包含されるすべての遺伝資源、関連する伝統的知識、工夫及び慣行と、これらの商業的利用及びその他の利用から生じる利益をカバーし、ヒト遺伝資源を除く。

　　　オプション6：すべての遺伝資源、派生物、及び派生物を与える関連する伝統的知識はCBDの適用範囲内とすべき。

　　　オプション7：国内法・国際法、その他国際義務に従って、環境上適正に利用するための遺伝資源・関連する伝統的知識へのアクセス及び複数の国での利用を円滑にするための条件、遺伝資源と関連する伝統的知識の利用から生じる金銭的・非金銭的利益の公正かつ衡平な配分に適用される；ITPGRを侵害せず、WIPO及びCGRFA（Commission on Genetic Resources for Food and Agriculture（食料農業遺伝資源委員会）の作業を考慮すべき；ヒト遺伝資源、CBD批准以前に取得されてから生息域外で育成された遺伝素材、既に原産国によって自由な利用に供されている遺伝素材、は除外する；国際レジーム（IR）の適用範囲を定めるために、「遺伝資源の利用」という用語を明確にする必要がある。

> 〈コラム〉ABS-WG6
> 　サイドイベントとして、（財）バイオインダストリー協会（JBA）は「認証の議論における優先項目—実際性、実現可能性と意思決定プロセス」と題するワークショップを開催した。また、JBAと（独）製品評価技術基盤機構（NITE）のABS活動、経済産業省—JBAによる英語版「遺伝資源へのアクセス手引」、「認証に関する議論（Discussion Paper: Issues to be Addressed in Discussions on a Certificate – Verifying Effectiveness）」等の資料を配布し、地道な活動を継続した。

して対立があった。先進国はCOP7決議VII/19DのTORを提案し、開発途上国はCOP8決議4Aを主張したが、結局、これらは並記された。作業スケジュールとしては、COP9とCOP10の間に二回（ABS-WG7、ABS-WG8）の作業部会を開催する草案としてCOP9へ送られることとなった。これらの結果は、ABS-WG6の報告書[53]の附属文書としてCOP9へ送られた。

　この会合では、議論の膠着状況から、少しではあるが変化が見られた。国際レジーム（IR）の構成要素についての議論で検討の優先順位が整理され、不十分ではあるが今後の議論の手順について道筋をつけた。しかし、「先進国と開発途上国の間での主張の隔たり」は依然として大きく、EUの新しいコンセプトの提案も開発途上国側は受け入れを拒否し、実質的な交渉の進展はなかった。議論を先送りしたまま、COP9以降の手続上の道筋をつけることで作業の進捗を図ったというのが、本会合の結果である。

---

(51) 共同議長が提示した案（「特に遺伝資源へのアクセスを促進し、その利用から生じる利益の公正かつ衡平な配分を確保することにより、CBDの第15条及び第8条(j)及び条約の三つの目的を効果的に実施する」）に基づき、コンタクト・グループでの議論が開始された。共同議長の提示案に対し先進国は支持を表明した。しかし、LMMCとラテンアメリカ・カリブ海グループ（GRULAC）は、「不正利用を防止し、資源提供国の国内法や規則に対する利用国における遵守を保証することにより、遺伝資源、派生物、関連する伝統的知識の利用から生じる金銭的・非金銭的利益の効果的、公正かつ衡平な配分を確保する」ことを目的とすべきと主張した。アフリカグループは、「特に遺伝資源と関連する伝統的知識、派生物、製品への透明性あるアクセスを規制し、それらの利用から生じる利益の公正かつ衡平な配分のための条件及び措置を確保することにより、CBDの第15条、第8条(j)、第1条、第16条、及び第19条2項、及び条約の三つの目的を効果的に実施するとともに、不正利用を防止する」と提案した。IIFB（International Indigenous Forum on Biodiversity）は、先住民と地域社会の権利を考慮することを追加するように提案した。

第 2 章　CBD におけるアクセス及び利益配分

⑸2 ◆ **公正かつ衡平な利益配分**　ブリックとして、「アクセスと利益配分のリンク」、「MAT に基づき配分されるべき利益」、「金銭的及び／又は非金銭的利益」、「技術へのアクセスと移転」、「MAT に基づく研究開発成果の共有」、「研究活動への効果的な参画及び／又は研究活動における共同開発」、「交渉における対等性を促進するためのメカニズム」、「意識啓発」、「MAT 策定への先住民・地域社会の参画・関与及び伝統的知識保有者との利益配分を確保するための措置」が残った。また、ブレットとして、「国際的な最低限の条件・基準の開発」、「利用ごとの利益配分」、「生物多様性の保全と持続可能な利用及び社会経済的発展のために向けられる利益」、「原産地が明確でないか、複数の国にまたがる場合の多国間利益配分」、「複数の国がかかわる場合に対応する信託基金の設立」、「MTA に含まれることが見込まれるモデル条項及び標準的な利益のメニューの開発」、「ボン・ガイドラインのさらなる活用」が挙げられた。

　◆ **遺伝資源へのアクセス**　ブリックとして、「締約国にアクセスを決定する主権的権利と権限があることの認識」、「アクセスと利益の公正かつ衡平な配分とのリンク」、「アクセス規則の法的確実性、明確性及び透明性」が残った。また、ブレットとして、「アクセスに関する規則の無差別適用」、「国の管轄を越えて遵守を支援するための国際アクセス基準（国内アクセス法の調和を必要としないもの）」、「国際的に開発されたモデル国内法」、「管理及び取引コストの最小化」、「非商業目的研究に対する簡素なアクセス規則」が挙げられた。

　◆ **遵守**　ブリックとして、「意識啓発活動」、「情報交換のための仕組み」と「国内の権限ある当局によって発行された国際的に認知された証明書」、及び「遵守を執行するためのツールの開発」が合意された。また、ブレットとして、合意に至らなかった項目が、「遵守を奨励するためのツールの開発」、「遵守をモニターするためのツールの開発」、「遵守を執行するためのツールの開発」、「保護に関する慣習法及び地域の制度の遵守を確保するための措置」が挙げられた。

　◆ **伝統的知識**　ブリックとして、「CBD 第 8 条(j) に基づいて伝統的知識の利用から生じる利益を伝統的知識の保有者と公正かつ衡平に配分することを確保するための措置」、「伝統的知識へのアクセスが共同体の手続に従って行われることを確保するための措置」、「利益配分の取り決めの中で伝統的知識の利用に対応するための措置」、「ABS に関連した研究における伝統的知識の尊重を確保するためのベスト・プラクティスの特定」、「MTA のモデル条項の開発における伝統的知識の組み入れ」、「共同体の手続に従ってアクセスを許可する個人又は当局の特定」、「伝統的知識の保有者の承認を得たアクセス」、「不正な手段又は強要による伝統的知識へのアクセスの禁止」が挙げられた。また、ブレットとして、「伝統的知識にアクセスが行われる際の伝統的知識の保有者（先住民の社会及び地域社会を含む）による PIC、及び当該保有者との MAT」、「締約国が国内法及び政策を策定することを支援するための国際的に開発されたガイドライン」、「関連する伝統的知識の有無及び伝統的知識の保有者について、国際的に認知された証明書が作成されたことの宣言」、「伝統的知識から生じる利益の共同体における配分」が挙げられた。

　◆ **能力構築**　ブリックとして、「国内法制度の開発、契約交渉等の交渉への参加、情報通信技術、評価方法の開発と利用、生物探索・関連研究・分類学研究、遵守のモニタリングと執行、持続可能な開発のためのアクセス及び利益配分の使用など、関係するすべてのレベルにおける能力構築のための措置」、「能力構築の最小要件のためのガイドラインとして使用される国内の能力自己評価」、「技術移転及び技術協力のための措置」、「先住民の社会及び地域社会の能力構築のための特別な措置」が挙げられた。また、ブレットして「財政メカニズムの設立」が挙げられた。

⑸3　*Report of the Ad Hoc Open-Ended Working Group on Access and Benefit Sharing on the Work of its Sixth Meeting*, UNEP/CBD/COP/9/6（January 31, 2008）（http://www.cbd.int/doc/meetings/cop/cop-09/official/cop-09-06-en.pdf）（last visited August 22, 2010）

3　ABSに関する国際レジーム(IR)をめぐる議論

■ CBD 第 9 回締約国会議（COP9）（2008 年 5 月 19〜30 日、ボン（ドイツ））

次期締約国会議（COP10）は、2010 年 10 月に愛知県名古屋市において開催されることが公式に決まった。COP10 では「ABS に関する国際レジーム（IR）の検討」が二大テーマの一つとなる予定であり、日本の CBD 歴史上では画期的な出来事となる。日本は、経済産業省と（財）バイオインダストリー協会（JBA）が中心となり、企業や研究者などの遺伝資源利用者を対象に、他の先進国に先駆けて、利用者側措置としての「遺伝資源へのアクセス手引」を開発し着実に実施するなど、多くの ABS 関連活動を地道に推進してきた。また、その成果を国連大学高等研究所（UNU-IAS）などと協力し、国際的発信にも努めてきた。これらが ABS の分野における日本の国際的評価に寄与したと思われる。

ABS は COP9 の重要議題として位置づけられていたが、COP9 への準備作業に当たった ABS-WG6 の検討結果が示すように、国際レジーム（IR）の内容の交渉に入ることは現実的に無理であった。残された選択肢は、「COP10 までのできる限り早い時期に ABS 作業部会の作業を完了させる」というマンデート（COP8 決議）を実行するための作業行程を作成する議論に専念することであった。

➢ **COP10 に向けた作業行程**

COP10 の 6 か月前までに ABS-WG を三回と、ABS-WG8 までに技術専門家会合（TEG）を三回開催するという最終案が作成され、議論が行われた。1 年 6 か月の期間内に ABS-WG と TEG を合わせて計六回の会合を開催することは、締約国と条約事務局にとって前代未聞のハード・スケジュールである。また、経費の実質的な支出者である主要先進国側にとっては大きな財政的負担となる。長い議論の末、開催時期、場所、検討事項も含めて、COP9 として下記のとおりロード・マップが合意された[54]。

日本は、遵守に関する TEG の東京での開催、また ABS-WG 開催への 5 万ドル拠出を表明するなど、COP10 招聘国として作業工程の作成に積極的に貢献した。

■ 第 7 回 ABS-WG（ABS-WG7）（2009 年 4 月 2〜8 日、パリ（フランス）

締約国の提案した条項案に基づき、事務局が、これらの文言自体には触れる

---

[54] COP9 Decision IX/12. Access and benefit-sharing, UNEP/CBD/COP/DEC/IX/12 (October 9, 2008)（http://www.cbd.int/doc/decisions/cop-09/cop-09-dec-12-en.pdf）(last visited August 22, 2010)

第 2 章　CBD におけるアクセス及び利益配分

会　合	年　月	開催地	検討事項
ABS-WG7	2009 年 4 月	パリ（フランス）	目的、範囲、遵守、公正・衡平な利益配分、アクセス
ABS-WG8	2009 年 11 月	モントリオール（カナダ）	性質、遺伝資源に関連する伝統的知識、能力、遵守、公正・衡平な利益配分、アクセス
ABS-WG9	2010 年 3 月	カリ（コロンビア）	WG7 と WG8 の会合結果の統合
第 1 回 TEG	2008 年 12 月	ウイントフック（ナミビア）	コンセプト、用語、作業定義、分野別アプローチ
第 2 回 TEG	2009 年 1 月	東京（日本）	遵守
第 3 回 TEG	2009 年 6 月	ハイデラバード（インド）	遺伝資源に関連する伝統的知識

ことなく項目別に分類、整理した文書（編纂文書）を作成した。作業部会での議論は、この編纂文書（「目的」「適用範囲」「利益配分」「アクセス」「遵守」の五項目からなる）をベースにして行われた。

　共同議長の提案により、三段階のアプローチ（①各項目に関して、この会合での追加分を含めすべての条項案をテキストに盛り込む、②出来たテキスト案に関する意見表明、③テキスト案の交渉）をとることになった。

　特記すべきことは、EU は、既に ABS-WG5 及び 6 で表明していたように、国際アクセス基準の設置に締約国が合意するのであれば、遺伝資源提供国の国内法がこの基準に適合する範囲内において、その国内法を遵守しない利用者に対して、利用国として国内措置（法的に拘束力を持つ措置を除外しない）の設置を検討する用意があると表明した。これは、「アクセス」と「遵守」をリンクさせて議論することを意味した。

　LMMC に代表される開発途上国側は、遺伝資源へのアクセスに関する権限は条約の認めた主権的権利であるとして、EU 提案に反対した。「遵守」に関するコンタクト・グループの議論で、「アクセス」と「遵守」をリンクさせたくない LMMC が EU に反発し、作業を中断せざるを得ない状態になった。

　コンタクト・グループ議長は収集策を模索するため日本を含む少人数の会合を開き協議した結果、「ブリック」と「ブレット」という項目の区分をなくすことで（これにより、国際レジーム（IR）の当面の検討範囲を広くとれる点で開発途上国側は歓迎し、手続上は「アクセス」と「遵守」をリンクさせて議論するこ

とが可能になる点を、EUや日本等の先進国は歓迎した)、作業の再開が合意された。以降は、各国の主張を括弧付きでほぼ機械的に挿入するという作業が淡々と進行した。

こうして、各国のすべての主張を反映させたテキスト(オペレーショナル・テキスト)が作成された[55]。これは2,000以上の括弧が付いたものであった。このことは、この時点に至っても、各国の意見に大きな隔たりがあり、それを集約することは容易なことではないことを示すものであった。共同議長は「アクセス」「利益配分」「遵守」に関して追加の条項案の提案があれば、次回会合の開催2か月前まで更に受け付けると表明した。

■第8回 ABS-WG (ABS-WG8) (2009年11月9～15日、モントリオール(カナダ))

会合前日の非公式協議の中で、共同議長は「法的性格」に対する締約国の考え方を共有するために会合初日に議論を行い、締約国の「共通の理解」を報告書に記載したいと表明し、了解された。

ABS-WG8が開始され、「(法的)性格」「伝統的知識」「能力」が議論された。「利益配分」「アクセス」「遵守」について、締約国からの追加提案も議論された。

国際レジーム(IR)の「(法的)性格」について「法的拘束力を持つ」「法的拘束力を持たない」「両者の組み合わせ(一部に法的拘束力を持つ)」という三つの選択肢があるが、議論をするのでなく、各国の考え方を聞きたいとし、各国からの発言があった。しかし、それらの発言は従来のものとほとんど差はなかった。一点だけ違う点は、本会合の最終日の時点では、テキスト案は各国のすべての主張を並記したものであり、「奨励義務」という緩やかな拘束力しか課さない条項も含まれていたことである。そのため、先進国側からは「法的性格は各規定の内容を議論した後で決めるべき」とする一方で、「法的拘束力を持つ制度に無条件で反対する」という意見は出なかった。

その後、共同議長は非公式な意見の交換を進め、会合最終日になって、「…(前略)本作業部会は…(中略)…国際レジーム(IR)の交渉はCBD下の議定書草案を最終化することを目指す、という支配的な共通理解を共有している…(後略)

---

[55] *Report of the Seventh Meeting of the Ad Hoc Open-Ended Working Group on Access and Benefit-Sharing, Annex*, UNEP/CBD/WG-ABS/7/8 (May 5, 2009) (http://www.cbd.int/doc/meetings/abs/abswg-07/official/abswg-07-08-en.doc) (last visited August 22, 2010)

第 2 章　CBD におけるアクセス及び利益配分

…」という議長所見を口頭で読み上げた[56]。これにより、国際レジーム（IR）の「（法的）性格」についての議論は締めくくられた。

　この結果、国際レジーム（IR）の各項目（目的、適用範囲、性格、主要な構成要素（利益配分、アクセス、遵守、伝統的知識、能力）について締約国すべての意見が網羅され、約 3,800 の括弧がついた全 61 頁の文書[57]が出来上がった。本会合の報告書に附属書 I として添付されたため、「モントリオール附属書」と呼ばれる。この会合以降は、国際レジーム（IR）の各項目についての追加提案を原則として受け付けないこととなった。ただし、国際レジーム（IR）の前文、定義等の上記各項目に当てはまらない事項については、締約国に対して意見の提出が要請された。

　ABS-WG9（2010 年 3 月、カリ（コロンビア））では、モントリオール附属書をベースとして、各項目を統合した（consolidate）テキストを作成するために、COP10 前の最後の交渉が行われることになる[58]。

> **ABS-WG8 と ABS-WG9 の間の会期間会合について**

　モントリオール附属書のページ数と括弧の数から判断して、ABS-WG9（会期は 7 日しかない）で統合文書案を作成するのは物理的に困難であろうことは明らかであった。共同議長は、この状況の下で有志の締約国から財政的支援が得られることを前提に、ABS-WG9 までの期間に、共同議長が主宰する二つの非公式な会期間協議の場、すなわちを「議長フレンズ会合」[59]及び、「共同議長

---

[56] "Having reflected upon statements made in plenary on this item and having discussed the matter with all regions and a range of representatives from indigenous peoples and local communities and stakeholders, the Co-chairs stated that the Working Group (WG) shares the preponderant understanding, that for the purposes of completing its mandate and subject to the agreement that the Regime would include, inter alia, one or more legally binding provisions, negotiations of the International Regime aim at finalizing a draft protocol under the CBD. The WG confirmed that this understanding is without prejudice to a decision at the 10th COP on the adoption of such a protocol."（聴取者の筆記による記録）

[57] *Report of the Eighth Meeting of the Ad Hoc Open-Ended Working Group on Access and Benefit-Sharing, Annex*, UNEP/CBD/WG-ABS/8/8（November 20, 2009）（http://www.cbd.int/doc/meetings/abs/abswg-08/official/abswg-08-08-en.pdf）(last visited August 22, 2010)

[58] COP9 で合意されたロード・マップに従えば、2010 年 3 月のカリ会合が最後の作業部会となる予定であった。

による地域間非公式協議（Co-Chairs Informal Interregional Consultations）」⁽⁶⁰⁾を開催することを提案し、各国は了解した。

■**第 9 回 ABS-WG（ABS-WG9）（2010 年 3 月 22～28 日、カリ（コロンビア））**
　2010 年 3 月 19 日、議定書草案（議長テキスト初版）が各国の ABS-WG 関係者に対し条約事務局からインターネットで配信された。日本代表団の分隊は、3 月 19 日にカリのホテル到着直後に、このことを知った。関係者は急遽、その夜のうちに精力的に内容の検討を行った。他国の代表団も同様の状況であったに違いない。翌 3 月 20 日に、共同議長との非公式協議が開催され、各国は「議長テキストをカリ会合の議論のベースにしたい」との説明を共同議長から受けた。これに反対を唱える国は一国もなかった。錯綜した内容のモントリオール附属書とそれまでの紛糾した過程を熟知している ABS 関係者にとっては、時間的な制限を考えると、この附属書を議論のベースにしても、COP10 前の最後の作業部会であるカリ会合において、まとまった内容の草案を作成できる可能性は現実的には極めて小さいと予想していたに違いない。この状況を克服し得る「妙手」は、すっきりした内容の議長テキストをカリ会合前に出すことであるが、それが最後のタイミングで現実に起こったのである。議長と条約事務局も同様に考えて、準備していたに違いない。その結果、すべての関係者が、「取りあえず、この議長テキストをベースに議論を行うことが、現実的には最善の選択である」と判断したのである。

　カリ会合が始められ、議長テキストの内容について各国が意見表明をするセッションが続けられた。これは意見表明であり、「交渉」ではなかった。意見交換の結果に基づき、会合 3 日目に議長テキストの修正版が配布された。「議長テキスト修正版」に基づき、各国による意見表明が再開された。先進国側から、自国の意見がテキスト修正版には公平に反映されていないとの指摘が、相

⁽⁵⁹⁾　構成メンバーは、①共同議長が選出した締約国代表 18 名、② COP9 及び COP10 議長国（ドイツと日本）から代表各 1 名、③先住民・地域社会、市民社会、産業界、学界から代表各 2 名とする。国際レジーム（IR）交渉における主要問題に関して講じ得る解決策を模索することを目的とする。

⁽⁶⁰⁾　ABS-WG9 直前に三日間の予定で開催する。構成メンバーは、①五つの国連による地域交渉グループから各グループが指名する 25 名、②同じグループからオブザーバー（アドバイザー）各 2 名ずつの 10 名、③先住民・地域社会、市民社会、産業界から代表各 2 名、④ COP9 及び COP10 議長国から代表各 1 名とし、国際レジーム（IR）の前文テキスト、定義、関連規定について協議することを目的とする。

第2章　CBDにおけるアクセス及び利益配分

表3：議定書案（議長テキスト）の構成

条　項	表　題
前文	
第1条	目的
第2条	用語
第3条	適用範囲
第4条	公正かつ衡平な利益配分
第5条	遺伝資源へのアクセス
第5条 bis	遺伝資源に関連する伝統的知識へのアクセス
第6条	研究と緊急事態に関する考慮
第7条	保全と持続可能な利用への貢献
第8条	国境を越えた協力
第9条	遺伝資源に関連する伝統的知識
第10条	政府窓口と権限ある国内当局
第11条	ABSクリアリング・ハウスと情報の共有
第12条	アクセスと利益配分に関する国内法令の遵守
第13条	遺伝資源の利用のモニタリング、追跡、報告
第14条	相互に合意する条件の遵守
第15条	モデル契約条項
第16条	行動規範とベスト・プラクティスの基準
第17条	意識啓発
第18条	能力
第18条 bis	技術移転と協力
第18条 ter	非締約国
第19条～第31条	議定書実施の資金、制度、手続、等々
附属書Ⅰ	金銭的及び非金銭的利益
附属書Ⅱ	遺伝資源の典型的なリスト

次いで出された。特に、「利益配分」の条項での「派生物」への言及とその内容が重大な問題であること、及び「遵守」の条項において、利用国の管轄内における提供国の国内法の遵守措置についての言及内容が深刻な問題を生むとして、主な議論の対象となった。その後、締約国による意見交換が深夜まで続けられたが、双方の意見の対立が激化し、会合が頓挫するに至った。翌日は、事態を収拾するための非公式な折衝が続けられ、多くの時間が費やされた。最終日になって、会合報告書の採択をめぐり、議定書草案（議長テキスト修正版）をどう扱うかについて事態が再び紛糾した。その結果、①議長テキスト修正版が「まだ交渉されたものではない」ことを報告書本文の中に明記する、②報告書本文の中に各国の意見を追記し公正な反映に努める、という処置を取った上で、

3 ABSに関する国際レジーム(IR)をめぐる議論

議長テキスト修正版を報告書の附属書[61]（表3参照）として添付することで落着した。

もう一つの問題は、次回の会合についてであった。最後の公式作業部会会合は終了したが、議長テキスト修正版をベースに各国が交渉した上でCOP10に結果を送ることが必要である、とすべての締約国が認めていた。どのような形式の会合をいつ開催することが可能か、各種の案が模索されたが、結局、カリ作業部会の続編会合が必要であり、時期としては6月あるいは7月しかない、ということになった。問題は、公式会合ではないために必要予算が確保されていないことであった。事務局長によれば、最も安上がりなのは事務局のあるモントリオールであるが、それでも最低1億円が必要とのことであった。しかし、現議長国ドイツを含め、先進国側のどこからも資金拠出を提案する国が出ないまま、会合終了時間が迫った。焦燥感が漂い始める中、日本代表が挙手し、資金拠出を申し出た。会場に大きな拍手が沸き上がり、ABS-WG9再開会合[62]の開催を決定し、閉会となった。

COP10での結果がどうなるかは将来の問題であるが、COP10名古屋に向けて円滑な議論の場をつくることに貢献することが次期議長国の責任であるとする日本の姿勢は大きな国際貢献であり、日本の外交イニシアチブとして特筆されるべき出来事であった。

> 先進国と開発途上国の意見の主な対立点（表4参照）
(a) アクセス
◆ EUのポジション
①遺伝資源へのアクセスがなされた後でのみ利益配分を実現できる。したがって、アクセスと利益配分とはリンクさせて扱うべきである。
②遺伝資源へのアクセスを円滑化するために、法的な確実性、明確性、透明性のある措置をとるべき。

---

[61] *Report of the First Part of the Ninth Meeting of the Ad Hoc Open-Ended Working Group on Access and Benefit-Sharing, Annex*, UNEP/CBD/WG-ABS/9/3 (April 26, 2010) (http://www.cbd.int/doc/meetings/abs/abswg-09/official/abswg-09-03-en.pdf) (last visited August 22, 2010)

[62] 2010年7月10～16日、カナダのモントリオールにて開催。Resumed WG ABS 9 - Documents (http://www.cbd.int/wgabs9-resumed/doc/) (last visited August 22, 2010)

第2章　CBDにおけるアクセス及び利益配分

表4：先進国と開発途上国の主な意見の対立点

	メガ多様性同士国家グループ （議長国：ブラジル）	欧州連合（EU）
アクセス	・アクセス規制は提供国の主権的権利である。 ・主権侵害は受け入れられない	・アクセスなければ利益も発生しない。アクセスの円滑化が必要。 ・「国際アクセス基準」を提案。
利益配分	・法令で利益配分を確保すべき。 ・技術移転や資金メカニズム等が必要。	・利益配分は契約ベースが基本。 ・分野別の契約条項メニュー等の開発が有用である。
遵守	・提供国の国内法を遵守しない利用者がいる場合、利用国はその者に対し行政的・法的措置をとるべき。 ・提供国はアクセス許可証明書を発行。利用国は、利用者の特許出願、製品許可申請時にその証明書の開示を義務付ける国内措置をとるべき。	・提供国の国内法が国際アクセス基準と整合性を持つならば、その国内法の違反者に対して、利用国は国内措置をとることを検討する。 ・特許出願における出所開示制度はWIPOへ提案済みである。

③提供国は他国からアクセスする利用者間での差別をするべきではない。

④非商業目的でアクセスする際の簡素な行政的手続等のベスト・プラクティスに関して情報交換をするべきである。

⑤政府窓口と権限ある当局の指定、国内ABS枠組みの公表、契約締結の義務化等を規定する国際アクセス基準が必要である。これは国内法の国際的な画一化を意図するものではない。

◆ LMMCのポジション

①国家は天然資源への主権的権利を有する。遺伝資源、派生物、伝統的知識へのアクセスを決定する権限は政府に存し、これは国内法による。

(b) 利益配分

◆ EUのポジション

①遺伝資源へのアクセスがなされた後でのみ利益配分を実現できる。アクセスと利益配分とはリンクさせて扱うべき。

②利益配分における金銭的及び非金銭的利益の組み合わせは利用分野により異なるから、各分野の特質を考慮すべきである。MTA等に含める可能性のある分野別モデル条項のメニューと典型的な遺伝資源利用事例のインベントリーは有用である。

3 ABSに関する国際レジーム(IR)をめぐる議論

◆ LMMC のポジション
①利益配分を確保する措置を国内法で規定し、これを MAT と PIC に取り入れるべき。
②各国は利益配分のための信託基金を含む、金融メカニズムを設置すべき。
③他国の遺伝資源、派生物、伝統的知識を利用して技術開発を行う国は、提供国に対して、これらを用いた技術へのアクセス、その技術の共同開発と移転を円滑化するための法令上、行政上、政策上の措置をとるべき。
④遺伝資源に関連する伝統的知識から生じる利益配分の条件は、国内法に従い、先住民等の参加と関与を確保する措置をとり MAT で規定するべき。

(c) 遵 守
◆ EU のポジション
① 遵守を奨励するために、CBD に関する「意識向上活動」が必要である。遺伝資源利用者のための行動規範の開発、見直し、最新化をするべき。
② 遺伝資源の不正利用（misappropriation）とは、国際アクセス基準に合致している国内法の下で当局の PIC を得ないで取得すること、又は契約書を締結せずに取得することを言う。契約違反は既存のルールがあるので議論の範囲外とするべき。
③ 今後の国際交渉のカギは、提供国の国内アクセス法と利用国の遵守措置をどのように関連づけるかにある。これを検討する際、国際アクセス基準の開発が重要になる。
④ 国際アクセス基準の開発を提供国が受け入れるならば、EU は利用国での法令遵守措置に法的拘束力を付与する可能性を排除しない。
⑤ 権限ある当局が PIC を書面で発行し、これを CBD 事務局のクリアリング・ハウスに登録すれば「国際的に認知された証明書」とみなす。
⑥ 研究助成機関は、遺伝資源利用者に対して提供国の ABS 要件の遵守を義務化すべき。
⑦ 特許出願における原産地・出所の開示に関して、EU は WIPO に提案を出した（2004 年 12 月）。EU は TRIPS 協定を改定し、遺伝資源提供国・出所の開示の義務化要件を含めることに同意している。EU は WIPO 提案を実質的に超える提案をする予定はない。

第 2 章　CBD におけるアクセス及び利益配分

◆ **LMMC のポジション**
① 各締約国は ABS 政府窓口と権限ある当局を設置すべき。
② 各国は管轄下の遺伝資源利用者が提供国の国内法を遵守することを確保すべき。提供国の国内法に違反した場合は、利用国政府が制裁と救済を確保する有効な措置をとるべき。
③ 各締約国は権限ある当局を通じて遵守証明書を発行するべき。これを国際的に適用可能とするべき。各利用国はこの証明書のチェックポイント（例：税関、特許当局、製品許認可当局、商業目的の登録所等）を設置するべき。
④ CBD 事務局に ABS クリアリング・ハウスを設置し、ABS 国内法と国際レジーム（IR）の遵守のモニタリング、ABS 関連情報の提供（例：ABS 国内法、国際協定、ABS 契約違反者の名前）、遵守証明書の登録等を行うべき。
⑤ 遺伝資源、派生物、関連する伝統的知識の原産地・出所を知的財産権出願や製品許認可申請時に開示し、かつ提供国の PIC、MAT 及び利益配分の遵守の証拠を添付すべき。これらを開示しない者に対して、各国は行政上・刑法上の措置をとり、不遵守又は虚偽情報開示は行政上及び司法上の措置により知的財産権及び製品許可を取消しすべき。

図 1：EU 意見と開発途上国意見の関連図

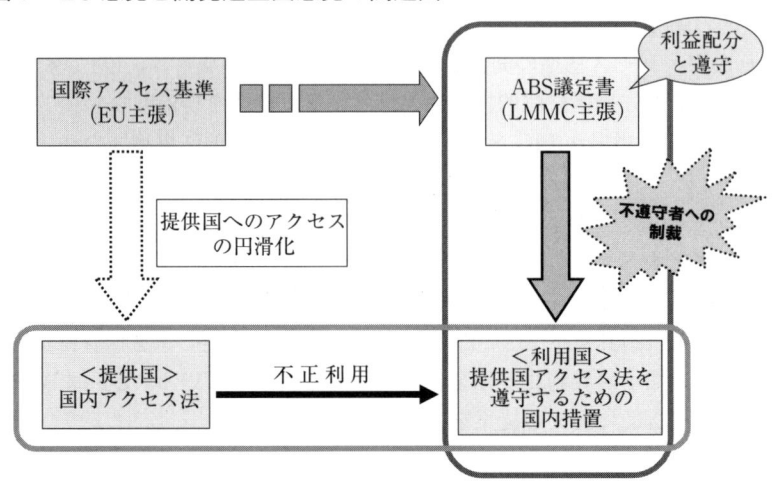

➤ 国際アクセス基準（EU 提案）と利用国内の遵守措置（LMMC 提案）の関連図（図 1 を参照）

　先進国と開発途上国の対立点を分かりやすく描写するために、欧州連合（EU）（先進国多数意見の代表）とメガ多様性同士国家（LMMC）グループ（ブラジルを議長国とする開発途上国多数意見の代表）のポジションを比較対照させた。

4　最終局面の交渉と名古屋議定書の採択

■第 9 回 ABS-WG 再開会合（ABS-WG9 resumed）（2010 年 7 月 10〜16 日、モントリオール（カナダ））[63]

　ABS-WG9（カリ）の議長テキストをベースとして、カリで採用された地域間交渉グループ（Interregional Negotiating Group：ING）方式（カリ方式）を踏襲し議論を開始した。それまでに議論の対象となっていない条項については合意が進んだ。主要な議論対象のうち、派生物に関しては「遺伝資源の利用」の定義案を、適用範囲に関しては「他の条約との関係」の文言案を、ABS 国内法令の遵守に関してはそのコンセプトの文言案を、それぞれ明確化することにより、交渉進捗の糸口が見え始めた。しかし、適用範囲における議定書の遡及性、アクセスにおける病原体による緊急事態、遵守におけるモニタリング・チェックポイント・開示要件、伝統的知識（TK）における公的に入手可能（publicly available）な TK 等については、開発途上国と先進国間の基本的見解の相違は埋まらなかった。

　交渉は期待されたほどに進捗しなかったが、カリ会合と異なる点は「交渉中の議定書草案」が作成されたことであった。

　今後の進め方の議論において、カリ会合に続き、再び日本が財政的支援を申し出た。これを契機として、9 月に ING 会合を開催し交渉の打開を図ることが合意された。

■地域間交渉グループ会合（ABS-WG9-ING）（2010 年 9 月 18〜21 日、モントリオール（カナダ））[64]

　会合に先立って、共同議長は、① COP10 では ABS のみならず他に多数の議

---

[63] 本会合の報告書は、*Report of the Second Part of the Ninth Meeting of the Ad Hoc Open Ended Working Group on Access and Benefit-Sharing*, UNEP/CBD/COP/10/5/Add4 （July 28, 2010）(http://www.cbd.int/doc/meetings/cop/cop-10/official/cop-10-05-add4-en.doc)（last visited November 18, 2010）

題があるため各国代表にとって ABS 議定書交渉に専念することは物理的に困難である、②したがって、前回会合の「交渉中の議定書草案」をベースに本会合で議定書案を完成させることに全力を尽くし、結果を 10 月 16 日の ABS-WG9 再々開会合（名古屋）に提出すること、③本会合と 10 月 16 日の間に更に交渉の機会を設けることは考えていないとの趣旨を説明した。

　前回会合の「交渉中の議定書草案」をベースにカリ方式で粘り強い交渉が続けられたが、主要な条項についての交渉の膠着状態は解けなかった。特に、アフリカ・グループは利益配分（草案第 4 条）について、この時点においても、「利益配分の遡及性（例えば大航海時代まで遡及）、生息域外コレクション、利益配分に対する多国間アプローチ」等の主張について譲歩しなかった。彼らは政治的決着を目指すとの意図を表明していた。交渉が進捗しないまま閉会の時が近づいた。日本代表は COP10 期間中の会場施設と食堂は夜間でも利用可能にしてある旨を説明し、最後の最後まで交渉打開の努力をすべきであるとの姿勢を堅持した。

　ING 会合は 21 日午後 1 時に閉会し、その直後、各国代表団の団長はニューヨークに向けて移動した。それはニューヨーク国際連合本部での第 65 回国連総会の前夜祭として、22 日に「国際生物多様性年」を記念したハイレベル・イベントが予定されており、それに出席する自国閣僚に ING の各国代表団団長が 21 日夕刻から同伴するためであった。

■地域間交渉グループ再開会合（ABS-WG9-ING resumed）（2010 年 10 月 13～16 日、名古屋（日本））

　9 月 27 日に突然、CBD 事務局から ABS 関係者に対し、「9 月 22 日の国連本部での生物多様性に関するハイレベル・イベントに絡めて開催された閣僚級朝食会での協議で、ING 再開会合を 10 月 13～15 日に名古屋で開催することが決まった」との通知が送付された（Notification No. 2010-181[65]）。COP10 を目前に

---

[64] 本会合の報告書は、*Report of the Meeting of the Interregional Negotiating Group (Advance unedited)*, UNEP/CBD/WG-ABS/9/ING/1 （September 21, 2010）（http://www.cbd.int/doc/meetings/abs/abswg-ing-01/official/abswg-ing-01-report-en.doc）(last visited November 18, 2010)．

[65] Notification (September 27, 2010)（http://www.cbd.int/doc/notifications/2010/ntf-2010-181-abs-en.pdf）(last visited November 24, 2010)．

控えた最後の交渉である ING 再開会合がトップダウンで決められたのであった。かくて、同時開催中のカルタヘナ議定書 COP-MOP5 と重複しない時間帯をぬって ABS 議定書案の交渉が続けられた。交渉は予定を一日延長して 10 月 16 日の午前中まで続けられたが、主要な条項についての合意を進捗させることは出来なかった。この会合は ABS 議定書交渉の実質的な進捗よりも、COP10 での決着に向けた主要加盟国の閣僚レベルの政治的意思の表明が真の狙いであったのかも知れない。

■第 9 回 ABS-WG 再々開会合（ABS-WG9 second resumed）（2010 年 10 月 16 日、名古屋（日本））[66]

10 月 16 日の午後、ABS-WG9 の再々開会合が開催された。ING による作業結果の最終報告に基づき、COP 10 に過去 2 年間の結果を報告することが確認され会合は簡潔に終了した。7 年間にわたる ABS-WG での国際レジーム交渉は最終的には合意に至らなかったが、この会合をもって ABS-WG は「COP10 前までに国際レジームの交渉作業を完了する」というマンデートに基づく任務を完了したのである。

■CBD 第 10 回締約国会議（COP10）（2010 年 10 月 18～29 日、名古屋（日本））

COP10 全体会合の開会後、他の部会から独立した ABS 非公式協議グループ（Informal Consultative Group：ICG）の設置が決定され、旧 ABS-WG 共同議長が ICG 共同議長に指名された。ICG の任務は ABS 議定書の採択を目指した交渉を行うことであった。

ICG 会合は 10 月 18 日から開始され週末と昼夜を問わず毎日、続行された。論点ごとの小人数グループを設置し、相互理解を深めながら合意を目指す協議が並行して続けられた。主要論点である「利用国における遵守措置（草案第 13 条）」、「遺伝資源の利用と派生物（草案第 2 条及びテキスト全体）」、「伝統的知識」、「病原体による緊急事態（草案第 6 条）」については、COP10 最終日の前日であ

---

[66] 本会合の報告書は、*Report of the Third Part of the Ninth Meeting of the Ad Hoc Open Ended Working Group on Access and Benefit-Sharing*, UNEP/CBD/COP/10/5/Add.5 (17 October 2010)

（http://www.cbd.int/doc/meetings/cop/cop-10/official/cop-10-05-add5-en.doc）(last visited November 21, 2010)

第 2 章　CBD におけるアクセス及び利益配分

る 10 月 28 日午後に至っても合意に達しなかった。28 日夕刻に開かれた全体会合において、COP10 議長は「ICG に対して 28 日 24 時までに合意した議定書案の提出を要請する。もし 24 時までに合意に達しない場合は、COP10 議長がクリーンな議定書案（議長テキスト）を作成し、29 日朝に各地域グループとの非公式協議に入る」と伝えた。ICG は残された時間ぎりぎりまで交渉を続けたが合意に達せず、共同議長は 24 時に会合の終了を宣言し、結果を COP10 議長に報告した。宿舎への帰途につく ICG の交渉者達の口から、「COP10 で ABS 議定書が採択されないことがこれで確定的になった」とのつぶやきが聞かれた。

　他方、議長国日本と条約事務局の少数の関係者は、このあと 29 日の未明までオフリミットの室の中で作業し、議長の指示通り、クリーンな議定書案（議長テキスト）を作成したのであった。

　29 日朝の出来事について述べる前に、少し時間を巻き戻して、閣僚級会合（Ministerial Segment：MS）の経過を説明する。10 月 27 日から MS が始まり、122 名の閣僚と 4 名の国家元首が参加した。MS の開会式において、国連本部代表や各国の閣僚は ABS 議定書、ポスト 2010 戦略目標等の採択への強い期待感を述べるとともに、もし採択に失敗すれば CBD のみならず国連の環境に関する多国間メカニズムの信頼性が重大な危機にさらされるとの懸念をにじませた。菅首相は本分野における開発途上国の発展の援助のために、日本は 3 年間で 20 億 US ドルを支出することを発表した。28 日に閣僚級による非公式協議が行われた。29 日朝に COP 10 議長は各地域グループにクリーンな ABS 議定書案（議長テキスト）を非公式に手渡した。各地域代表はそれを持ち帰って検討した後、議長に対し非公式に合意の意向を伝えた。これを踏まえて、ABS 議定書採択に向けての非公式な調整が全体会合の直前まで続けられた。

◆議定書の採択　COP10 最後の全体会合が 29 日午後 11 時過ぎから始まった。ABS 議定書案の審議に入ったが、数か国（キューバ、ボリビア、ベネズエラ、ナミビア、中東欧グループ代表）が議長テキストの内容に不満が残るとして議事録に記録することを要請した。ただし、議定書の採択を妨害する意思はないことを表明した。欧州連合は「ABS 議定書、ポスト 2010 年戦略目標、及び資金動員戦略」の三点をワンセットとして採決に付すべきと主張した。一件ごとの採決を主張する国との意見を調整するため、議長は「一件ごとに賛成を"確認"した後、三点セットとして一件ずつ採決に付す」という手順を提案し混乱を収

4 最終局面の交渉と名古屋議定書の採択

表5：名古屋議定書の構成

条項	表題
前文	
第1条	目的
第2条	用語
第3条	適用範囲
第4条	国際協定及び国際文書との関係
第5条	公正かつ衡平な利益配分
第6条	遺伝資源へのアクセス
第7条	遺伝資源に関連する伝統的知識へのアクセス
第8条	特別な考慮
第9条	保全及び持続可能な利用への貢献
第10条	地球規模の多国間利益配分の仕組み
第11条	国境を越えた協力
第12条	遺伝資源に関連する伝統的知識
第13条	各国の政府窓口及び権限ある国内当局
第14条	アクセスと利益配分クリアリング・ハウス及び情報の共有
第15条	アクセスと利益配分に関する国内の法律又は規制要件の遵守
第16条	遺伝資源に関連する伝統的知識へのアクセスと利益配分に関する国内の法律又は規制要件の遵守
第17条	遺伝資源の利用のモニタリング
第18条	相互に合意する条件の遵守
第19条	モデル契約条項
第20条	行動規範、ガイドライン及び優良事例及び／又は基準
第21条	意識啓発
第22条	能力
第23条	技術移転、協働及び協力
第24条	非締約国
第25条～第36条	議定書実施の資金、制度、手続など
附属書	金銭的及び非金銭的利益

めた。緊迫する中でABS議定書の採決に入った。息詰まる瞬間の後、「異議なしとして採択する」と議長が発声し、満場の会議室に木槌の音が響いた。各国代表は一斉に起立し、名古屋議定書（正式名称は「生物の多様性に関する条約の遺伝資源へのアクセスとその利用から生じる利益の公正かつ衡平な配分に関する名古屋議定書[67]」）の採択[68]を拍手で祝福した。時計は10月30日午前1時30分を指

---

[67] 英語名は、"Nagoya Protocol on Access to Genetic Recourses and the Fair and Equitable Sharing of Benefits Arising from their Utilization to the Convention on Biological Diversity"

第2章　CBD におけるアクセス及び利益配分

表6：ABS に関する名古屋議定書の要点

条項	要点
目的（第1条）	・遺伝資源(GR)の利用から生じる利益の配分により CBD の三つの目的に貢献
用語（第2条）	・「GR の利用」とは、条約第2条で定義されたバイオテクノロジーの応用によることを含め、GR の遺伝的及び／又は生化学的な組成に関する研究及び開発を行うこと
範囲（第3条、第4条）	・CBD 第15条の範囲内の GR、及び CBD の範囲内の GR に関連した伝統的知識(ATK)の利用から生じる利益 ・他の国際協定等との相互支持関係を確認
アクセス（第6条、第7条、第8条）	・GR と ATK へのアクセスのための法的確実性、明確性、透明性のための措置 ・非商業目的の研究、病原体による緊急事態、食料・農業への特別の考慮
利益配分（第5条）	・GR 及び ATK の利用等から生じる利益を、相互に合意した条件で公正・衡平に配分する ・その実施のために、各国は適宜、措置をとる ・利益配分の例示的リスト（附属書）あり
遵守　法令遵守（第15条、第16条）契約遵守（第18条）GR 利用のモニタリング（第17条）	・GR 及び ATK に関し、提供国の国内法に従った PIC 取得と MAT 設定を、利用国内においてチェックするための釣合いのとれた措置 ・MAT に紛争解決条項を含めることを奨励 ・裁判所へのアクセス、外国裁判所の判決と仲裁判断の相互承認と執行に関する仕組みの利用のための措置 ・GR 利用のモニタリング等のため、利用国内に一か所以上のチェックポイントを設置し、所定情報を収集・受け付ける ・国際遵守証明の認知要件と開示項目の特定
伝統的知識（第12条）	・国内法に従い、先住民社会と地域社会の慣習法等を考慮
能力構築（第22条、第23条）	・開発途上国の自己評価による能力構築ニーズと優先順位の特定 ・技術移転と技術協力
多国間利益配分の仕組み（第10条）	・GR と ATK が国境を越えて存在する場合等の利益配分の仕組みを今後検討

していた。

---

(68) "Access to genetic resources and the fair and equitable sharing of benefits arising from their utilization, Decision as adopted (Advance unedited version) (2 November 2010)" (http://www.cbd.int/cop/cop-10/doc/advance-final-unedited-texts/advance-unedited-version-ABS-Protocol-footnote-en.doc) (last visited November 18, 2010)

4 最終局面の交渉と名古屋議定書の採択

◆**議定書の要点**　議定書の構成を表5に示し、その要点を表6にまとめた[69]。「国際アクセス基準」という文言がカリ会合で消えて以来、「アクセス」条項と「遵守」条項のリンケージは明示的でなくなったが、議定書第15条の「釣合いのとれた（proportionate）措置」という表現の中にそのコンセプトの原点が生かされている。つまり、提供国のアクセス措置（第6条）と釣合いをとる形で、利用国による遵守措置（第15条、第17条）が実施されるのである。遵守のチェックポイントの設置を義務化するが具体的機関を例示しないことで決着した。用語（第2条）として「遺伝資源の利用」が定義され、この定義に基づき、相互に合意する条件の下に利益配分を決めることが明示された（第5条）。アフリカ・グループが主張した多国間による利益配分の仕組み（第10条）が今後の検討課題として挿入された。国際的に認知された遵守証明（国際認証）については、当局がPIC取得とMAT設定について証明した許可書を発行しCBD事務局のABSクリアリング・ハウスに登録すれば認知されることとなり、現実的な手続きとして決着した（名古屋議定書の詳細については、第6章を参照）。

◆**おわりに**　名古屋議定書の採択は、これまでのCBD-COPでは通常、見られない手法を用いて劇的に達成された。通常の手法とは、加盟国政府代表としての行政官が交渉を行い、ボトムアップによるコンセンサスの形成を目指す方式である。しかし、今回は、通常の手法と閣僚級非公式協議という政治家の影響力を行使したトップダウンの手法とを併用した方式が使われた。この方式が考案され、かつ、現実に機能した大きな理由として、「もしCOP10が失敗すれば国連の環境に関する多国間メカニズム自体の信頼性が地に落ちる」という強

---

[69]　名古屋議定書は、採択後に条文番号等の修正が行われた。表5及び表6に示しているのは、修正後の条文番号である。修正前のテキストについては前掲注(68)参照。
　　名古屋議定書の正文は、以下で閲覧可能である。Nagoya Protocol on Access to Genetic Resources and the Fair and Equitable Sharing of Benefits Arising from their Utilization to the Convention on Biological Diversity (October 29, 2010) (http://treaties.un.org/doc/Treaties/2010/11/20101127%2002-08%20PM/Ch-XXVII-8-b.pdf) (last visited January 7, 2011)
　　名古屋議定書については、(財)バイオインダストリー協会（JBA）が仮訳を作成しており、併せて参照されたい。(財)バイオインダストリー協会「名古屋議定書（JBA仮訳）」(2011年)(http://www.mabs.jp/archives/nagoya/index.html)（最終訪問日：2011年1月7日）

第 2 章　CBD におけるアクセス及び利益配分

い危機感を各国環境省の閣僚レベルが共有していたことが挙げられよう。

　国際レジーム交渉の草創期に開催された第 2 回 ABS-WG（2003 年 12 月）において、LMMC 代表のメキシコは国際レジームの要件として 8 項目を挙げた（本章 3 の表 2 を参照）。この原点に立ち帰って眺めると、名古屋議定書は LMMC の宿願を反映していると解釈することが可能である。他方、名古屋議定書とボン・ガイドラインを比較すると、法的拘束性を除けば両者はよく似た内容であり、先進国側にとっても議定書の国内実施時に可能な裁量の幅を考慮すれば、受け入れ可能な範囲内に達していたと解釈できる。各国共にそれぞれの不満はあるにせよ、議定書の内容が各国政府で合意に踏み切れるものであったといえよう。

　議長国日本は COP10 の成功に向けて、国内においても、また他の締約国との協力においても、それぞれの立場の者がそれぞれ全力を尽くしたことは議論の余地がない。

　これらすべての要因が相乗的にプラスの方向へ働いた結果、幸運の女神が COP10 に対しほほ笑んだのであろう。

　今後の予定として、名古屋議定書は、2011 年 2 月 2 日〜2012 年 2 月 1 日にニューヨークにある国際連合本部にて署名のために開放され、その後 50 か国が批准・受諾・承認・加入した日から 90 日目に発効することになる。また、名古屋議定書に関する政府間委員会（Intergovernmental Committee：IGC）が発足し、第 1 回 COP-MOP の開催に向けて準備作業を行うことになる。IGC の第 1 回会合は 2011 年 6 月 6 〜10 日、第 2 回会合は 2012 年 4 月 23〜27 日にそれぞれ開催される。さらに、COP11 は 2012 年 10 月 8 〜19 日にインドで開催されることになった。

【もっと知りたい人のために】
① （財）バイオインダストリー協会・経済産業省「遺伝資源へのアクセス手引」（JBA、2005 年）
② （財）バイオインダストリー協会「遺伝資源アクセスに関するガイドブック」（JBA、1999 年）
③ 渡辺幹彦・二村聡編『生物資源アクセス　バイオインダストリーとアジア』（東洋経済新報社、2002 年）

第3章

◆ 生物遺伝資源の利用 ◆

1 医薬品産業における生物遺伝資源の利用——天然物創薬と生物遺伝資源

(1) 創薬の起源

　野生のゴリラやチンパンジーは病気になったら自分で治すという話がよく知られているように[1]、医薬品の起源をたどると、おそらくヒトが類人猿だった時代の経験にまで遡るであろう。そしてその多くが植物を始めとする天然物資源由来であったようだ。ギリシャ時代の医学の祖、ヒポクラテス（紀元前460〜370）はヤナギの葉や樹皮に鎮痛作用があることを知っており、エキスを治療に使っていた。興味深いことにこの知識は中世のヨーロッパでは忘れさられたが、化学・数学の先進国ペルシャに引き継がれ、近世になってからヨーロッパに逆輸入し、1820年代にはヤナギの葉のエキスからサリシンが初めて抽出（単離精製）され、1853年にはアセチル・サリチル酸の合成法が確立した。そして1897年にバイエル社で作用と剤型が検討され、1900年にアスピリンとして販売された。これが世界初の錠剤の医薬品である。アスピリンは現在でも鎮痛剤として現役であり、最近では脳梗塞や虚血性心疾患予防のための抗血小板剤としても用いられている。

　このように植物など天然物エキスの医薬品としての利用、エキスに含まれる効能のある化合物の精製・同定、その物質の有機合成という筋道が19世紀から20世紀の薬学の歴史でもある。ジギタリスから得た心不全の特効薬ジギタリス、ケシのアヘン精製物の麻酔薬モルヒネ、キナ属の樹皮から得られる抗マラリア薬のもとキニーネ、麻黄から得られた喘息治療薬エフェドリン、ウシの副

---

(1) シンディ・エンジェル（羽田節子訳）『動物たちの自然健康法——野生の知恵に学ぶ』（紀伊國屋書店、2003年）366頁。

腎皮質から単離したホルモンで気管支拡張薬アドレナリン、ヘビ毒に端を発した降圧剤カプトプリル、セイヨウイチイの樹皮から抽出された抗がん剤タキソールなどいずれも同様である。このうち、エフェドリンとアドレナリンは日本人科学者の功績である。すなわちエフェドリンは漢方として用いられてきた麻黄から長井長義が1885年に単離した[2]。アドレナリンはヒトの副腎皮質ホルモンでもあり、高峰譲吉と上中啓三が1900年に世界に先駆けて発見した[3]。それは20世紀の夢の新薬であり、最近までエピネフリンとも呼ばれていたが、高峰らの功績が確認されオリジナルの名称であるアドレナリンに戻った。なおインフルエンザの特効薬タミフルの原料として、八角に含まれるシキミ酸が用いられることから、キニーネやタキソールと同様のコメントがなされることが多いが、八角やキシミ酸にはそのような薬効はなく、薬のヒントになっているわけではない。

（2） 抗生物質時代

微生物が創薬の世界で脚光を浴びるのはペニシリンGの発見からである。1929年イギリスの細菌学者フレミングは、実験中に空中から迷い込んだアオカビ、ペニシリウム・クリソゲナムが黄色ブドウ球菌を溶かして殺しているのを発見した。これは先の薬用植物が樹皮や葉の中で薬理作用のある化合物を作っているように、カビがペニシリンという化合物（代謝産物）を作り、その化合物が、黄色ブドウ球菌を培養している寒天培地にしみ出してブドウ球菌を殺したのである。その後1940年に純度の高いペニシリンが、アオカビを用いて工業的に発酵生産できるようになり、第二次大戦中の傷病兵の治療薬として絶大な効力を発揮した[4]。我が国では、ドイツからもたらされた情報に基づき、産官学軍の共同で碧素委員会が作られ、わずか9か月で技術が確立されたという[5]。戦後の抗生物質研究はカビ（菌類）から放線菌という細菌の仲間へと移った。

---

(2) の原博武『この人　長井長義（Creative Book 首都圏人）』（ブッキング、2009年）208頁。

(3) 飯沼和正・菅野富夫『高峰譲吉の生涯――アドレナリン発見の真実（朝日選書）』（朝日新聞社、2000年）347頁。

(4) RW Herion Jr., "History of penicillin: a cooperative research and development effort," *SIM News*, Vol. 50 (2000), pp. 231-239.

(5) 角田房子『碧素――日本ペニシリン物語』（新潮社、1978年）237頁。

放線菌は細菌（バクテリア）の仲間であるが、カビのように菌糸で成長する高度に分化した土壌微生物である。先に登場した高峰譲吉が設立したクリフトン（米国・ニュージャージー州）のタカミネ・ラボラトリーで抗菌剤の研究をしていたセルマン・ワクスマンは、1943年にアンデスの土壌から分離した放線菌の一種、ストレプトミセス・グリセウスから結核の特効薬ストレプトマイシンを発見した。抗生物質（Antibiotics）という言葉もワクスマンの造語である。彼は1952年にノーベル生理学賞を授与された。その後次々と放線菌から抗生物質が発見され実用化されたが、我が国では、微生物化学研究所の梅沢浜夫や北里研究所の大村智もこの分野で大きな貢献をしている。これらの放線菌はそのほとんどが土壌から分離されるため、研究者は旅行に行くときにスプーンと袋をもって出かけたものである。

抗生物質の歴史は、新規物質の発見・開発と耐性菌の出現、副作用とのいたちごっこであり、これは現在まで続いている。戦時中の夢の治療薬ペニシリンGと結核の特効薬ストレプトマイシンは、現在ではもはや臨床では使われていない。ペニシリンG．やその後地中海の下水から分離された同じくカビ、アクレモニウム・クリソゲナム（当初はセファロスポリウムという学名だった）から発見されたセファロスポリンCは、基本骨格がβ-ラクタムと呼ばれる化学構造をしている。現在ではこの骨格の物質を、ペニシリウム属菌株を用いて発酵生産し、これを出発物質として、より薬効の高い新しいペニシリンやセファロスポリンが合成法によって工業生産されている。

一方でβ-ラクタム抗生物質耐性菌にも効く新しい物質を、微生物に求める試みもなされた。これらの耐性菌は、自身が産生する酵素でβ-ラクタム抗生物質を分解してしまうことがわかったため、この分解酵素を阻害する物質（酵素阻害剤）を探索した。その結果、発見されたのが、南米の土壌から分離したストレプトミセス・クラブリゲラスの作るクラブラン酸[6]、アメリカ・ニュージャージーの土壌由来のストレプトミセス・カトレヤから得られたチエナマイシン[7]、さらにニュージャージー、コネチカットなどの土壌、沼の水、植物の根、コンポストから分離された単細胞の細菌（バクテリア）、クロモバクテリウム・ヴィオラセウムが生産する単環β-ラクタム抗生物質モノバクタム[8]など

---

[6] TT. Howarth et al., "Antibiotics," US Patent 4,525,352 dated June 25, 1985.

[7] R. Datta & G. T. Wildman, "Process for isolating thienamycin," US Patent 4,168,268 dated September 18, 1979.

である。これら抗生物質のほとんどがそのままでは抗菌作用は弱く医薬品にはならないため、化学修飾するか、他の物質との合剤で医薬品として開発されている。

　このように抗生物質時代には、その生産菌は放線菌が主流で、表1に示したとおり、少なくとも海外の研究者が発見した抗生物質生産菌は、多くが南米、東南アジアなど開発途上国から採集された分離源由来であることに気づく。これはメディシン・クエスト[9]であたかも冒険物語のように書かれていることと呼応する。これが生物多様性条約（CBD）における現在の資源提供国の主張の根拠であると推察されるが、この点については後に議論する。

（3）　ポスト抗生物質時代

　1970年代以降は、抗生物質以外の、つまり細菌感染症以外の病気に効く医薬品の微生物探索も行われるようになった。先のβ-ラクタム抗生物質耐性を克服するための酵素阻害剤の探索もその一つであるが、この時代に生化学、分子生物学が大いに発達し、多くの生命現象が解明され疾病の原因が分子レベルで突き止められるようになったという背景がある。

　医薬品を新たに発見・開発することを創薬と呼ぶ。そして創薬のために、多くの試料（例えば植物エキス、微生物培養物、合成化合物）をテストして候補を探し取捨選択する過程のことをスクリーニングと呼ぶ。

　第一三共（株）が開発した高脂血症薬プラバスタチン（商品名メバロチン）は大成功を収めた酵素阻害剤の例である。動脈硬化の原因の一つは、血中のコレステロール濃度が高くなる高脂血症である。そこで血中のコレステロールを下げるには、体内でコレステロールができにくくすればよいのではないかと考えるわけである。コレステロールは酢酸から多くの中間体を経て体内で生合成される。その段階の一つに関わる重要な酵素が3-ヒドロキシ-3-メチルグルタリル-CoA（HMG-CoA）還元酵素であり、これを阻害すればメバロン酸が合成されず、結果としてコレステロールが作られないだろうと予測して、その阻害剤を探索した。こうして発見されたのが、京都の米から分離されたペニシリ

---

[8]　JS. Wells *et al.*, "SQ 26,180, a novel monobactam. I. Taxonomy, fermentation and biological properties," *Journal of Antibiotics*, Vol. 35 (1982), pp. 184-188.

[9]　マーク・プロトキン（屋代通子訳）『メディシン・クエスト——新薬発見のあくなき探求』（菊池書館、2002年）287頁。

表1：抗生物質発見史

年	抗生物質	効能	主な発見者	生産菌の由来	生産菌
1929	ペニシリンG	細菌感染症	フレミング	実験室の空中	ペニシリウム・クリソゲナム（アオカビ）
1943	ストレプトマイシン	結核	ワクスマン	アンデスの土壌	ストレプトミセス・グリセウス（放線菌）
1948	セファロスポリン	細菌感染症	ブロツ	地中海の下水	アクレモニウム・クリソゲナム（カビ）
1948	クロラムフェニコール	細菌、リケッチア	バルツ	ベネズエラ、カラカスの土壌	ストレプトミセス・ベネズエラエ
1948	テトラサイクリン	細菌・ツツガムシ病、マラリア	ダガン	アメリカ、ミズーリ州の野原の土壌	ストレプトミセス・オーレオファシエンス
1949	ネオマイシン	細菌感染症	ワクスマン	アメリカ、ニュージャージーの土壌	ストレプトミセス・フラジェー
1952	エリスロマイシン	ペニシリンなどの耐性菌感染症	マクガイヤー	フィリピンの土壌	サッカロポリスポラ・エリスレア（放線菌）
1955	アンフォテリシンB	カビやカンジダの感染症	ゴールド	ベネズエラ、オリノコ川の土壌	ストレプトミセス・ノドーザス
1955	バンコマイシン	多剤耐性のMRSA感染症	マコーミック	ボルネオのジャングルの土壌	アミコラトプシス・オリエンタリス（放線菌）
1956	マイトマイシンC	癌、白血病	秦　藤樹	東京都渋谷上智町（あげちまち、現在の広尾）の土壌	ストレプトミセス・アルダス
1957	カナマイシン	結核など	梅沢浜夫	長野県の土壌	ストレプトミセス・カナミセティカス
1963	ゲンタミシン	緑膿菌など	ワインシュタイン	アメリカ、ニューヨーク・シラキュースのローム土壌	ミクロモノスポラ・プルプレア（放線菌）
1963	ダウノマイシン	癌	カシネリ	イタリア、アプリアのカステル・デル・モンテ城付近の土壌	ストレプトミセス・ポイセティウス

第3章　生物遺伝資源の利用

年	抗生物質	効能	主な発見者	生産菌の由来	生産菌
1965	ブレオマイシン	癌	梅沢浜夫	福岡県嘉穂郡（現在の飯塚市）筑豊炭坑の土壌	ストレプトミセス・ヴァーティシラス
1974	クラブラン酸	β-ラクタマーゼ阻害剤（合剤として利用）	ヒギンズ	南米の土壌	ストレプトミセス・クラブリゲラス
1976	チエナマイシン	β-ラクタマーゼ阻害剤	カハン	アメリカ、ニュージャージーの土壌	ストレプトミセス・カトレヤ
1982	モノバクタム（単環系β-ラクタム）	β-ラクタマーゼ阻害剤（母格として利用）	サイクス	アメリカ、ニュージャージー、コネチカットなどの土壌、沼の水、植物の根、コンポスト	クロモバクテリウム・ヴィオラセウム（細菌）

ウム・シトリナムの生産するML-236B（＝コンパクチン）だった[10]。コンパクチンは、イギリスの製薬企業から抗カビ抗生物質として、別のペニシリウム属菌から既に報告された物質であったが[11]、HMG-CoA還元酵素阻害活性は新発見だった。残念ながらこの物質はそのままでは医薬品にならなかった。

しかしML-236Bを投与したイヌの尿中から発見された物質、プラバスタチンが医薬品として十分な活性を示した。これはML-236Bが、イヌの体内の酵素により化学変換された物質だった。しかもこの変換は合成化学ではなしえない反応だった。そこでこの変換を行う微生物を探したところ、オーストラリアの砂漠の土壌から見つけた放線菌、ストレプトミセス・カーボフィラスが工業生産に見合う能力をもっていた。現在ではプラバスタチンの生産はペニシリウム・シトリナムとストレプトミセス・カーボフィラスの二種類の微生物を用いた二段発酵によって行われている。すなわちペニシリウム・シトリナムを用いてML-236Bを生産し、ストレプトミセス・カーボフィラスを用いてそれをプラバスタチンに微生物変換するのである[12]。

---

[10] A. Endo et al., "ML-236A, ML-236B, and ML-236C, new inhibitors of cholesterogenesis produced by Penicillium citrinum," Journal of Antibiotics, Vol. 29 (1976), pp. 1346-1348.

[11] A. G. Brown et al., "Crystal and molecular structure of compactin, a new antifungal metabolite from Penicillium brevicompactum," Journal of Chemical Society Perkin Transactions, Vol. 1 (1976), pp. 1165-1170.

1 医薬品産業における生物遺伝資源の利用

　同様の探索は世界中で行われた。例えば米国のメルク社はコウジカビの一種、アスペルギルス・テレウスの生産するプラバスタチン類似物質のロバスタチンを発見した[13]。その後ペニシリン同様に、数多くの HMG-CoA 還元酵素阻害剤が開発された。これらを総称してスタチンと呼ぶが、全世界で約3,000万人の高脂血症患者に毎日投与され、年間2兆8千億円の売り上げを記録し、メタボリック・シンドロームや動脈硬化の改善に大いに貢献している[14]。

　免疫とは一度病原菌に感染するとその病気に対する抵抗力ができて二度目はかかりにくくなることを言う。また自分自身（自己）を認識し、自分でないもの（非自己、外から侵入し自己を脅かす細菌やウィルス）を排除する機構を言う。それゆえ臓器移植を行うと非自己と認識されて拒絶反応が起きてしまう。これを解決するために免疫抑制剤が開発された。最初の例は、もともと抗カビ抗生物質として発見されていたサイクロスポリンで、ノルウェーの土壌から分離されたトリポクラディウム・インフラータムというカビの生産物である[15]。我が国で開発された免疫抑制剤には、八丈島の土壌から分離されたユウペニシリウム・ブレフェルディアナムのブレディニン[16]、つくば市の土壌由来の放線菌、ストレプトミセス・ツクバエンシスが作るタクロリムス（FK506）[17]、台湾のクサゼミに寄生した冬虫夏草、イザリア・シンクライリアイの生産するミリオシンをヒントとし、合成により最適化し全く構造の異なる物質になったFTY720[18]がある（表2）。FTY720については、開発の過程で単剤低用量で多発性硬化症に対し、優れた効果があることが判明し、最近領域の方向転換が図

---

[12] M. Arai et al., "Application of actinomycetes in the production of pravastatin, a novel cholesterol-lowering agent," *Actinomycetologica*, Vol. 4 (1990), pp. 90-102.

[13] T. Y. Lam, "Hypocholesterolemic fermentation products," US Patent 4,376,863 dated March 15, 1983.

[14] 遠藤章・代田浩之「動脈硬化のペニシリン『スタチン』の発見と開発」心臓　Vol. 37（2005年）681-698頁.

[15] M. Dreyfuss et al., "Cyclosporin A and C," *European Journal of Applied Microbiology*, Vol. 3 (1976), pp. 125-133.

[16] K. Mizuno et al., "Studies on bredinin I Isolation, characterization and biological properties," *Journal of Antibiotics*, Vol. 27 (1974), pp. 775-782.

[17] T. Kino et al., "FK-506, a novel immunosuppressant isolated from a streptomyces," *Journal of Antibiotics*, Vol. 40 (1987), pp. 1249-1255.

[18] T. Fujita et al., "Fungal metabolites Part 11 a potent immunosuppressive activity found in *Isaria sinclairii* metabolite," *Journal of Antibiotics*, Vol. 47 (1994), pp. 208-215.

第3章　生物遺伝資源の利用

表2：ポスト抗生物質

年	名称	最初の活性	実際の用途	生産菌の由来	生産菌
1974	ブレディニン	（抗カビ）	免疫抑制	八丈島の土壌	ユウペニシリウム・ブレフェルディアナム
1975	ラパマイシン	抗カビ	免疫抑制	イースター島の土壌	ストレプトミセス・ハイグロスコピカス
1976	サイクロスポリンA	抗カビ	免疫抑制	ノルウェーの土壌	トリポクラディウム・インフラータム
1976	ML-236B	抗カビ	高脂血症	京都の米	ペニシリウム・シトリナム
	プラバスタチン		ML-236の微生物変換	オーストラリアの砂漠の土壌	ストレプトミセス・カーボフィラス
1979	ロバスタチン		高脂血症		アスペルギルス・テレウス
1987	タクロリムス（FK506）		免疫抑制	つくば市の土壌	ストレプトミセス・ツクバエンシス
1992	ニューモカンジン	抗カビ	抗カビ	スペイン、ロゾヤ川の水	グラレア・ロゾイェンシス
1994	FR901379（WF11899A）	βグルカン合成阻害	抗カビ	福島県いわき市などの土壌、落葉ほか	コレオフォーマ・エンペトリ（カビ）
1994	ミリオシン	抗カビ	免疫抑制	台湾のクサゼミの幼虫	イザリア・シンクライリアイ

ML-236Bは高脂血症薬プラバスタチン（メバロチン）の出発物質で、次の行にあるとおりストレプトミセス・カーボフィラスを用い微生物変換する、FR901379は抗カビ抗生物質ミカファンギンの出発物質、ミリオシンは合成免疫抑制剤FTY720のヒントを与えた天然化合物。

られた[19]。

　こうして1980年代以降、抗細菌抗生物質以外の生理活性物質や抗がん剤、抗カビ抗生物質が天然物から相次いで開発された。この時代は世界の医薬品大企業が大規模スクリーニングを始めた時代でもあり、より多様なスクリーニング源、より多くのアッセイ系でテストして、より早く開発候補品を発見するために、ロボットとコンピュータを用いたハイ・スループット・スクリーニング（HTS）が始まった頃と一致する。

---

[19] P. Landers, "MS drug's epic journey from folklore to lab, drawing on ancient Chinese medicine, research on fungus and insects yields potential relief for multiple sclerosis," in Health & Wellness, *The Wall Street Journal*, Tuesday, June 22 D2 (2010).

図１：創薬のプロセス

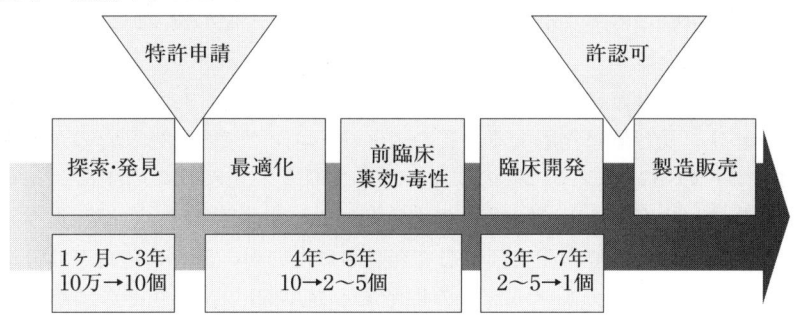

探索・発見	最適化	前臨床薬効・毒性	臨床開発	製造販売
1ヶ月～3年 10万→10個	4年～5年 10→2～5個		3年～7年 2～5→1個	

特許申請（探索・発見〜最適化の間）
許認可（臨床開発〜製造販売の間）

（4） 医薬品の探索と開発

　創薬は、探索と発見、医薬候補化合物の最適化、動物実験による薬効・薬理評価、毒性試験、臨床開発、認可、製造販売という、大きく分けて五段階の過程を経て行われる（図１）。

　探索の段階では、どういう医薬品を開発するのか（動脈硬化薬なのか降圧剤なのか、抗ウィルス剤なのか）を決定し、そのための標的分子を定める。例えば、新しい抗カビ抗生物質を探そうとする。かつて黄色ブドウ球菌を殺すペニシリンを発見したごとく、カビや酵母を単純に殺す物質を探すのではなく、カビや酵母に存在してヒトには存在しない標的分子を定めれば選択性の高い医薬品が開発できると考える。そこでカビや酵母の細胞壁を構成する多糖類の合成を阻害する物質、グルカンやキチンの合成酵素の阻害剤を探索する。グルカンやキチンはヒトの細胞には存在しないからである。あるいは糖尿病治療に使われるインシュリンのような活性を示す物質を探して新薬にしようと考える、そういう活性物質は、細胞表面のインシュリン受容体に働き、インシュリンと同じように受容体を通じてチロシン・キナーゼを活性化し、グリコーゲン合成の促進やグルコース新生を阻害して血中の糖濃度を下げるだろうと考える。あるいはＣ型肝炎ウィルス治療薬をめざし、ウィルスの複製に関与するスフィンゴ脂質合成に関わるセリン・パルミトイル転位酵素を阻害する物質を探そうとする。このように疾病に関与する受容体の拮抗薬（アンタゴニスト）や作動薬（アゴニスト）を探したり、選択的な酵素の阻害剤を探したりするのが現代の探索の一般的な例である。そこで拮抗薬や阻害剤を発見するための実験系を考える。もちろん最初から動物実験はできないので、試薬や酵素を用いた試験管内（イン・

第3章　生物遺伝資源の利用

ビトロ）の反応を用いる試験を考案する。この試験系のことをアッセイという。初期探索では、このアッセイ系が最も重要である。上記の例では、福島県の土壌から分離したコレオフォーマ・エンペトリの生産するグルカン合成酵素阻害剤 FR901379 をもとに開発したのが抗カビ抗生物質ミカファンギンであり[20]、インシュリン受容体に作用する物質のスクリーニングで発見されたのがコンゴ（アフリカ）のキンサシャ付近のジャングルで採集した植物の内生菌シュードマッサリアの生産する L-783,281 である[21]。また3番目の例、C型肝炎ウィルスの複製に関与する酵素阻害剤として発見されたのが、鎌倉の落葉から分離したフザリウム・インカルナータムの生産する NA255 で、現在その誘導体が臨床開発中である[22][23]。

　アッセイ系が確立したら、次に植物エキス、微生物培養液、天然化合物、合成化合物を、このアッセイ系で試験して、これらのサンプルの中にグルカン合成酵素阻害活性を示すものはないか、インシュリン受容体作動効果を示すものはないかを調べる。このようなスクリーニングでは、通常は数万から時には100万サンプルから選抜するために、アッセイ系はミニチュア化し、ロボットを用いコンピュータによるデータ管理に基づくハイ・スループット・スクリーニングを行う。ここではスクリーニングに供試するサンプルの質と量、合格・不合格の判定基準、その後の評価試験も重要となる。

　植物エキスや微生物培養物の場合は、初期スクリーニングで合格しても、どういう物質が効果を示しているかはまだわからない。そこでエキスや培養物から活性物質（化合物）を抽出、精製、構造決定しなければならない。こうして初めてその活性物質が既知の物質なのか、あるいは新規物質なのかがわかる。また単一物質になって初めてその後の最適化や動物実験が可能となる。一般的には、この探索段階で10個くらいの化合物に絞り、新規化合物や新規活性ならば特許申請を行い、開発候補品とする。ここまでに1か月から3年かかる。1個

---

[20] T. Iwamoto et al., "WF11899A, B and C, novel antifungal lipopeptides. I. Taxonomy, fermentation, isolation and physico-chemical properties," *Journal of Antibiotics*, Vol. 47 (1994), pp. 1084-1091.

[21] B. Zhang et al., "Discovery of a small molecule insulin mimic with antidiabetic activity in mice," *Science*, Vol. 284 (1999), pp. 974-977.

[22] H. Sakamoto et al., "Host sphnglipid biosynthesis as a target for hepatitis C virus therapy," *Nature Chemical Biology*, Vol. 1 (2005), pp. 333-337.

[23] 青木雅弘ほか「抗HCV作用を有する化合物の製造方法」特願 2005-188765（2005年）

の医薬品はもとをたどると10万サンプルからの探索に発し、研究開発に7年から15年かかり、その間の研究開発費は200億円から750億円、最近では1,000億円から1,200億円かかると言われる。ただし、10万サンプルから出発すれば医薬品が1個開発できるという意味ではない。実際の確立は100万分の1以下とも言われる[24][25]。一方、「製薬業界の技術革新力が特に優れているわけではない」とか「薬の開発に多額の資金が必要だというのは嘘で、ほとんどはマーケティングにかかる費用である」と主張するものもいる[26]。しかし製薬企業の研究開発費が高騰しているのは事実で、1990年から2000年、さらに2008年の間に、EUでは2.2倍から3.5倍に、米国では3.1倍から5.6倍に、我が国では1.4倍から2.4倍(我が国のみ2007年まで)と増加して、全世界では年間6兆円が費やされているという[27]。

(5) 医薬品業界と天然物創薬

植物エキスや微生物代謝産物の研究は有機化学や応用微生物学の中心で、それをもとにした天然物創薬はかつて花形であった。しかし1990年代以降、研究開発費の高騰、ゲノム科学、抗体医薬、RNAiなど新しい創薬の潮流、さらに生物多様性条約など、天然物創薬にとってネガティブなインパクトの影響で、欧米では、一旦は資源国あるいは技術的に有利な場所に集中移管するか、専門集団をスピンオフするなどして、この分野から撤退する大企業が続出した(表3)。現在、欧米大手製薬企業で、自社で天然物創薬を大々的に遂行しているところは皆無と言って良い。したがって欧米ではスピンオフした企業(例えばマーライオン製薬やインターメド・ディスカヴァリーなど)、研究所閉鎖の結果レイオフされた研究者が起業したバイオテク企業、大学あるいは大学発ベンチャーなどが引き続き天然物創薬のための探索を行っている。我が国では完全に撤退したところは少なく、どちらかというと縮小して継続しているところが多い。

1981年から2006年までアメリカの食品医薬品局(FDA)で毎年認可された

---

[24] メリル・グーズナー(東京薬科大学医薬情報研究会訳)『医薬品ひとつに1000億円!?——アメリカ医薬品研究開発の裏側(朝日選書)』(朝日新聞社、2009年)408頁。
[25] (財)バイオインダストリー協会情報。
[26] マーシャ・エンジェル(栗原千絵子・斉尾武郎訳)『ビッグ・ファーマ——製薬会社の真実』(篠原出版新社、2005年)335頁。
[27] 前掲注(25)。

第3章　生物遺伝資源の利用

表3：天然物創薬の拠点と動向

企業	1980年代	1990年代	2000年代
ファイザー（米）	名古屋	閉鎖	ワイスを吸収合併
サノフィ・アヴェンティス（仏・独）	ムンバイ（インド）	閉鎖	
グラクソ・スミスクライン（英）	英国＋スペイン	シンガポール	マーライオン製薬としてスピンオフ
メルク（米）	米国＋スペイン	マドリード（スペイン）	閉鎖
J&J（米）	なし	なし	アウトソーシング？
ノヴァルティス（スイス）	バーゼル（スイス）	バーゼル	タイと共同研究
アストラ・ゼネカ（英）		グリフィス大学（豪）と共同研究	
ロシュ（スイス）	鎌倉	閉鎖、バーゼルへ移管	バジレア製薬として天然物創薬をスピンオフ
ブリストル-マイヤーズ・スクイブ（米）	東京	閉鎖、コネチカットへ移管	閉鎖
ワイス（米）	米国	アメリカン・シアナミド買収	ファイザーに吸収
イーライ・リリー（米）	スフィンクス買収	AMRIとしてスピンオフ	
アボット（米）	米国	農業部門をスピンオフ	
アムジェン（米）	なし	なし	なし
バイエル（独）	ヴッパータール（独）		インターメド・ディスカヴァリーをスピンオフ
シェーリング・プラウ（米）	米国		閉鎖

サノフィ・アヴェンティスはヘキストとローヌ・プーランとサノフィ・サンテラボが合併した企業、グラクソ・スミスクラインはグラクソ、スミスクライン、ビーチャムが合併、SKBと略称される、ノヴァルティスはチバガイギーとサンドが合併した企業、ブリストル-マイヤーズ・スクイブはブリストル-マイヤーズとスクイブが合併した企業。このように1980年代後半から大手製薬企業の吸収合併（M&A）が相次いだ。このあたりがエンジェルの批判の的かもしれない。

新薬1,184個を分類すると、28％が低分子天然化合物由来で、天然化合物を何らかヒントにした医薬品も含めると、合計52％が天然物由来である[28]。ただし「天然化合物を何らかヒントにした医薬品」（図2のS/NM、S*、S*/NM）も天然物

1 医薬品産業における生物遺伝資源の利用

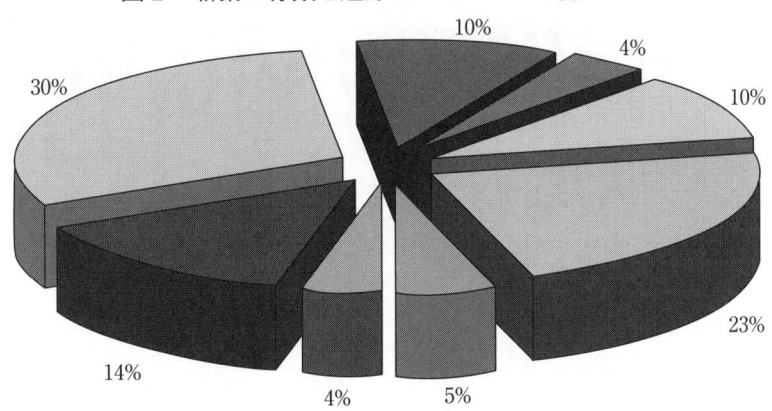

図2：新薬の分類と起源 （Newman & Cragg, 2007[28]）

V：ワクチン、B：生物医薬（インターフェロンなどタンパク医薬、抗体医薬）、VとBは天然高分子医薬品とも呼ばれる、S：完全な合成化合物、S/NM：合成化合物だが、天然化合物のミミック（構造をヒントに別の物質を合成）、S*：合成化合物だがファーマコフォアが天然物（天然化合物が作用する部位に当てはまる異なった構造の物質を合成）、S*/NM：合成化合物だがファーマコフォアが天然物のミミック、ND：天然化合物を化学修飾、N：純粋な天然化合物

由来に含めるのは天然物の過大評価であるという声もある。初期の抗生物質には、ペニシリンやストレプトマイシンのように微生物の生産する物質がそのまま医薬品として利用された例もあるが、純粋に天然化合物そのままで医薬品となったものは5％にすぎない。つまり、天然物創薬と言っても、医薬企業の研究開発陣が最適化の過程で、その技術力と経験をもとに付加価値をつけているのである[29]。我が国の例で言えば、先のプラバスタチン、ミカファンギン、FTY720がこれに相当する。

天然物創薬は撤退の方向にあると述べたが、1981年から2006年まで経時的に傾向を見ると（図3）、この25年間の推移はそれに反する。すなわち純粋な天然化合物（N）や、天然化合物の誘導体（ND）、何らか天然物をヒントにした

---

[28] D. J. Newman & G. M. Cragg 2007. "Natural products as sources of new drugs over the last 25 years," *Journal of Natural Products*, Vol. 70 (2007), pp. 461-477.
[29] 前掲注(25)。

123

第3章　生物遺伝資源の利用

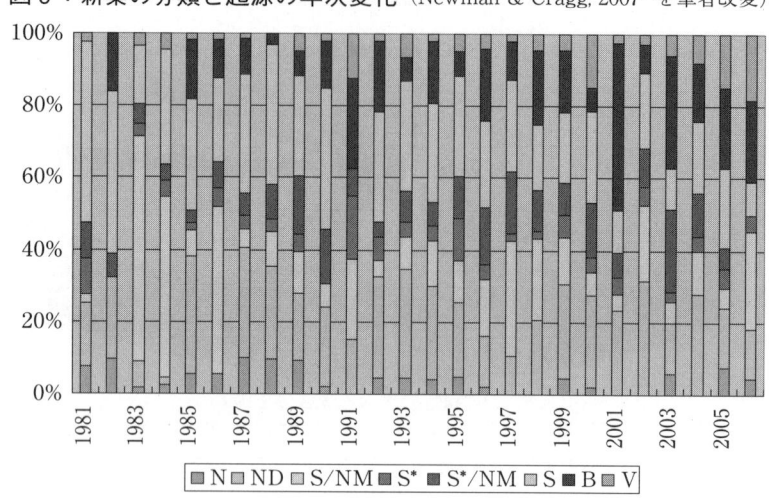

図3：新薬の分類と起源の年次変化（Newman & Cragg, 2007[30]を筆者改変）

N　ND　S/NM　S*　S*/NM　S　B　V

　医薬品の合計は、わずかに右肩下がりだがこの25年間で50〜60％前後で推移している。しかし図4に示したとおり合成医薬品（S）は明らかに減少し、その反対に生物医薬（インターフェロンなどタンパク医薬や抗体医薬、B）とワクチン（V）を合わせた天然高分子医薬品は増加している。後者は近年の医薬企業の研究開発戦略に合致している。
　長谷川は、2025年までに抗体医薬、RNAiを中心とした核酸医薬、再生医療、ワクチンが増加し、合計32〜47％を占めると予測し、我が国の医薬企業も、低分子化合物に偏重した創薬研究から脱却した専門性の高いバイオテク企業と戦略的提携の必要性を説いた。以上のことは天然物創薬の凋落と新技術の台頭を意味する。しかし長谷川の予測に従ったとしても、2025年の段階で低分子化合物は売り上げの60％を占め、しかも低分子化合物の医薬品のヒントを天然化合物に求める必要性は変わらない。既に述べたとおり、現在では天然物創薬の担い手は規模の小さいバイオテク企業や大学である。また、これまでの経緯を見れば天然化合物がそのまま医薬品になることは、もはやないと予想される。し

---

(30)　Newman & Cragg, *supra* note 28.
(31)　長谷川閑史「バイオベンチャーへの期待」第7回ライフサイエンス・サミット要旨集（ライフサイエンス・サミット実行委員会、2007年）83頁。

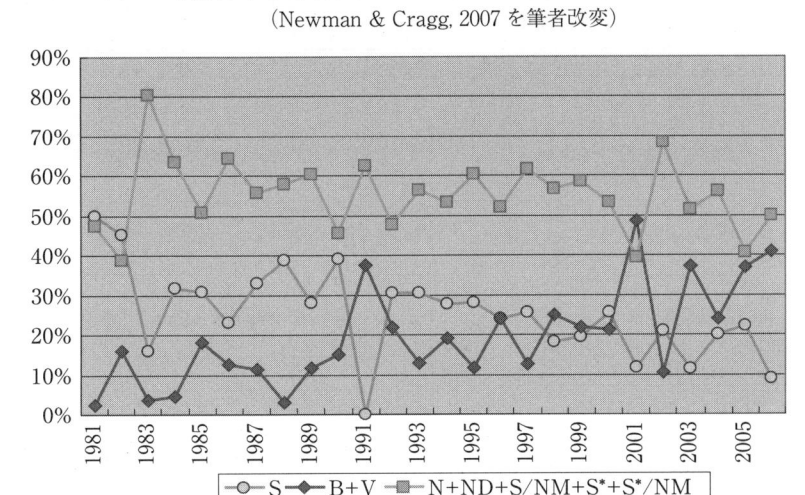

1　医薬品産業における生物遺伝資源の利用

図4：合成、天然高分子、天然由来医薬品の割合の推移
(Newman & Cragg, 2007を筆者改変)

たがって、資源提供国が主張するような過大なマイルストーンやロイヤリティは天然物創薬を阻害こそすれ、資源提供国にとっても利益にならない。

かつて欧米の研究者が熱帯ジャングルの分離源から有用な生産菌を発見した例を述べた。このことからか、遺伝資源はそのまま医薬品になるとしばしば誤解されるが、そのような例は、生薬や漢方の世界ではあり得るが西洋の近代的医薬品ではほとんどあり得ない。それは近代的医薬品は通常一つもしくは少数の、薬効のある化合物を含むからであり、その化合物を発見して医薬品に仕立て上げるのが製薬企業の研究開発なのである。したがって伝統的知識があっても、そのまま薬になることはない。他の産業に比べると、長く、複雑でリスキーな過程を経て始めて創薬が可能で、結果として医薬品は極めて付加価値の高い商品だからである。2007年の段階で研究開発費の総売上に対する割合は、産業界平均で3.4％で、石油業界0.3％、化学品2.8％、エレクトロニクス4.1％、自動車4.2％、コンピュータとソフトウェア9.7％であるが、製薬企業では16.1％にも達する[32]。

また前述の熱帯ジャングルのサンプルから発見された有用物質の例でも、そ

───────────────
[32]　前掲注(25)。

125

第3章　生物遺伝資源の利用

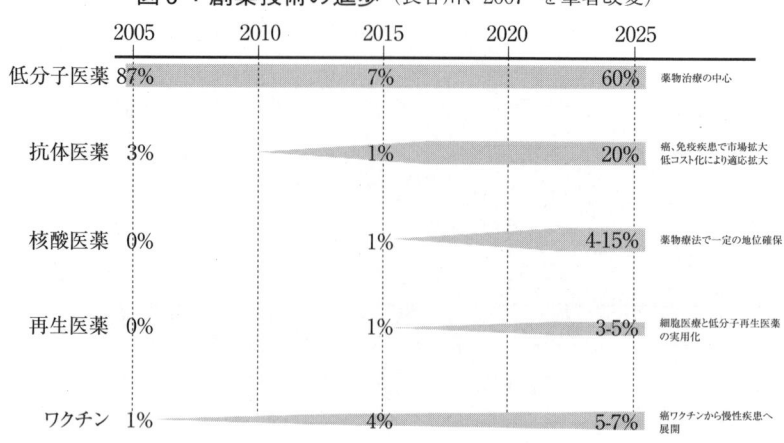

図5：創薬技術の進歩（長谷川、2007[31]を筆者改変）

	2005	2010	2015	2020	2025	
低分子医薬	87%		7%		60%	薬物治療の中心
抗体医薬	3%		1%		20%	癌、免疫疾患で市場拡大 低コスト化により適応拡大
核酸医薬	0%		1%		4-15%	薬物療法で一定の地位確保
再生医薬	0%		1%		3-5%	細胞医療と低分子再生医薬の実用化
ワクチン	1%		4%		5-7%	癌ワクチンから慢性疾患へ展開

数字は、当該年度の医薬品売上高に対する各カテゴリーの売上高の割合

　の生産菌がその地域に特異的かどうかは証明されていない。私見だが、放線菌と菌類（カビ）の差もあるように思える。放線菌では、たとえば、タクロリムスの生産菌、ストレプトミセス・ツクバエンシスは筑波周辺と九州の一部に限られるという。ところがペニシリウム・シトリナムやアスペルギルス・テレウスはいわば汎世界種で、どこでも生息し、どの分離株も量差こそあれ、ML-236Bあるいはロバスタチン生産能力を有する。菌類の場合は、代謝産物の生産性は種のみならず属を超えて分布することもあるので、一概にある国の固有種が極めて価値が高くなるとは限らない。あくまで可能性の問題だけである。この分野は未知の部分が多く、筆者にとっても大変興味のあるところであり、これら新しい分類学と生態学、そして代謝産物の生合成の分野の進歩が望まれる。
　天然物創薬の初期段階を担うバイオテク企業や大学は、CBD、とくに事前の情報に基づく同意（PIC）とアクセス及び利益配分（ABS）については熟知し、従う必要がある。一方、資源提供国には、以上のことを理解した上で技術導入を行い、天然物創薬を担う機関との協力関係の形成を期待したい。

【もっと知りたい人のために】
①渡邊信ほか編『微生物の事典』（朝倉書店、2008年）
②国立科学博物館編『菌類のふしぎ　形とはたらきの驚異の多様性』（東海大学出版会、2008年）
③ロバート・L．シュック（小林力訳）『新薬誕生　100万分の一に挑む科学者たち』（ダイヤモンド社、2008年）

2　機能性食品・健康食品素材としての生物遺伝資源の利用

　近年、ライフスタイルの多様化と本格的な少子高齢化社会を迎える中、メタボリックシンドロームに代表される生活習慣病が増加している。その結果、健康に対する社会の関心が高まり、食を通じた疾病の予防・改善効果や美容・アンチエイジング効果への期待から、食品分野に対する大きな期待が寄せられている。

　このような背景の下、分析・分離・精製等の技術の発展に伴い、成分研究が進展し、食品のもつ様々な機能が解明されつつある。さらに、食品成分の効能を遺伝子発現解析から解明するニュートリゲノミックス解析が始まっている。

　2001年に厚生労働省の保健機能食品制度が施行され、特定保健用食品（トクホ[1]）の法的要件に適合した、すなわち、健康の維持増進に役立つことが科学的に証明され、その健康の目的が期待できることの表示許可を受けた機能性食品が新しく開発され市場に登場した。そして、2007年度のトクホ市場の規模は6,798億円となり、2010年5月31日現在トクホ表示許可数は941品目となった[2]。中でも抗疲労（ストレス対応・リラックス訴求）、肥満やメタボリックシンドローム対応、美容、アンチエイジングは、開発が熱心に進められている分野である[3]。

　一方、栄養機能食品は厚生労働省が定めた基準を満たしていれば、事前の許

---

(1)　2009年9月1日、トクホの管轄が厚労省から消費者庁に移管され、トクホ審査は消費者庁と消費者委員会が担うことになった。
(2)　(財)日本健康・栄養食品協会発表（http://www.jhnfa.org/）（最終訪問日：2010年8月21日）
(3)　「保健機能食品（特定保健用食品、栄養機能食品）」日経BP社日経バイオテク編集部編『日経バイオ年鑑2009』（日経BP社、2008年）584-600頁。

第３章　生物遺伝資源の利用

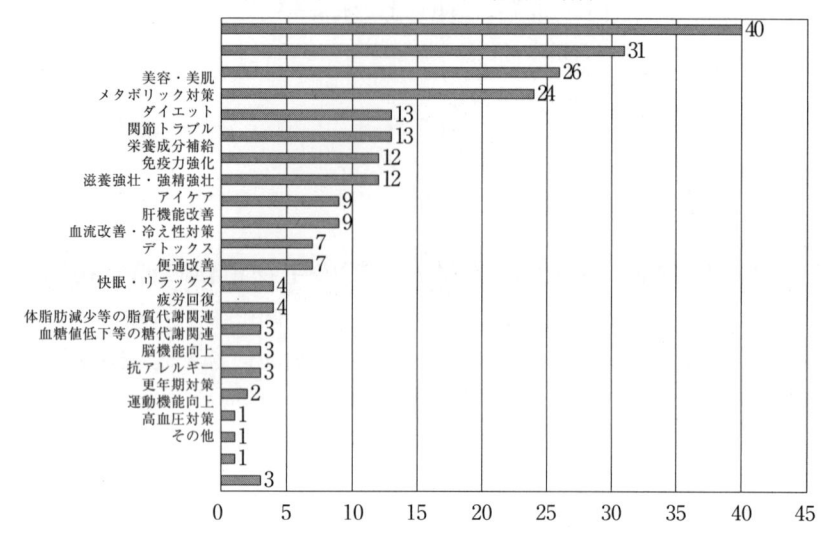

図１：加工・製造などの受注件数が伸びている商品カテゴリー
（受託企業アンケートより（複数回答））

カテゴリー	件数
（最上位）	40
	31
美容・美肌	26
メタボリック対策	24
ダイエット	13
関節トラブル	13
栄養成分補給	12
免疫力強化	12
滋養強壮・強精強壮	12
アイケア	9
肝機能改善	9
血流改善・冷え性対策	7
デトックス	7
便通改善	7
快眠・リラックス	4
疲労回復	4
体脂肪減少等の脂質代謝関連	3
血糖値低下等の糖代謝関連	3
脳機能向上	3
抗アレルギー	3
更年期対策	2
運動機能向上	1
高血圧対策	1
その他	3

（出典）「健康食品の市場動向と素材・技術研究」食品と開発　Vol. 44, No. 3（2009年）19-59頁

可申請をすることなく商品に栄養機能を表示でき、市場推定は困難だが拡大しているとみられる。健康食品市場の2008年売り上げは、推定1兆1350億円で、その規模は大衆薬やトクホを上回っている。特に、美容関連食品や、メタボ対応食品、関節対応食品、眼の疾病予防食品などは着実に市場を伸ばしている領域でもある[4]（図1）。

（１）　機能性食品、健康食品とは

「機能性食品」（physiologically functional food）という言葉は1984年に日本で誕生したものであり、現在はファンクショナル・フード（functional food）の名で世界中に広まっている。生理学的に機能する食品を意味するこの英語の直訳は、食品の「生理機能」という言葉を生むことにもなり、現代科学に裏付けら

---

[4] 「健康食品の市場動向と素材・技術研究」食品と開発 Vol. 44, No. 3（2009年）19-59頁。

2 機能性食品・健康食品素材としての生物遺伝資源の利用

〈コラム〉
■ 保健機能食品制度
　健康食品と呼ばれるものについては、法律上の定義はなく、広く健康の保持増進に資する食品として販売・利用されるもの全般を指し、そのうち、国の制度としては、国が定めた安全性や有効性に関する基準等を満たした「保健機能食品制度」がある。保健機能食品は、いわゆる健康食品のうち、一定の条件を満たした食品を称する。国の許可等の有無や食品の目的、機能等の違いによって、「特定保健用食品」と「栄養機能食品」の二つのカテゴリーに分類される。

（出典）亀和田光男編『機能性食品の開発』（シーエムシー出版、2001年）

■「健康食品」に関する制度

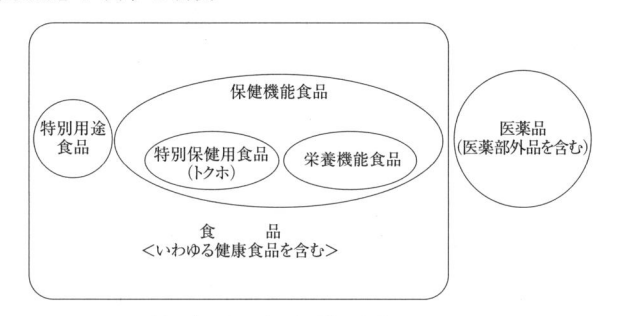

（図：食品〈いわゆる健康食品を含む〉の中に、特別用途食品、保健機能食品〔特定保健用食品（トクホ）、栄養機能食品〕があり、その外に医薬品（医薬部外品を含む）がある）

（出典）厚生労働省「『健康食品』のホームページ」から筆者作成

れた「医食同源」の誕生となった[5]。

　機能性食品の法的定義は存在しないが、一般的に次のような意味で使われている。食品には、①一次機能として「栄養機能」（栄養素としての働き）、②二次機能として「感覚機能」（食感や味覚、香りなど人間の五感に訴える働き）、③三次機能として「生体調節機能」（生体防御、体調リズムの調節、老化抑制、疾患の防止、疾病からの回復など生体活動を調節する働き）、があることが明らかにされている。機能性食品とは一般にこの第三次機能が科学的に明らかにされ、食品のもつ機能性成分を活用してその効果が充分に発現されるように加工された日常的に摂

---
(5) 荒井綜一「機能性食品——その科学と実践の国際的広がりをみる」ニューフード・クリエーション技術研究組合編『食品素材の機能性創造・制御技術——新しい食品素材へのアプローチ』（恒星社厚生閣、1999年）3-21頁。

第3章　生物遺伝資源の利用

取する食品とされている[6]。

　「健康食品」についても法律上明確な定義は存在せず、それは栄養成分を補給又は特別な保健の目的に適するものとして販売される食品で、通常の食品に用いられている素材から作られているが、通常の形態及び方法で摂取されるものを除くものとされている（コラム参照）。

　メーカーは錠剤やカプセル、粉末などの形で健康機能を訴求する食品に対しては、健康補助食品、栄養補助食品、サプリメント（米国の「ダイエタリー・サプリメント」の略として我が国での呼称）などの名称を用いている。また、食品の形態をし、健康機能を訴求する食品に対しては、栄養強化食品、栄養調整食品、栄養バランス食品、健康機能食品、ニュートラシューティカルズなど、様々な名称を用いている[7]。

（2）　機能性食品・健康食品に素材として使用される生物遺伝資源

　機能性食品・健康食品に使用される素材を分類的に示すと次のようになる[8]。特定の食品を加工して製品化したもの、食品中の特定成分を抽出して製品化したもの、ハーブに分類されている各植物を製品化したもの、植物成分を抽出して製品化したもの、等々。このように、様々な原料・素材を用いたものが健康食品として市販されている。

　機能性食品の素材研究には、伝統的な知識を糸口として行われるものがある。多くの場合、昔からその土地の人々が何らかの有効な生理的・薬理的作用効果を認め、あるいはその可能性があると信じてきたものなど、伝統的に用いられてきた食用、薬用素材が多い。歴史的に長く利用されてきたことから、安全性と効能が確実であるということを約束・証明されたものとして、製品開発に利用されるのである。

　素材の中でもその用途で長い歴史を有する薬草エキス（漢方などで用いられて

---

(6)　亀和田光男編『機能性食品の開発』（シーエムシー出版、2001年）309頁。
(7)　シード・プランニング「2004年版特定保健用食品栄養機能食品サプリメント市場総合分析調査」(2004年) 298頁。
(8)　「機能性食品ビジネス――生物多様性条約の側面からの考察」(財)バイオインダストリー協会「平成16年度環境対応技術開発等（生物多様性条約に基づく遺伝資源へのアクセス促進事業）委託事業報告書」(2005年) 437-446頁。(http://www.mabs.jp/archives/reports/index_h16.html)（最終訪問日：2010年8月21日）

130

いる生薬や西洋ハーブ等）などが健康食品、サプリメント用の原料として現在取引されている。薬草は、先史時代から現在に至るまで伝統的に利用され、人間の保健医療にとって重要な資源であった[9]。薬草の利用はギリシャ、インド、アラビア、中国のような体系化された医学（伝統医学[10]）を持っている文化圏以外の地にも、様々な環境の下で生活している諸民族の伝承（伝承医学[11]）として残されている。このような埋もれた薬草知識の発掘は、17世紀から18世紀にかけて非常な勢いで行われるようになった。それは、ヨーロッパ人の大航海時代の産物であった[12]。18世紀末から19世紀の初めにかけて、食料・香料になる植物、薬用植物、珍しい形や美しい色を備えた未知の植物を求め、プラント・ハンターによる効率の良い植物採集が本格的に始まった。プラント・ハンターは植民地を結ぶ海路網に乗って世界各地を探索し、植物そのものとそれに関する情報を集めたのである[13]。

　現在、植物学的に存在の知られている高等植物（維管束植物：シダと種子植物）は全世界で約30万種とされる[14]。世界保健機関（WHO）によれば、開発途上国を中心に世界人口の大半が薬草を基にした民族薬物[15]に依存しているとされ、

---

(9)　ノーマン・テイラー（難波恒雄・難波洋子訳注）『世界を変えた薬用植物』（創元社、1972年）470頁。訳者で薬学者の難波恒雄博士は、その"訳者の序"で薬草の探求は「歴史上記録として残っているのは、せいぜい紀元前1500年頃までに遡れるにすぎない」と述べている。

(10)　伝統医学（ギリシャ医学、アーユルベーダ、ユナニー医学、中国医学。これらを世界の四大伝統医学という）は、その医学独自の理論が確立されており、原典が明確であり、教育体制が整っており、専門の医師により治療が行われることが特徴として挙げられる。富山大学和漢医薬学総合研究所民族薬物研究センター「民族薬物資料館」（http://www.inm.u-toyama.ac.jp/mmmw/addition/page3.html）（最終訪問日：2010年8月21日）

(11)　伝統医学に対し、口頭で伝えられてきた医学を称する。伝承医学では、経験を基に治療が施される。また、患者が自ら薬を使用することもある（同上）。

(12)　難波恒雄・津田喜典編『生薬学概論　改定第3版増補』（南江堂、2003年）456頁。古代エジプトのエーベルス・パピルス（Ebers Papyrus、推定年代は紀元前1552年）には、今日でも使用されているような薬草類（アロエ、クミン実、ハッカ、ケイヒ、ウイキョウ、等々）を用いた製剤の処方が数多く記載されている。

(13)　白幡洋三郎『プラントハンター　ヨーロッパの植物熱と日本』（講談社、1994年）286頁。

(14)　小山鐵夫『資源植物学　研究方法への手引き』（講談社、1984年）198頁。

(15)　世界の諸民族が、自分たちの伝統医学又は伝承医学を基に使用している薬物を称する。薬物自体は生薬である。（民族薬物研究センター・前掲注(10)）

第3章　生物遺伝資源の利用

表1：ハーブサプリメントの国際市場（2005年）[18]

地域・国	市場（億ドル）
ヨーロッパ	71
アジア（日本を除く）	60
北米	44
日本	25
ラテンアメリカ	9
オーストラリア／ニュージーランド	4
他	5
合計	218

　全世界では、50,000〜70,000の植物種が伝統・伝承医薬や現代医薬の体系の中で用いられていることが知られている。そのうち約3,000種が国際的に取引されているが、地元、地域、国内で取引される植物種の数は、これをはるかに上回っている[16]。

　2005年の機能性食品としてのハーブサプリメントの国際市場は218億ドルで、そのうち日本市場は25億ドルであった（表1）。また、未加工品の植物原料の市場は30〜40億ドルで、植物エキスの市場は40〜50億ドルと推定されている[17]。

　食品・飲料会社は長い間、生物多様性の高い国々で機能性を有する成分を探し求めてきた。例えば、1960年代から、少量で砂糖の代用となる甘味を有する植物の科学的・商業的関心が、世界中の学術探索を促す結果となった[19]。

　甘味を有する植物には、活性物質として①甘味タンパク質[20]、②味覚修飾タ

---

[16]　Medicinal Plant Specialist Group, Species Survival Commission, *International Standard for Sustainable Wild Collection of Medicinal and Aromatic Plants (ISSC-MAP) ver. 1.0*（IUCN-The World Conservation Union, 2007), p.36（http://www.floraweb.de/mappro/Standard_Version1_0.pdf）(last visited August 21, 2010)

[17]　Sarah. Laird & Rachel Wynberg, *ACCESS AND BENEFIT-SHARING IN PRACTICE: Trends in Partnerships Across Sectors*, CBD Technical Series No. 38（UNEP, 2008), p. 140（http://www.cbd.int/doc/publications/cbd-ts-38-en.pdf）(last visited August 21, 2010)

[18]　*Id.*, p. 140.

[19]　Kerry ten Kate & Sarah Laired, *The commercial Use of Biodiversity: access to genetic resources and benefit-sharing*（Earthcan, 1999), p. 398.

[20]　そのものを食すると甘く感じられる。

2 機能性食品・健康食品素材としての生物遺伝資源の利用

ンパク質[21]を含有することが解明されている[22]。①を含有する植物として、*Dioscoreophyllum cumminsii*（活性物質はモネリン[23]。西アフリカ原産）、*Thaumatococcus daniellii*（同ソーマチン[24]。西アフリカ原産）、*Curculigo latifolia*（同ネオクリン。マレーシア原産）、*Capparis masaikai*（同マビンリン。中国雲南省南部原産）、*Pentadiplandra brazzeana*（同ブラゼイン、及びペンタジン[25]。中央アフリカ原産）が知られている。一方、②を含有する植物にはミラクルフルーツと呼ばれる *Richadella dulcifica*（活性物質はミラクリン。西アフリカ原産）がある。なお、ネオクリンはそれ自体が甘味を呈し、しかも酸性条件下ではその甘味が増強する点で、甘味タンパク質の特性とミラクリンの特性の両方を兼備する初めてのタンパク質である[26]。これらの種の多くは現地の人々が食物や飲料の甘味料として伝統的に使用してきたものである。

　食品分野では、新品種とその使用に関する伝統的知識の入手に対する期待は従来から大きいものであった。そして、それが機能性食品分野の継続的な成長を促してきたとする見方もある。表2には、日本市場で健康食品の原料・素材として用いられ、長年現地の人々によって利用されてきた海外原産の生物遺伝資源を例示した。これらは、通常取引されている農産物等の商品（コモディティー）として扱われているもので、その商取引は金銭的な決済で行われ、既に取引市場が形成されている。

---

[21] そのもの自体は甘くないが、それを食した後で酸味のあるものを食べると甘く感じられる。

[22] Tetsuya Masuda & Naofumi Kitabatake, "REVIEW Developments in Biotechnological Production of Sweet Proteins," *J. Bioscience and Bioengineering*, Vol. 102, No. 5 (2006), pp. 375-389.

[23] 完全に精製されたタンパク質は無味であると考えられていたが、そうでないことがわかったのは甘味タンパク質であるモネリンの発見によってであった。中島健一朗・阿部啓子「味覚修飾タンパク質ネオクリンの甘味タンパク質への変換」バイオサイエンスとインダストリー Vol. 66, No. 7（2008年）359-362頁。

[24] 既に食品添加物として使用されている。「FFI Reports」（http://www.saneigenffi.co.jp/sweet/img1/thauma1.pdf）（最終訪問日：2010年8月20日）

[25] ブラゼインの2量体。

[26] Yukako Shirasuka *et al.*, "Neoculin as a New Taste-modifying Protein Occurring in the Fruit of *Curculigo Latifolia*," *Biosci. Biotechnol. Biochem.*, Vol. 68, No. 6 (2004), pp. 1403-1407.

第3章　生物遺伝資源の利用

表2：健康食品の素材例

素材名	効能等
アシュワガンダ	ナス科の常緑樹。アーユルベーダにおいて不老長寿の薬として用いられてきた。
アムラ	インド原産のトウダイグサ科の木本植物でアーユルベーダの代表的な素材。健康維持や老化防止、疾病予防などの目的で古くから利用されてきた。
ウコン	インドなど熱帯アジア原産のショウガ科の多年草。根茎にクルクミンを含み、抗がん作用や肝臓病に有効であるとされる。インド料理において味付けスパイス「ターメリック」として有名である。インドでは数千年にわたり傷や発疹の治療薬として使われてきた。
エルカンプレ	アンデス高地（ボリビア、エクアドル、ペルー、アルゼンチン）原産、リンドウ科の植物。インカ時代より伝統的な薬草として消化器系の病を中心に様々な病気に用いられてきた。抗肥満、抗脂質異常症、抗糖尿病、血圧降下作用があるとされる。
カム・カム	ベネズエラ、ブラジル、コロンビア、ペルーに自生するフトモモ科の植物で先住民に古くから利用されてきた。ビタミンCを豊富に含む。
ギムネマ	インド、アフリカに自生するガガイモ科に属する植物。ギムネマ酸を有効成分とし、アーユルベーダに肥満と大食を伴う病気の治療薬として記載されているとの報告がある。薬理作用として、腸管での糖吸収抑制作用が知られている。
ギンネム	中南米が原産地だが、世界中に移植され熱帯、亜熱帯に繁茂しているマメ科植物。毒性アミノ酸であるミモシンを含有している。ミネラル、タンパク質、食物繊維が注目されている。
クラチャイダム	野生黒ショウガとか、黒ウコンと呼ばれるショウガ科の植物で、タイ・ラオスでは一般的なハーブ。長寿、精力増強、滋養強壮、血液循環を良くするなどの働きがあるとして民間伝承的に使われている。
コタラヒム	スリランカ原産。アーユルベーダで薬草として使用されてきた高木。そのエキスには血糖値を下げる効果があることが知られている。
ゴッコラ	インド・アーユルベーダで、皮膚や血管の代謝改善および活性化、脳機能の改善に有用とされている。
シッサス	ブドウ科の植物で、インド・アーユルベーダにおいて強壮や鎮痛、骨折の治療などに昔から利用されてきた。
ノコギリヤシ	北米南部に自生する低木のヤシの一種。先住民が古くからこの果実を利用してきた。前立腺肥大の改善に有効とされている。
パロアッスル	パラグアイに自生する天然ハーブ。現地では、腎臓病に対する伝承薬として飲用されている。血糖調節、抗糖尿、抗肥満作用があると言われている。

素材名	効能等
バナバ	フィリピン、インドネシア、タイ、インド等の熱帯、亜熱帯地方を原産とするサルスベリ属ミソハギ科の落葉高木。古くからその葉を煮出し、健康茶として飲まれてきた。糖尿病、肥満、利尿、痩身、解熱、潰瘍、便秘、等々に効く民間伝承薬として知られている。
ビルベリー	ツツジ科のブルーベリー類のうち、マウンテンベリーなどとも呼ばれる野生種。北欧やアジアの一部に分布する。他の品種に比べてアントシアニンを豊富に含む。眼の機能を高める働きのほか、抗酸化作用や、毛細血管を保護する作用が知られる。
マカ	ペルー原産で、ボリビア、ペルー、アルゼンチンで栽培されているアブラナ科の植物。古来インディオたちの高栄養食品、民間薬として利用されてきた。
マンゴージンジャー	インド原産のウコン属ショウガ科の植物。その根茎部分は生のマンゴーのような芳香とショウガの風味を持つ。体重、脂肪を減少させるとされる。
マンゴスチン	果皮は、タイでは古くから美容や健康に良いとされ、エキスを飲用したり、化粧品原料として美容液、石鹸、シャンプーに利用されている。

　植物以外の生物遺伝資源としては、日本では、比較的早くから研究が進められてきた乳酸菌がある。乳酸菌は整腸作用や便秘対策素材として認知されていたのだが、その機能研究の進展で免疫賦活や抗アレルギー、美肌作用など幅広い効果が確認されてきた。腸内環境の悪化が様々な疾患の要因とされ、乳酸菌は疾病予防商品の基本素材として利用され、美容やメタボリックシンドロームなどに対する新しい機能性食品の創製や健康産業に関わる新領域への応用が期待されている[27]。

　プロバイオティクス[28]素材である乳酸菌の代表的な食品はヨーグルトで、中央アジアから東ヨーロッパ、北アフリカの遊牧民たちに伝統的に食されてきた。乳酸菌はヨーグルトやチーズのみならず多くの発酵食品を作り出し、長い歴史

---

[27] 「プロバイオティクス・プレバイオティクス素材の動向——進むシンバイオティクスの提案」食品と開発 Vol. 44, No. 4（2009年）48-55頁。

[28] 1989年のFullerによる定義を、1998年 Guarner と Schaafsma が「適正な量を摂取したときに宿主に有用な作用を示す生菌体」と再定義。これを国際連合食糧農業機関（FAO）及びWHOのワーキンググループがプロバイオティクスの定義として採択し、今日ではこの定義が広く用いられるようになった。細野明義「乳酸菌の利用とプロバイオティクス」（http://www.nyusankin.or.jp/scientific/hosonno2_1.html）（最終訪問日：2010年8月21日）

の中で人類と共存してきた微生物である。日本でも漬物、味噌など様々な伝統食品の発酵菌として知られている。そこには、人が食して病状を呈することはなかったとする経験による安全性の証明が成り立っている。

　トクホ市場（2007年度）の用途別構成を見ると、乳酸菌は48％（3,249.3億円）と圧倒的な首位を占めている[29]。プロバイオティクスの今後の展望としては、より効果の高い菌株の探索が期待される。

（3）　産業の構造と商品開発

　植物などを利用した機能性食品・健康食品などの製品が市場に到達するまでには、原料の供給から複雑なサプライチェーンを経由し、そこには多くの企業が関わる。大別すると、①素材供給会社、②製造・販売会社、③小売、に分類される。さらに①には原料となる植物の栽培者や野生種採集者、植物の卸売業者（輸出業者、仲買人、代理店等）、バルク原料加工会社が、②には、高レベルの加工会社や最終製品の製造会社が、③には最終製品の販売者で、小売店（量販店、専門店）、通信販売者（近年ではインターネット販売が、カタログやテレビ、雑誌広告などの媒体による販売よりも際立つ）などが関わる。

　このように、アクセスから最終市場での販売までに行われる生物遺伝資源の中間的な売買の回数は、1から数十に及ぶ[30]と考えられる。市場の中心は食品メーカーであり、大手からベンチャーまで様々な規模の企業が事業を行っている。

　健康食品は医薬品のように厳しい科学的証明を必要としないため、医薬品より規制が小さく、伝統的知識そのものをヘルス・クレーム（健康強調表示）として訴求できる。また、この業界への参入コストは医薬品に比べれば低く、新製品の導入に必要な時間ははるかに小さいとされる[31]。

　2005年、（財）バイオインダストリー協会は、我が国バイオ関連企業（医薬・

---

[29] 「日本健康・栄養食品協会市場規模調査」（http://www.jhnfa.org/tokuho2007.pdf）（最終訪問日：2010年8月21日）

[30] *Access and Benefit Sharing: General Observations and Positions, Submitted for the 9th Conference of the Parties of the UN Convention on Biological Diversity*, International Chamber of Commerce（2008）(http://www.iccwbo.org/uploadedFiles/ICC/policy/intellectual_property/Statements/ABS%20submission%20COP-9%20final%2016-05-08.pdf) (last visited August 21, 2010)

ヘルスケア、化粧品・トイレタリー、食品・健康食品、園芸・花卉、等）に対して「海外遺伝資源の利用に関するアンケート調査」を実施し、215社より回答を得た[32]。

　食品・健康食品企業41社から寄せられた回答のうち、海外遺伝資源の利用経験のある企業（14社）の回答によれば、利用素材は、植物・植物派生素材が多く、次に微生物・微生物派生素材であった。その入手地域は、ヨーロッパ、北米、東アジア等であった。素材の入手方法は、企業自身が直接資源提供国にアクセスするというよりも、多くが仲介業者を介しての入手であった。

　薬草など植物を素材とする場合、原料の安定供給は企業にとって重要な問題である。野生植物種の収穫システムは、通常、生物活性のピーク時を利用するために時期を決めて収穫し、かつ種を維持できるレベルを考慮して需要に供給するというものである。しかし、気候の変動や、売れ筋となり消費者のブームによって製品への需要が増大することで無計画に採取・乱獲されたり、あるいは農地への転換など大規模開発による生息地の喪失などが、野生種の枯渇を招くことになる。世界の薬草のうち約15,000種（21%）が危機的な状況に置かれていると報告されている[33]。

　一方、栽培品種を供給原料として使うことは、企業にとって一定の品質と価格で入手できるという利点がある。また、遺伝的改良により、植物が元の生息地より移されると失ってしまう薬効成分に関する選抜育種が可能な場合もある。ところが、栽培されている植物種は少数で、取引される植物種のほとんどは、野生採取されたものであると報告されている。その理由は、①生育や繁殖の条件がほとんどわかっていない、②栽培や育種には多くの時間や費用がかかり、投資を裏付けるだけの大規模かつ確実な市場のある植物は比較的少なくリ

---

[31] （社）経済団体連合会「産業技術力強化のための実態調査」報告書エグゼクティブサマリー（1998年）（http://www.keidanren.or.jp/japanese/policy/pol201/summary.html）（最終訪問日：2010年8月21日）

　　この報告書によれば、開発リードタイムは医薬品で13.2年、食料品では1.7年とされている。

[32] 「産業界による海外遺伝資源の利用に関するアンケート調査結果」（財）バイオインダストリー協会「平成17年度環境対応技術開発等（生物多様性条約に基づく遺伝資源へのアクセス促進事業）委託事業報告書」（2006年）131-153頁（http://www.mabs.jp/archives/reports/index_h17.html）（最終訪問日：2010年8月21日）

[33] Medicinal Plant Specialist Group, *supra* note 16, p. 36.

第 3 章　生物遺伝資源の利用

スクを伴う、③野生採取が重要な収入源のひとつとなっている地域社会の多くでは、食用以外の作物の栽培に充てられる土地が限られている、などの多くの要因による[34]。

　機能性食品の開発においては、今後も国内外の生物遺伝資源で長年食経験のある素材（伝統的な民間薬や薬用植物、発酵食品、等々）の探索が重要である。国内を見ると、最近では、地域特産品などの食材文化を活かし、未利用素材の開発や機能性食品を目指した研究が日本各地で活発に行われている。

（4）　開発における CBD の課題

　世界各地に存在する伝統的な民間薬や薬用植物、発酵食品などから、新しいタイプの機能性食品創製のための素材を探索する場合、現在、その利用に関し生物多様性条約（CBD）第 8 条(j)（伝統的知識関連）をめぐるクレーム問題が発生している。

　CBD のアクセス及び利益配分（ABS）に関するオープンエンド特別作業部会第 4 回会合[35]のために提出された調査報告書[36]「ANALYSIS OF CLAIMS OF UNAUTHORISED ACCESS AND MISAPPROPRIATION[37] OF GENETIC RESOURCES AND ASSOCIATED TRADITIONAL KNOWLEDGE」によれば、クレームの大半は、遺伝資源に関連した伝統的知識の利用に関する特許や

---

[34]　*Id.*

[35]　2006 年 1 月 30 日～2 月 3 日、グラナダ・スペインにて開催。

[36]　*Analysis of Claims of Unauthorised Access and Misappropriation of Genetic Resources and Associated Traditional Knowledge*, UNEP/CBD/WG-ABS/4/INF/6 (December 22, 2005), p. 52 (http://www.cbd.int/doc/meetings/abs/abswg-04/information/abswg-04-inf-06-en.pdf) (last visited August 21, 2010)

　本報告書は、生物多様性条約第 7 回締約国会議の決議 19E・10 項(c)を受けた条約事務局が、国際自然保護連合（IUCN）カナダ事務所及び ABS プロジェクト（IUCN 環境法センターの一プロジェクト）と共同で作成したものである。本報告書の執筆責任者は Tomme Young 女史。

　（注）　生物多様性条約第 7 回締約国会議の決定 19E：遺伝資源を提供する締約国による事前の情報に基づく同意、及び締約国の管轄の下にある遺伝資源へのアクセスが利用者に認められた際の相互に合意する条件の遵守を支援するための措置（その実行性、現実性及び費用の検討を含む）。

　第 10 項(c)：事務局長に対し、各締約国、各国政府及び関係する国際機関の協力を得て、情報を収集し、また、「遺伝資源及び関連する伝統的知識に関する unauthorized access 及び misappropriation の範囲及び程度」に関してさらに内容の検討を行うよう要請する。

特許申請に対するものであり、ABSの遵守に対するものではなかった。そして、正式に裁判所に提起されたものはごくわずかで、大半がメディアへのキャンペーン（企業等に対する糾弾）、行政への異議申立て、利用者に対する直接的な要求などであった。

　ニュースやインターネット等のメディアを通じてのクレームは、利用者である企業や研究機関に対して極めて深刻な影響を及ぼすことになる。企業にとって問題なのは、クレームが最終的に根拠のないものであることが証明されるか否かではなく、クレームされたという事実そのものが、生物遺伝資源の取引や製品の販売に悪影響を及ぼすことである。すなわち、「企業イメージが損なわれる」という、重大な風評被害をこうむることになってしまうことである[38]。

　先に述べたように、生薬をはじめ農産物、工業原料としての植物原材料など国際商取引で扱われている商品は、これまで金銭で決済され利用されてきた。これら市場は実際に機能し、世界規模で日々、数百万の取引（販売や利用）が普通に行われているのである。したがって、資源利用国の利用者は、このような商取引で売買されている素材がCBDの対象となり、利益配分を求められるなどとはこれまで考えてこなかった。

　ところが、2005年、カム・カム（*Myrciaria dubia*）[39]のように、資源提供国政府は自国の輸出奨励品として扱っているものに対してさえもCBDで定められた主権的権利があるとし、企業等の利用者が特許出願することに対して異議を唱えたのである[40][41]。

　こうなると、利用者は、どの活動が通常の生物素材の商業利用で、どれが

---

[37] 最近の生物多様性条約の議論では、「バイオパイラシー」のような非難を表す言葉が「unauthorized access」、さらに、「misuse」「misappropriation」などの用語に置き換えられている。ただし、これらの用語も「バイオパイラシー」という用語と同様に、国際的に合意された定義は未だ存在しない（第4章1も参照）。

[38] 先の調査報告書（UNEP/CBD/WG-ABS/4/INF/6）では、「ABSの実践やこれに関するクレームは、往々にして、関係法や自主的な手続を遵守している企業に多く集中する傾向がある」とされ、「これらはしばしば『法令遵守者に対する懲罰』と言われてきた」と述べられている。

[39] 原産地は、ベネズエラ、ブラジル、コロンビア、及びペルーとされる（米国農務省農業研究部（USDA-ARS）のデータベースより。*Taxon: Myriciaria dubia (Kunth) McVaugh*（http://www.ars-grin.gov/cgi-bin/npgs/html/taxon.pl?401456）(last visited August 21, 2010)）

第3章　生物遺伝資源の利用

CBD でいうところの利益配分の対象となる「遺伝資源の利用」であるのか、判断することが非常に困難になってしまう。さらに、従来からある商習慣、現行の契約法や商法の体系によって適切に対応が図られている市場の混乱を招くという結果になりかねない。

このような状況は、CBD が発効されて以来、現在までに、ABS に関する法的に確実で客観的な基準や定義、手続等が明確になっていないことに起因する。

【もっと知りたい人のために】
① Kerry ten Kate & Sarah Laired, *The commercial Use of Biodiversity: access to genetic resources and benefit-sharing* (Earthcan, 1999)
② 森岡一『生物遺伝資源のゆくえ　知的財産制度からみた生物多様性条約』（三和書籍、2009 年）
③ ノーマン・テイラー（難波恒雄・難波洋子訳注）『世界を変えた薬用植物』（創元社、1972 年）

---

(40)　ARTICLE 27.3 (B), RELATIONSHIP BETWEEN THE TRIPS AGREEMENT AND THE CBD AND PROTECTION OF TRADITIONAL KNOWLEDFE AND FOLKLORE, Communication from Peru, IP/C/W/441/Rev.1 (May 19, 2005), p. 26 (http://docsonline.wto.org/DDFDocuments/t/IP/C/W441R1.doc) (last visited August 21, 2010)

2005 年、ペルー政府は WTO・TRIPS 理事会に対して、同国がペルー原産であると主張する六つの植物に関連する特許を「潜在的にバイオパイラシーの可能性がある特許出願」とし、調査文書を提出した。これは、発明の名称や要約等に当該植物の名称の記載があった（出願の中身は精査されてはいない）日米欧の特許庁への出願を検索し、それら出願を「潜在的にバイオパイラシーと見られる事例」として当該文書に掲載したものである。なお、ペルーでは再生可能な状態のカム・カムは 1999 年から輸出禁止品目とされ、輸出可能品は粉状・液状のもののみとなった。

(41)　ペルーからのカム・カム等植物資源由来の貿易品の取引実態調査については下記資料を参照されたい。
「植物資源貿易の実態調査──ペルー原産植物の国外移動に関する法的側面の分析を中心に」（財）バイオインダストリー協会『平成 18 年度環境対応技術開発等（生物多様性条約に基づく遺伝資源へのアクセス促進事業）委託事業報告書』（2007 年）422-495 頁（http://www.mabs.jp/archives/reports/index_h18.html）（最終訪問日：2010 年 8 月 21 日）

3 化粧品素材としての生物遺伝資源の利用

化粧品業界における研究や製品開発の対象素材としての生物遺伝資源は特に新しいものではないが[1]、「自然、天然、ナチュラル」ということに対する消費者の志向により、化粧品業界は製品開発のリード化合物[2]や原料を自然界に求め、生物遺伝資源を利用してきた。そして、安全性や環境保全の観点からも、石油化学系成分、人工防腐剤、界面活性剤その他の合成成分に替わりうる活性化合物が、植物や微生物などに由来する素材に求められている。

日本国内の化粧品市場は成熟し、経済産業省の発表によれば年間製造出荷金額は2005年よりほぼ横ばいで推移し、2008年では1兆5,071億円であった（表1）。その内、全体の約44％を占める洗顔、化粧水、乳液などのスキンケア化粧品は、2002年の5,883億円から2008年には6,623億円へと6年間で約12％の成長を見せている[3]。また、財務省の日本貿易統計によれば2008年の輸出額は1,109億円で、輸入額は1,716億円であった[4]。

表1：日本の化粧品・トイレタリー市場（2008年）[5]

市場	総売上に占める割合（％）	金額（単位100万円）
フレグランス	0.3	4,826
ヘアケア	27.5	414,614
スキンケア	43.9	662,338
メイクアップ	23.6	355,901
その他	4.6	69,426
合計		1兆5,071億円

---

(1) 古来より生物遺伝資源は化粧品素材として使われていた。古代エジプトやメソポタミアでは、沐浴後全身に香油や軟膏（オリーブ油やひまし油などの植物性油や牛、羊、ガチョウなどの動物性脂肪にバラや香草などの香りをつけたもの）を皮膚に塗布する習慣があった。日本農芸化学会編『ヒット化粧品 美を創る技術を解き明かす』（学会出版センター、1998年）304頁。
(2) ここでは、化粧品のための候補化合物として十分な活性や物性を有する化合物をいう。
(3) 経済産業省「生産動態統計」（年報平成20年）（2008年）（http://www.meti.go.jp/statistics/tyo/seidou/result/ichiran/resourceData/02_kagaku/nenpo/h2dbb2008k.xls）（最終訪問日：2010年8月21日）
(4) 「西日本化粧品工業会資料」（http://www.wj-cosme.jp/statistics/pdf/h20.pdf）（最終訪問日：2010年8月21日）

今後の国内市場は、少子高齢化の影響により減少傾向になるものと予想されるが、昨今の化粧品に求める消費者ニーズは、美白やアンチエイジングなどの高いスキンケア効果、より効果のあるメイクアップ機能等、高機能・高品質に対するもので、それらを訴求した商品[6]のための新素材の探索や研究・開発が積極的に行われている。

製品に天然の植物成分を添加していることがこの業界の"自然派"と標榜する特徴であるが、化粧品メーカーの方向性は、規模やアプローチの仕方で大きく異なる。その方向性としては、天然であることを最優先にして植物由来成分にこだわり製品開発に取り組む、企業方針に環境や社会への配慮を最優先に掲げる、天然であるというよりも効能・効果に主眼をおき、有効性の高い機能性化粧品を開発するための新規リード化合物を探索する中で、生物遺伝資源のスクリーニング[7]を行う、などが挙げられる。

2005年の植物性パーソナルケア・化粧品（スキンケア、口腔衛生、髭剃り製品、フレグランス、ヘアケア、化粧品、等）の世界市場は、およそ120億ドルであったと報告されている[8]。

（1） 化粧品に素材として使用される生物遺伝資源

化粧品は、水性原料（水、アルコール、保湿剤など）、油性原料（油、ロウなど）、界面活性剤、色材、粉体、高分子化合物、薬剤（皮膚賦活・美白・消炎・収斂・抗シワ剤など）、香料、安定化剤（酸化防止剤、防腐防黴剤など）、溶剤などから構成される[9]。これら構成原料として使用される植物エキス（図2参照）は、機能性

---

(5) 経済産業省・前掲注（3）より筆者作成。
(6) 化粧品は肌に直接塗布して使用するために安全性が重視され、そのうえで様々な効果を期待するものであるため、薬事法によって次のように明確に定義されている（薬事法第2条3項）。化粧品とは「人の身体を清潔にし、美化し、魅力を増し、容貌を変え、又は皮膚若しくは毛髪を健やかに保つために、身体に塗擦、散布その他これらに類似する方法で使用されることが目的とされている物で、人体に対する作用が緩和なものをいう」。しみ・そばかすを防ぐなどのいわゆる美白効果を謳う化粧品は、薬事法第2条2項の医薬部外品にあたる。
(7) 多くの物質の中から目的とする活性を持つものを探し取捨選択するプロセスをいう。
(8) Sarah. Laird & Rachel Wynberg, *ACCESS AND BENEFIT-SHARING IN PRACTICE: Trends in Partnerships Across Sectors*, CBD Technical Series No. 38 (UNEP, 2008) p. 140 (http://www.cbd.int/doc/publications/cbd-ts-38-en.pdf) (last visited August 21, 2010)

食品・健康食品素材と同様に、その多くが植物種の伝統的な利用（民族薬物[10]などに見られる、創傷の治癒、鎮痛、抗炎症、防腐効果等々）に源をたどることができる。広範囲に普及している伝統的利用のみならず、民族的、地理的に狭い範囲で使われていた知識（例えば、ポリネシアの先住民や南米インディオの利用法など）をヒントに商業的な利用法が考えられたりする。

例えば、熱帯アメリカ原産のベニノキ（*Bixa orellana*）の種子[11]から得られるアナトー（主成分はカロチノイド色素のBixin、Norbixin）は、古くから化粧やボディペインティングに使用され、また薬用植物として民間療法にも供されてきた。ベニノキは熱帯各地で広く栽培され、地域を越えた伝統的な利用法がたくさんある。このベニノキ色素は食品の色づけや口紅などに使われている。

皮膚賦活、美白、消炎、収斂、抗酸化、育毛などの効果があり、化粧品に使われている活性成分を有する植物を表2に例示する。

チロシナーゼ活性を阻害しメラニン生成の抑制作用を有するアルブチン（arbutin）はコケモモ（*Vaccinium vitis-idaea* L.）から得られ、エラグ酸（ellagic acid）はイチゴやりんごなどから見出されたポリフェノールで、ともに美白有効成分として化粧品に多用されている。また、ルシノール（rucinol、4-n-butyl-resorcinol）は、モミノキ（*Abies firma* Sieb.）の成分から誘導された化合物で美白活性がある。

植物以外にも様々な生物遺伝資源が利用されている。例えば微生物、美白成分として知られているコウジ酸（kojic acid）は、酒や味噌などの醸造に使われている麹菌（*Aspergillus oryzae*）の発酵代謝産物である。また、乳酸菌培養液が

---

(9) 福井寛『トコトンやさしい化粧品の本』（日刊工業新聞社、2009年）159頁。

(10) 世界の諸民族が、自分たちの伝統医学（ギリシャ医学、アーユルベーダ、ユナニー医学、中国医学など、その医学独自の理論が確立されており、原典が明確であり、教育体制が整っており、専門の医師による治療が行われた医学）、又は伝承医学（口頭で伝えられてきた医学を称し、経験を基に治療が施される）を基に使用している薬物を称する。薬物自体は生薬である。富山大学和漢医薬学総合研究所民族薬物研究センター「民族薬物資料館」（http://www.inm.u-toyama.ac.jp/mmmw/addition/page3.html）（最終訪問日：2010年8月21日）

(11) 種子は赤褐色の仮種皮に包まれ、この仮種皮から橙色の色素が得られる。酸性で黄色、中性で赤色を呈する。自然界でbixinを産生できるのはベニノキのみであり、ベニノキ（紅木）の名前はこの赤色に由来している。日本アセアンセンター「ASEAN　輸出業者のためのマーケティングガイド」（http://www.asean.or.jp/ja/trade/lookfor/top/market/pdf/5.pdf）（最終訪問日：2010年8月21日）

第3章　生物遺伝資源の利用

表2：化粧品に使われる活性成分を有する植物の例[15]

皮膚賦活	*Panax ginseng* C. A. Meyer	人参エキス
	Aloe arborescens Mill.	アロエ
	Lithospermi radix	シコン
	Luffa cylindrical Roemer	ヘチマ
	Aesculus hippocastanum L.	マロニエ
	Swertia japonica	センブリ
	Phellodendri cortex	オウバク
	Carthamus tinctorius	ベニバナ
美白	*Scutellariae radix*	オウゴン
	Vaccinium vitis-idaea L.	コケモモ
	Hamamelis virginiana L.	ハマメリス
	Saxifraga stolonifera Meerb.	ユキノシタ
消炎	*Phellodendri cortex*	オウバク
	Coptidis rhizoma	オウレン
	Lithospermi radix	シコン
	Achillea millefolium L.	西洋ノコギリ草
	Glycyrrhiza sp.	甘草
	Aloe arborescens Mill.	アロエ
収斂	*Hamamelis virginiana* L.	ハマメリス
	Lamium album L.	オドリコ草
	Rhei rhizoma	ダイオウ
	Betula mandshurica Nakai	白樺
抗酸化	*Rosa roxburgii*	イザヨイバラ
育毛	*Coriandrum sativum* L.	コリアンダー
	Swertia japonica	センブリ

1955年に商品化されてから現在も使用されている[12]。最近では、乳酸菌やビフィズス菌、酵母、麹菌などの発酵液や発酵産物が皮膚に対して保湿、抗酸化、抗老化、抗炎症、美白などの効果があることが明らかになってきた。その結果、発酵技術を利用した素材の探索・開発が広く行われ[13]、日本化粧品工業連合会の化粧品素材原料リスト[14]に登録されている。その他、海藻、カニやエビなど

---

[12] 伊澤直樹ほか「乳酸菌・ビフィズス菌発酵を利用した化粧品素材の開発」BIO INDUSTRY Vol. 25, No. 10（2008年）26-32頁。

[13] 特許庁「技術分野別特許マップ」（化学20　発酵食品・醸造食品　2.1.5　化粧品）(http://www.jpo.go.jp/shiryou/s_sonota/map/kagaku20/2/2-1-5.htm)（最終訪問日：2010年8月21日）

の甲殻類、魚油など、海に由来する成分も化粧品素材として利用されている。

（2） 原料の調達

　素材として使われる薬草エキス（漢方などで用いられている生薬や西洋ハーブ等）などには固有で希少な素材もあるが、そのほとんどは通常の商業経路で売買されているものである。その調達には、機能性食品・健康食品業界への原料納入（前節「機能性食品・健康食品素材としての生物遺伝資源の利用」参照）と同様に、仲買人、輸出業者、代理店、原料メーカー（植物エキスなどの化粧品成分の製造業者）を含め、様々な関係者が絡む複合的な原材料のサプライ・チェーン[16]が既に形成されている。単純化した図を図1に例示する。

　化粧品のための生物遺伝資源の新規開発には、このような原料のサプライ・チェーンが欠かせない。新しい生物遺伝資源に対するアクセスの需要は、企業の研究開発戦略（既知の成分を再配合する。あるいは関心のある種をまず特定してから原料の調達先を求めるという目標を絞ったアプローチを取る等々）から生じる。この業界ではあまり一般的ではないが、生物多様性の豊富な地域から伝統的に利用されている種を見い出し、新規リード化合物を求めて収集する場合もある。多くの企業は、素材調達業者や仲買人などの流通業者から、あるいは化粧品メーカーに有望な原料を販売する原料加工メーカーなどから、素材の伝統的な利用に関する情報を得ていると報告されている[17]。

　2005年、（財）バイオインダストリー協会は、我が国バイオ関連企業（医薬・ヘルスケア、化粧品・トイレタリー、食品・健康食品、園芸・花卉等）に対して「海

---

[14] 日本化粧品工業連合会「成分表示名称リスト」（http://www.jcia.org/search.htm）（最終訪問日：2010年8月21日）

[15] Koji Kobayashi, "Natural Products in Cosmetics Business," in Japan Bioindustry Association (eds.), *JBA/NITE International Symposium 2002, Intellectual Property Rights and Traditional Knowledge on Genetic Resources in Pharmaceutical and Cosmetics Business* (JBA, 2002), pp. 85-103.

[16] 小林東洋彦「天然由来香料ビジネス」（財）バイオインダストリー協会「平成17年度環境対応技術開発等（生物多様性に基づく遺伝資源へのアクセス促進事業）委託事業報告書」（2006年）525-530頁（http://www.mabs.jp/archives/reports/index_h17.html）における図1香料原料供給経路を参照されたい。非常に複雑な香料の原料供給経路が描かれている。化粧品原料の供給経路も同様である（最終訪問日：2010年8月21日）。

[17] Kerry ten Kate & Sarah Laired, *The commercial Use of Biodiversity: access to genetic resources and benefit-sharing* (Earthcan, 1999)

第3章　生物遺伝資源の利用

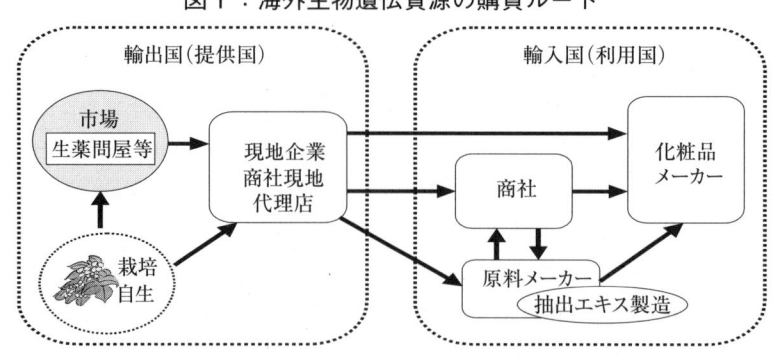

図1：海外生物遺伝資源の購買ルート

[図：輸出国（提供国）側に「市場（生薬問屋等）」「栽培・自生」「現地企業・商社現地代理店」。輸入国（利用国）側に「商社」「原料メーカー（抽出エキス製造）」「化粧品メーカー」が配置され、矢印で結ばれている]

外遺伝資源の利用に関するアンケート調査」を実施し、215社より回答を得た[18]。

　化粧品・トイレタリー企業147社から寄せられた回答のうち、海外遺伝資源の利用経験のある企業（31社）の回答によれば、利用素材の多くは、植物・植物派生素材であった。その入手地域は、ヨーロッパ、東南アジア、東アジア、中南米等であった。素材の入手方法は、企業自身が直接資源提供国にアクセスするというよりも、ほとんどが仲介業者を介しての入手であった。

（3）　化粧品の開発

　前述のように、化粧品の開発アプローチは企業の研究開発戦略により異なる。既知の成分を再配合するメーカーもあれば、例えば、製薬企業のように様々な評価系を使って生物遺伝資源のスクリーニングを行っている大手化粧品メーカーもある。また、自社では製造せず、OEM（Original Equipment Manufacturer）メーカー[19]に依頼し、自社ブランドとして販売する企業もある。

　植物エキスなどの試料は、表3に示すような美白、抗老化など様々な評価系で試験される。有望な活性物質は単離・精製・同定され、作用機序が研究される。その後の薬効評価、安定性試験、安全性試験などを経て、本開発・商品化、

---

[18] 「産業界による海外遺伝資源の利用に関するアンケート調査結果」（財）バイオインダストリー協会・前掲注(16) 131-153頁。
[19] 相手先ブランドのために製造するメーカー。製造メーカーが自社用製品として製造するのではなく、委託先の仕様に従って製造・納品し、委託先ブランドとして販売される。

3 化粧品素材としての生物遺伝資源の利用

表3：美容素材の有効性評価系の例[22]

機能	評価系
美白	活性酸素消去
	チロシナーゼ活性阻害
	メラノサイト増殖抑制
抗老化	エラスターゼ活性阻害
	ゼラチナーゼ活性阻害
	コラゲナーゼ活性阻害
	コラーゲン産生促進
	セラミド合成促進
	ヒアルロン酸合成促進
抗肌荒れ	プラスミン活性阻害
ニキビ	リパーゼ活性阻害

発売に結びつくのだが、その成功確率は1％未満であるといわれる[20]。製品の開発リードタイムは医薬品に比べればはるかに短く、そのライフサイクルも短い[21]。

化粧品の研究開発技術は科学技術の進歩と密接に連動し、著しく進歩している。開発には皮膚科学研究による生体機能の解明、コロイド・界面科学、粉体科学などの物理化学、高分子化学、有機・無機化学、分析化学、等々、多岐にわたる研究分野がかかわる。化粧品は華やかな商品ともいえるが、現在では限りなく医薬品に近い効能・効果が求められ、高度化を目指して絶えず改良していくという、変遷の激しい商品である。

商品としての化粧品において、生物遺伝資源の位置づけは（図2）、医薬品における位置づけとは全く異なる。医薬品と違い、多くの場合、化粧品における生物遺伝資源（天然物）は配合成分量全体の極わずかを占めるにすぎない。商

---

[20] Kobayashi, *supra* note 15.
[21] （社）経済団体連合会「産業技術力強化のための実態調査」報告書エグゼクティブサマリー（1998年）（http://www.keidanren.or.jp/japanese/policy/pol201/summary.html）（最終訪問日：2010年8月21日）

　この報告書によれば、医薬品の開発リードタイムは13.2年で、化粧品等では2.8年とされている。また、製品ライフサイクルは医薬品で9年、化粧品等では5.7年と報告されている。
[22] 武田克行ほか監修・日本化粧品技術者会編集企画『化粧品の有用性　評価技術の進歩と将来展望』（薬事日報社、2001年）596頁、及び「美容・アンチエイジング食品素材の市場動向」食品と開発　Vol. 44, No. 7（2009年）20-31頁を参考に筆者作成。

第3章　生物遺伝資源の利用

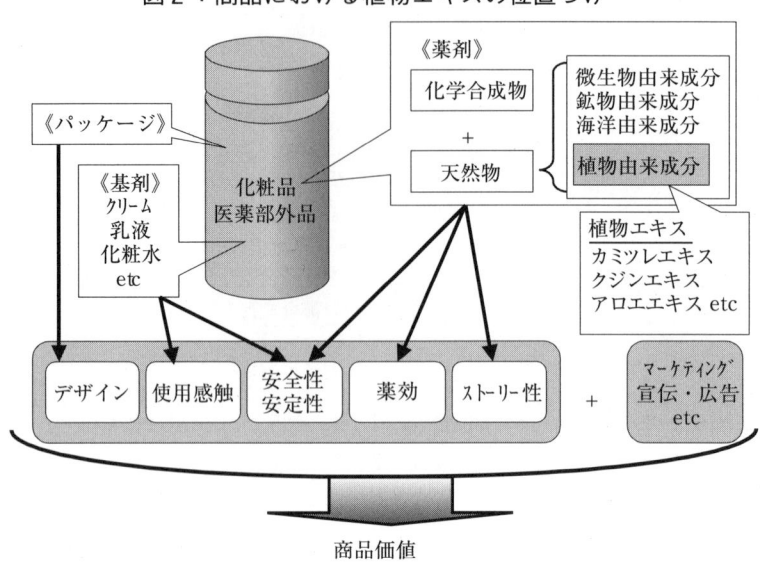

図2：商品における植物エキスの位置づけ[23]

《パッケージ》

《薬剤》
化学合成物
＋
天然物

微生物由来成分
鉱物由来成分
海洋由来成分
植物由来成分

《基剤》
クリーム
乳液
化粧水
etc

化粧品
医薬部外品

植物エキス
カミツレエキス
クジンエキス
アロエエキス etc

デザイン　使用感触　安全性・安定性　薬効　ストーリー性　＋　マーケティング宣伝・広告 etc

商品価値

品として効能・効果がなければ売れないが、効能・効果だけでも売れないのが化粧品の特徴でもある。つまり、実用品としての機能のみならず、使用感が心地良く、美しくありたい・なりたいという消費者の欲求を満たすことも化粧品の重要な要素なのである。

　自然派化粧品としては、製品名、ラベル、マーケティングで植物ということが大いに幅を利かせる。しかし、美白やアンチエイジングなどの機能性を訴求した化粧品では、植物由来・天然素材を利用しても、そのことが美容効果のある特性をアピールする宣伝文句ほどには強調されるわけではない。

　化粧品は、使用感、安全性・安定性、薬効、ストーリー性、パッケージのデザイン等、すべてが複合することでその商品価値が生まれる。さらに、ヒット商品となるためには製品技術だけではなく、マーケティング戦略によりイメージの形成が必要となる。製品のメッセージがどれだけ消費者の共感を呼ぶかということで市場獲得の成否が左右されることになる。すなわち、販売会社側の

---

[23] Kobayashi, *supra* note 15, pp. 85-103.

打ち出すイメージが、商品価値に関する消費者の認識を決定づけることになるのである。

（4） 開発におけるCBDの課題

化粧品の研究・開発では、今後も世界各地に存在する多くの生物遺伝資源の中から新しい機能を持った成分が探索されることになろう。しかし、化粧品分野においても前節で述べた食品分野と同様の生物多様性条約（CBD）第8条(j)（伝統的知識関連）をめぐるクレームが発生している（詳細は第4章を参照）。化粧品産業における生物多様性条約に係わる課題は、食品分野と同様で、ABS制度の内部にある法的な不確定要素（「遺伝資源の利用」を構成する活動とは何かなど、客観的な基準、定義、手続等の不明確性）によって生ずる問題である。

【もっと知りたい人のために】
① Kerry ten Kate & Sarah Laired, *The commercial Use of Biodiversity: access to genetic resources and benefit-sharing* (Earthcan, 1999)
② 森岡一『生物遺伝資源のゆくえ——知的財産制度からみた生物多様性条約』（三和書籍、2009年）
③ ノーマン・テイラー（難波恒雄・難波洋子訳注）『世界を変えた薬用植物』（創元社、1972年）

4　園芸産業における生物遺伝資源の利用

20世紀初頭、ロシア科学アカデミーのニコライ・バビロフ博士（Nikolai Vavilov, 1887-1943：写真）は、食料の安定供給のため多様な遺伝資源を確保する必要があると考え、世界各地へ赴き植物探索・収集を行った。1924年から1933年にかけてユーラシア、アフリカ、南北アメリカ、オーストラリア大陸を訪問し野生種や在来種[1]を収集した。その結果から栽培植物の多様性の多いところが、それらの起源とする説を唱えた[2]（図1）。

栽培植物は、まずその地に自生していた植物を利用することから始まった。そして、地域ごとの植物相[3]の違いによってそれぞれ異なる植物が選ばれ、そ

---

(1) 在来種：地方種；landrace; local breed; local variety
(2) N. I. Vavilov, *Five Continents* (International Plant Genetic Resources Institute, 1997)

第 3 章　生物遺伝資源の利用

写真：左―バビロフ博士 1930 年メキシコ、右― 1932 年ボリビア：山田実氏

こから栽培植物が作り出された。そうして一旦選ばれた栽培植物は、本来の自生地ではないところまでその栽培地域は広がり、様々に分化し、それぞれの地方に特有な在来種が作り出された。

　野生種と違い在来種は、人の手を経て初めて維持管理される。そのため、近年のハイブリッド品種が、種苗会社により生み出され販売されると、在来種は栽培されなくなり急速に消滅していってしまう。そこで貴重な在来種（遺伝資源）を確保するために、これらを収集・保存し、育種や研究に提供するための施設であるジーンバンクが世界各地に設立された。日本では、(独)農業生物資源研究所が、日本の在来種及び海外の遺伝資源を収集し、保存と研究素材としての配布を行っている。

　バビロフ博士が指導したバビロフ研究所は、現在でもサンクト・ペテルブルグ市にあり、20 世紀初頭からこれまで収集した貴重な在来種や植物遺伝資源を保管し、世界中の育種家や研究者へ配布している。

---

(3)　植物相(Flora)：ある地域に自生する植物、在来種の総体。

4　園芸産業における生物遺伝資源の利用

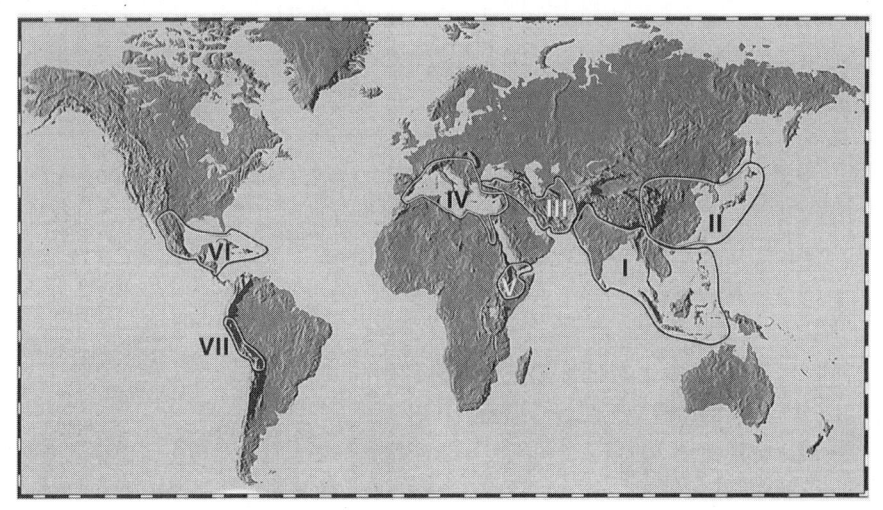

図1：バビロフ博士による主な栽培植物の起源中心地

Ⅰ. The Tropical Centre; Ⅱ. The East Asiatic Centre; Ⅲ. The Southwest Asiatic Centre (containing (a) The Caucasian Centre, (b) Near East Centre, (c) the Northwestern Indian Centre); Ⅳ. The Mediterranean Centre; Ⅴ. Abyssinia; Ⅵ. The Central American Centre (containing (a) the mountains of southern Mexico; (b) the Central American Centre; (c) the West Indian island); Ⅶ. The Andean Centre

　従来これらの遺伝資源は、人類の共有遺産（common heritage of mankind）として自由に利用されてきた。園芸産業では、主に一般に流通している品種を改良して新たな品種を開発することが行われているが、一方で野生種やジーンバンクから提供された素材を使って、新たな形質を既存品種に導入することもしばしば行われてきた。この状況は、生物多様性条約（CBD）の発効後、大きく変わることとなった。すべての遺伝資源は、原産国[4]の主権的権利に基づいて、事前に規定や法に従って契約を行ったのちに導入することが求められることとなった[5]。しかしCBDのための国内法ができた国はわずかであり、遺伝資源

---

(4)　原産国：CBDの定義（第2条　用語）によると「遺伝資源の原産国」とは生息域内状況において遺伝資源を有する国をいう。
(5)　CBD第15条（遺伝資源の取得の機会）、1項：各国は、自国の天然資源に対して主権的権利を有するものと認められ、遺伝資源の取得の機会につき定める権限は、当該遺伝資源が存する国の政府に属し、その国の国内法令に従う。

第3章　生物遺伝資源の利用

の利用のため原産国と契約を締結することは困難な課題として残されている。

　育種家は、違ったもの同士を交配しその後代から選抜を繰りかえす交雑育種や、染色体の倍数化、放射線を使った突然変異誘発、さらに遺伝子工学等様々な技術を駆使し新たな品種を作り出す。しかしそのいずれの場合でも、材料となる育種素材（遺伝資源）が必要となる。本節ではいくつかのケースに分けて、園芸産業がどのようなソースから育種のための素材を導入し利用しているか、CBDが発効する以前と以降との視点から概説する。さらに園芸産業がCBDを考慮して検討したアクセス事例を紹介し、最後に園芸産業において解決しなければならない課題について言及する。

（1）　園芸産業における遺伝資源の利用
（i）　一般的に流通している品種の利用

　一般に育種家は、自身で保有している育種素材や他社の品種を、育種開発の素材として利用する場合が多い。育成者権とは、育種家による品種改良（図2）により生み出された品種に対して、育種家がもつ権利であり、種苗法に基づく品種登録を行うことで権利が発生する。育成者権は特許法に基づく特許権のように強く守られた権利ではなく、試験・研究（育種）のためや農家による自家増殖のための品種の利用を制限していない。そこで育種では、通常一般的に売られている品種を育種素材として利用することがよく行われる。例えば、ある育種家が成果である新品種を品種登録し、植物の新品種の保護に関する国際条約（UOPV条約）第14条[6]に規定される育成者権を得たとしても、いったん品種をマーケットに出すと、同条約第15条にある育成者権の例外規定により、他の育種家は、これらの品種を自身の育種素材として自由に利用できる。この規定は、通常作物の品種は、新しい品種といえども、一般的に他の品種を改良して作り出されてきたという事実に基づいている。

　さらに種苗法では、育成者権の例外として農家の自家増殖を認めている。自家増殖とは、農業者が収穫物の一部を次期作の種苗として使用することをいい、従来からの農家の慣行を考慮し、一定の要件の下で、育成者権者の許諾を得ずに収穫物を種苗に転用することとされる。

---

(6) 育成者権の範囲については、「植物の新品種の保護に関する国際条約（UPOV条約）」(http://www.hinsyu.maff.go.jp/seido/upov/upov1.html) を参照（最終訪問日：2010年8月27日）。

4 園芸産業における生物遺伝資源の利用

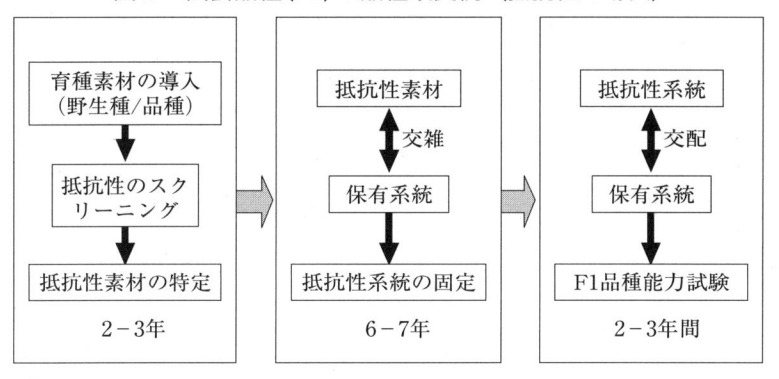

図2：園芸品種（F1）の品種改良例〈抵抗性の導入〉

```
育種素材の導入        抵抗性素材           抵抗性系統
（野生種/品種）          ↕交雑              ↕交配
     ↓               保有系統             保有系統
抵抗性のスク            ↕                   ↕
リーニング         抵抗性系統の固定       F1品種能力試験
     ↓
抵抗性素材の特定
    2-3年              6-7年              2-3年間
```

　CBDは、これら種苗法とも大きく関わる複雑な状況を作り出した。種苗法では、海外から導入された在来種で種苗法の保護対象とならないものは自由に育種利用できるが、CBDではこれらの遺伝資源にも原産国の主権的権利を認めるため、これまで自由に育種利用できた遺伝資源についても、原産国（又は提供国）においてそれらの扱いが決定されることになった。しかし実際は、そのための国内法が作られた国は少なく、遺伝資源を利用するための条件は決められていない場合が多い。さらにUPOV条約に加盟せず、農民の権利を一層強化した独特の種苗法を制定している資源国も多く、従来のように、一般的に流通している品種が、育成者権の例外として利用できるかどうかは非常に曖昧である。CBD発効以降、一般的に流通している品種を研究開発のために自由に利用できるのは、UPOVに加盟している先進諸国で流通している品種に限られていると考えるべきであろう。

（ⅱ）　ジーンバンクが保有する遺伝資源の利用と国連食糧農業機関（FAO）のアプローチ

　最も古いジーンバンクであるバビロフ研究所が保管する遺伝資源からは、実際に有効な素材が選び出されて育種に利用されてきた。例えば、1983年にアメリカで問題となったダイズ線虫による被害を解決したのは、バビロフ研究所から導入され選抜された素材だった。また2000年には、アメリカにおいてコムギの材料から、アブラムシ抵抗性の素材が発見され、さらに近年日本との協力で寒さに抵抗性のコムギが何品種も見い出されている。

第 3 章　生物遺伝資源の利用

　こうして CBD が発効する 1993 年以前は、ジーンバンクや育種家による遺伝資源探索や利用と配布が自由に行われてきたが、CBD の発効後は、これらの活動は大きく制限されることとなった。

　2001 年 11 月、FAO は、CBD が食料と農業に関わる研究開発まで阻害してしまうことを恐れ、食料と農業に関わる遺伝資源を、CBD と調和させつつもこれと異なる別のルールにより研究開発で利用できるように、食料農業植物遺伝資源条約（ITPGR）[7]を採択した。これにより原産国と利用者の二者間ではなく、多国間システム（MLS）[8]の標準移転契約（SMTA）[9]により、公正な利益配分に一定の基準が設けられ、ジーンバンクに生息域外（*ex-situ*）保管されている植物遺伝資源（表 1）の利用が大きく前進した。

　MLS と SMTA では、利用者は、ある一定の義務を受け入れれば、MLS に含まれるいかなる素材）[11]でも、品種改良のため制限なく何回でも交雑したり、F1[12]品種の片親として組み合わせたり、利用することができる。したがって、開発者は、素材がどこから来たかを心配する必要がない。成果物である品種も遺伝資源であるため、アクセスの成果は、収斂するのではなく、無限の広がりを持っている。

　CBD では、成果物として派生物や製品（プロダクツ）にも利益配分を課すべきかどうかの議論が行われているが、ITPGRFA では、食料・農業分野での製品である収穫物を、明確に利益配分の対象から除外している[13]ことにも注目す

---

[7]　「食料農業植物遺伝資源に関する条約（仮訳 第 5 校、2006）」（2004 年 6 月 29 日発効）（http://www.gene.affrc.go.jp/pdf/misc/situation-ITPGR_article.pdf）（最終訪問日：2010 年 8 月 27 日）

[8]　「マルチラテラルシステム（MLS）のイメージ」（http://www.gene.affrc.go.jp/pdf/misc/situation-MLS_diagram.pdf）（最終訪問日：2010 年 8 月 27 日）

[9]　「標準材料移転契約（仮訳）」（http://www.gene.affrc.go.jp/pdf/misc/situation-ITPGR_SMTA.pdf）（最終訪問日：2010 年 8 月 27 日）

[10]　FAO, *Draft Second Report on the State of World's Plant Genetic Resources for Food and Agriculture* (the 2nd report), CGRFA-12/09/Inf.7 Rev.1 (2009) (ftp://ftp.fao.org/docrep/fao/meeting/017/ak528e.pdf) から筆者作成（最終訪問日：2010 年 8 月 27 日）。なお、現在、表 1 の中でインド及びドイツは ITPGR 加盟国である。日本、アメリカ、ロシアは非加盟国であり、別条件で遺伝資源を配布している。

[11]　加盟国のジーンバンクや国際農業研究協議グループ（CGIAR）が保有する素材。

[12]　F1 品種：異なる系統（親）を交配して得られる品種、ハイブリッド品種ともいう。

[13]　ITPGR 第 2 条

表1：主なジーンバンクが保有する遺伝資源 (2008年)[10]

国	ジーンバンク	属	種	保管点数
米国	National Plant Germplasm System (NPGS)	2,128	11,815	508,994
インド	National Bureau of Plant Genetic Resources (NBPGR)	723	1,495	366,333
中国	Institute of Crop Germplasm Resources (ICGR)	—	—	391,919
ドイツ	Leibniz Institute of Plant Genetics and Crop Plant Research (IPK) in Gatersleben	801	3,049	148,128
日本	National Institute of Agrobiological Sciences (NIAS)	341	1,409	243,463
ブラジル	Embrapa Recursos Geneticos e Biotecnologia (CENARGEN)	212	670	107,246
ロシア連邦	N.I. Vavilov All-Russian Scientific Research Institute of Plant Industry (VIR)	256	2,025	322,238

べきであろう。

　さらにCBDに基づき、二者間契約で生息域内 (*in-situ*) の遺伝資源へアクセスした場合、当然利益配分は義務となる。しかし、そこから開発された成果を新品種としていったん商品化しマーケットに出した場合は、前述のように一般に流通している品種として、他者がその新品種を育種素材として利用し、そこから別の新品種を育成し登録することが可能である。したがってCBDに基づきアクセスした育成者は、新品種の育種素材としての利用を制限できるような特許を取得しない限り、育成者の利益確保は困難になる。そこでFAOのMLSでは、特許権のように他者の利用を制限することを目的とした知的財産権とそうではない育成者権とを区別した。現時点では、MLSで利益配分が義務となるのは、特許を取得した場合のみで、育成者権からの利益配分は奨励されるが義務とはなっていない。

　しかしFAOのMLSが対象としているのは、既に生息域内 (*in-situ*) から集められジーンバンク等に保管されている食料・農業に関わるイネなど35作物29牧草種[14]に限られており、トマトやウリ科の野菜など、重要な作物や観賞作物などは含まれていない。さらに、それぞれの国の主権的権利と密接に関わる遺伝資源の自生地へのアクセス、つまり生息域内 (*in-situ*) で保全されている植

---

(14) MLSの対象となるクロップリストは、農業生物資源ジーンバンク「MLSの対象となるクロップリスト」(http://www.gene.affrc.go.jp/about-situation_crop.php) を参照 (最終訪問日：2010年8月27日)。

第3章　生物遺伝資源の利用

物遺伝資源へのアクセスについては、ITPGR の枠組みにおいて、まだ大きな課題として曖昧なまま残されている。

　実際 MLS に含まれない品目をジーンバンクから導入する場合、CBD により、素材が由来した提供国への利益配分義務のため、将来交渉の必要があるとの追記事項がある素材移転契約（MTA）が添付される場合がある。しかし将来、成果が明らかになってから素材が由来した提供国との交渉が必要になるという前提では、研究に取り掛かる段階においてリスク判断ができないため、民間企業における育種や研究開発は促進されないという課題が残されている（ITPGR による遺伝資源へのアクセス及び利益配分については第4章5も参照）。

（ⅲ）　野生植物の多様性の利用

　育種は、ある特定の地域に分布する遺伝的に近縁なグループに含まれる、異なった種を掛け合わせて始まることもある。特に花の育種では、国境を越えて分布する近縁な素材を交配することがよく行われてきた。現在一般的な花卉園芸品目の中には、園芸家により同じ属に含まれる種の間で、交雑できるかどうか（交雑親和性）が試され、その結果、交雑できる組み合わせを使って作り出された例が多い。

　例えば春の花壇に利用されるパンジーは、ヨーロッパのピレネー山脈に分布する *Viola tricolor* と、*Viola lutea*、さらに、中央アジア、シベリア、中国にまで分布している *Viola altaica* から作り出されたといわれる。これらはすべて *Viola* 属の *Melanium* 節に属している。日本のスミレは *Melanium* 節に属さず、パンジーと交雑しないため、その品種改良のための素材には利用することができない。*Melanium* 節は、ヨーロッパを中心に、アジアまで分布域を広げている[15]。そこでパンジーの品種改良の素材を探そうとすれば、ユーラシア大陸全体が対象となり、そこに分布している *Viola* 属 *Melanium* 節の野生種が求められる。

　また日本の水辺でよく見られるツリフネソウは、ツリフネソウ科 *Impatiens* 属に含まれ、この属は、ユーラシア、アフリカ、ニューギニアに広範囲に分布している。*Impatiens* 属では、染色体数や、種間交雑の交雑親和性が調査され、

---

[15] R. Yockteng *et al.*, "Phylogenetic relationships among pansies (*Viola* Section *Melanium*) investigated using Internal Transcribed Space r DNA (ITS) sequences and Inter-Simple Sequence Repeat (ISSR) markers," *Plant Systematics and Evolution*, Vol. 241, No. 3-4 (2004-2003), pp. 153-170.

主に、インドから東南アジアに分布するホウセンカ、東アフリカのタンザニアからモザンビークに自生するアフリカホウセンカ、そしてインドネシアからニューギニアに分布するニューギニアインパチェンスの三つのグループに分けられた[16]。これらの地域に生息する異なるグループのインパチェンスから、それぞれ違った園芸品種が開発された。なかでも近年開発されたアフリカホウセンカやニューギニアインパチェンスは、現在新品種が多数開発され、世界中で栽培されている。ただし、これらの異なるグループ間での交雑親和性はなく、それぞれ全く別の品目として開発が進んだ。もしこれらの品目を改良するために、その素材を原産地に求めるとすれば、アフリカホウセンカの品種改良の素材は、東アフリカ・タンザニア周辺諸国が対象となる。また、ニューギニアインパチェンスの場合は、インドネシア、ニューギニアに加えて、マレーシア、フィリピンまで対象となる。

　育種が進んだ今日でも、これら自生地の多様性のなかから、これまでにない耐病性や、特殊な機能性を求めて、新たな素材を求めることが必要となっている。特に新規性が問われる観賞作物の開発では、ジーンバンクで遺伝資源が保管されてないこともあり、一層自然界から育種素材を探し出すことが必要となっている。しかしCBDが発効したのち、これらの園芸品種の元となった野生種が由来した国や自生地で、新たに遺伝資源を求めるためには、アクセス及び利益配分（ABS）のための契約を事前に取り交わすことが前提となった。そのための指針として、ボン・ガイドライン[17]（後述）や（財）バイオインダストリー協会（JBA）と経済産業省が作成した「遺伝資源へのアクセス手引[18]」が参考になるが、これだけで契約書を作り上げるのは簡単ではない。現在公開された園芸産業のための自生地へのアクセスを含んだABS契約モデルはないが、次に紹介するように民間企業と資源国によるパイロット的アクセス企画がいくつか実験的に実施されている。

---

[16]　T. Arisumi, "Chromosome numbers and comparative breeding behavior of certain Impatiens from Africa, India, and New Guinea. Reproductive biology," *Journal of the American Society for Horticultural Science*, Vol. 105, No. 1 (1980), pp. 99-102

[17]　正式名称は、「遺伝資源へのアクセスとその利用から生じる利益の公正・衡平な配分に関するボン・ガイドライン」。JBAによる日本語訳は、JBAのウェブサイト（http://www.mabs.jp/archives/bonn/index.html）より参照可能（最終訪問日：2010年8月27日）。

[18]　JBA「遺伝資源へのアクセス手引について」（http://www.mabs.jp/archives/tebiki/index.html）（2005年）（最終訪問日：2010年8月27日）。

第3章　生物遺伝資源の利用

（2）　園芸産業による遺伝資源利用の特異性に基づいたアクセス事例
（i）　生息域内（*in-situ*）へのアクセス事例①

　我が国の国際協力機構（JICA）による技術協力プロジェクトであるアルゼンチン園芸開発計画（1999年～2004年）[19]では、アルゼンチン国立農業技術院（*Instituto Nacional de Tecnología Agropecuaria*：INTA）を対象として、アルゼンチンの野生種から園芸品種を開発するための技術協力が行われた。プロジェクトでは、自生地から収集した素材や、そこから開発された品種を広く海外に紹介したいとのことから、国内外の企業や研究所との共同研究をベースとして、プロジェクト実践の条件やそのための手法等が検討された。その結果、CBDを考慮した契約モデル（Access and benefit share agreement model）（表2）共同探索評価プログラムが開発された。この生息域内（*in-situ*）の遺伝資源へのアクセスを含む開発契約モデルは、アルゼンチンにおいて現在も継続して利用されている。

■野生種の育種利用を目的としたABS契約モデル開発

　（医薬品開発と園芸開発の違いと、アルゼンチン園芸開発計画からの提案）JICAの園芸開発計画では、アルゼンチン側からの要請から、海外の企業と野生種から園芸品種を共同開発する場合の企業の要望を考慮したような契約形態はどうあるべきか、主に以下の育種開発の特異性が考慮されてABS契約モデルが作成された。

◆**可能性は組み合わせ方で無限**

　植物品種の開発は、基本的に大規模スクリーニングから単一の個体や、特性や、形質を見いだすのではなく、複数の特性や形質の組み合わせにより、品種の成立を目指している。理論上は、一つの素材を交配の片親に使って得られた後代には、組み合わせ先の素材の違いで、無限の品種開発の可能性がある。つまり、導入された素材を組み合わせて作り出される成果は、医薬品のようにリード化合物からのスクリーニングによりある特定の医薬品に成果が収斂し、収益が得られるというのでは無く、他の素材との交配が進むにつれて成果が拡大してゆくと考えられる。

---

[19]　JICAナレッジサイト「プロジェクト基本情報」（http://gwweb.jica.go.jp/km/ProjectView.nsf/fd8d16591192018749256bf300087cfd/d118b1a466e92b68492575d100359def?OpenDocument）（最終訪問日：2010年8月27日）。

◆**最小限の専有開発権（Exclusivity）により開発の可能性を高める**

　開発者が、資源国の特定の研究機関とABS契約を行う場合、負担の対価として素材の専有開発権（Exclusivity）を契約先に求めることが考えられる。しかし実際は、この契約と関係が無い他の機関や個人による自然界の素材へのアクセスを制限することはできない。つまり開発者が、たとえば種や属レベルでの広範囲な素材の専有開発権を取得したとしても、あくまでも集めた素材を対象としており、実際それほど権利は保障されない。

　そこで生息域内（in-situ）へのアクセスとその後の開発では、実効性に疑いのある種や属全体を対象とした専有開発権を取得しなくとも、その多様性の中に含まれる非常に重要な変異個体について権利が保障されれば、アクセスやその後開発負担に見合うのではないかと想定された。医薬品業界のように、種や属で普遍的に含まれる成分が対象とされる場合とは違って、育種ではある特定の個体変異が重要な役割を担うためである。

　以上から育種開発では、契約に基づき開発者に与えられる専有開発権は、少なくとも生息域内（in-situ）へのアクセスで得られた素材を評価して選ばれた特定の個体、もしくは類似した形質をもつ素材グループに限るような最小限とし、その対価である資源国への利益配分条件は、あまり複雑な内容としない契約モデルが、資源国、利用国ともにメリットがあると推定された。

◆**集めた素材をまず資源国で評価することの妥当性**

　より多くの開発機会を得るため素材配布を積極的に行う場合、資源国側では、受け取った側による開発が正当に行われるかトレースできるような機能を持つことも必要となる。それには、まず資源国側が何を探索で集め開発者に渡しているか正確に知る必要がある。そこでアルゼンチンで植物遺伝資源の管理を行っているIRB[20]は、DNA解析技術による素材の個体識別ができる体制を整えていた。

　しかし集めた素材をすべて栄養系（苗、さし穂、インヴィトロ等）で発送した場合、発送側であるIRBの素材トレースのための負担に加えて、開発側での病理検定、植物防疫検査への対応等の負担も大きい。そこで探索で収集した素材は、まず資源国内で評価を行って基本的な特性を調査する。その結果から、ある程度素材を選定し送付する素材を限定する。さらにDNA検定は評価から選択さ

---

[20]　IRB: Institute Recurso Biologico　国立遺伝資源研究所（アルゼンチン）

第3章　生物遺伝資源の利用

れ送付される素材のみ行う、というプロセスが提案された。こうすることで素材のトレースや、発送側と開発側の検定負担を低減することに加え、極端な増殖性で導入後雑草化するかどうかのリスクも事前に評価できる。

◆開発者により選ばれなかった素材とその情報を保管し、他の開発者に提供する

　生息域内（*in-situ*）へのアクセスで集めた素材のうち、評価の結果、開発の対象となるのは一部の素材に過ぎない。企業によって開発の方向が違い、対象となるマーケットも異なっているためである。また開発側の開発余力に制約される場合も多い。したがって共同探索、評価を行った場合、可能性は有るが実際は開発されない素材が多数のこされる。選ばれたわずかな素材は、探索・評価を負担した開発者に専有開発権が与えられるが、そうではなかった素材についても、探索地情報、試作情報が付加された素材なので、これを有効に利用するようなシステムが必要となる。そこで共同探索・評価の結果、開発者により選ばれた素材については開発者に単独かつ専有開発権を与え、選ばれなかった素材については、原産国側で自由に扱えるような機能を持つシステムが必要と考えられた。

◆ロイヤリティー支払いの義務を免除する項目の必要性

　今回の契約モデルでは、定率のロイヤリティーを保障する場合、予想を超えた開発期間が経った場合（導入してからある一定の年月が経った場合）、ロイヤリティーの支払い義務を免除する項目が必要との議論が行われた。もしこのような項目が無い場合、交雑育種を行いながら素材の更新や保持を行っている種苗会社は、資源国からの導入を繰り返すうちに、ほとんどの育種系統が、様々なロイヤリティーで縛られ身動きがとれなくなってしまう。またその負担も考慮されない。この問題を唯一避けるには、導入した素材と交雑系統をすべて廃棄する以外に無く、結果としてCBDの基本目的の一つである、遺伝資源の持続的利用や保全を妨げることになってしまう。そこでこの契約モデルでは導入してからある一定の年月が経った段階で、定率ロイヤリティーの義務を免除し、開発者サイドでの素材の保全や別の利用を推進するような可能性が認識されたが、完全な合意には至ってなく、今後の課題として残されている。

◆実効的な育種技術移転

　園芸品種開発では、特殊な育種技術（遺伝子工学）を使うような場合もあるが、特に大掛かりな機材や施設は無くとも育種が成り立つ場合が多い。効率性や負

担を考慮すれば、資源国は、さらに特殊で費用のかかる技術を入手しようとするより、自国の優位性、つまり新たな変異を作り出すことに加えて、既に自国内に存在する多様性を有効に利用することが必要であろう。そこである程度基礎的育種技術が確立している場合、資源国が必要とするのは、マーケットに関する知見と、それを育種に反映させることと考えられる。

　以上から素材探索や一次評価を資源国と開発者それぞれの研究者により共同で行い、双方の情報交換や共同で選抜を行うことで、資源国にマーケットの視点から有効な素材を見極める技術取得の機会を作ることが提案された。このようにすれば資源国の研究者は自然界の変異のうち何が有効で、育種素材として選ばれるかが判るようになる。契約モデルではこのような機会を、育種上もっとも重要なマーケットの情報に基づく技術指導と認識することで、利益配分規定については、主に販売後の金銭的利益配分に限る内容とすることが受け入れられている。

■新たな観賞植物開発のための共同探索・評価プログラム（Co-operative Expedition and Evaluation Program for New Ornamental Plants）
●契約の目的：
　アルゼンチンに自生する多様な植物を利用し、新たな観賞植物を共同開発する。生物多様性の保全と、その持続的利用を推進し、利用された植物が由来した地域、並びに共同研究機関、担当研究員への利益配分を行う。
　効果的な素材収集には、対象となる地域の植物の分布や気候情報、探索地、アクセス方法等の情報が必要なこと、さらにマーケットや育種開発の現状を知っていることが必要である。そこで資源国の研究機関、専門家、そして開発側の研究者が協力し、より効果的に素材の収集と評価を行って開発できる可能性のある素材を見いだす。素材の利用目的は、観賞植物の開発に限られる。
●契約の基本構造：
　この契約は、資源国の担当研究所と素材開発の責任を負う、又は共有する海外機関（海外の研究機関や企業）間の契約となる。
●共同探索（Cooperative Collecting Expedition）：
　a．資源国の担当研究所（以下研究所）は、海外機関の要望を考慮し

第 3 章　生物遺伝資源の利用

　　　　　て探索計画を作成する。
　　　b．研究所は、植相に関する情報、必要な公的許可、機材及び探索を実施するための人材を用意する。
　　　c．海外機関は、研究所の必要人件費を含め、探索に必要な直接経費を負担する。
　　　d．海外機関は、探索に参加することを目的として、研究員を派遣することができる。
●共同評価（Cooperative Evaluation）：
　　　a．基本的に、集めた素材はすべて研究所により試作や発送のために増殖される。
　　　b．集めた素材は、すべて資源国内で研究所の管理のもとで露地試作やポット（Pot）試作により、開発の可能性を見いだすための一次評価を行う。
　　　c．海外機関は、一次評価の直接経費を負担する。
　　　d．海外機関は、一次評価から選んだ素材について、ある特定期間、専有開発の権利を得ることができる。
　　　e．研究所は、素材発送とそのための公的許可の取得責任を負う。
●海外機関による開発と商品化後の利益配分：
　　　a．海外機関は、受け取った素材を使って自由な育種ができる。
　　　b．海外機関は受け取った素材の、開発状況を研究所に定期的に報告する。
　　　c．利益配分は、成果への双方の寄与と負担を考慮して区別されたカテゴリー別に、一定割合のロイヤリティーとして、素材移転時に決定される。
　　　d．海外機関は、受け取った素材を使って開発した成果について、植物特許権、実用特許権、育成者権の有効な期間、ロイヤリティーの支払い義務を持つ。
　　　e．成果には資源国研究所の指定するロゴを使用することも考慮される。

（出典）観賞植物の遺伝資源の持続的利用プログラム（CEEP/RWWT）
　　　　（http://www.jica.go.jp/activities/evaluation/tech_ga/end/2003/arg_03.pdf）

（ⅱ）　生息域内（*in-situ*）へのアクセス事例②

1999 年、南アフリカで Ball 社（米国の園芸企業）と NBI（National Botanical Institute）[21]間で結ばれた契約は、民間と公的植物園との間の Bio-prospecting 契約（遺伝資源探査、利用契約：ABS 契約）の先行例として世界の注目を受けた。この契約における利益配分の構造については文献[22]を参照されたい。

（3）　今後解決すべき課題
（ⅰ）　生息域内（*in-situ*）資源へのアクセスを促進する必要性

CBD の発効後、国内法の作成や ABS 契約交渉の際に指針となる、国際的なガイドライン（ボン・ガイドライン）が策定されたが（詳細は第2章参照）、15 年間にわたる議論のなかで現在までに ABS 国内法ができた国は加盟国 193 か国の 10％程度であり、アクセスの円滑化や利益配分のプロセスの明確化は十分に進んでいない。

これまでの 15 年にわたる CBD 及び ITPGR の条約交渉の間、遺伝資源アクセスが停滞し、気候変動や開発によって失われてしまった遺伝資源があることを考慮すれば、交渉の過程をスピードアップし、速やかに生息域内（*in-situ*）資源へのアクセスができるような枠組みを作ることが、官産学をあげて目指すべき方向と考える。

（ⅱ）　国境を越えて分布する植物と各国の主権的権利の衝突

植物種には、ある特定の地域にしか自生しない固有種（endemic）もあるが、同一大陸では、種が国境を越えて分布している場合が多い。例えばペルー政府が WTO/TRIPS 協定の会合で訴えたペルー原産とするカムカム（学名 *Myrciaria dubia*）は、ペルーのアマゾン川流域の熱帯雨林だけではなく、ベネズエラや、ブラジル、コロンビアまで分布している普遍的な種[23]である。ある特定の地域や国にしか分布しない固有種とされるものでも、研究者よっては普遍的な

---

[21]　現 South African National Biodiversity Institute（SANBI）。

[22]　G. Henne & S. Fakir, "NBI-Ball Agreement: A new phase in bioprospecting?," *Biotechnology and Development Monitor*, No. 39 (1999), pp. 18-21 (http://www.biotech-monitor.nl/3907.htm)（last visited August 27, 2010）

[23]　*Taxon: Myrciaria dubia (Kunth) McVaugh* (http://www.ars-grin.gov/cgi-bin/npgs/html/taxon.pl?401456)（米国農務省農業研究部データベース）（最終訪問日：2010 年 8 月 27 日）

第3章　生物遺伝資源の利用

種に含めるべきとの見解がある。しかし、例えば植物が広範囲にわたり複数の国に分布する場合、現在のCBDの枠組みでは、利用者は、特定の国と交渉し特許の取得を目指すことになる。この開発競争で遅れた近隣諸国に同じ植物の生息域があったとしても、他の利用者は、それから同様の特許を取ることは不可能になる。

　また利用者である企業は素材を収集しなければならないため、複雑なABS契約交渉を乗り越え、費用と時間をかけて最も成功の可能性のある多様性の高い、国土の広い国と交渉をしようとする。企業にとって、同様の植物があっても多様性がそれほど高くなく、国土の狭い国をまず選んで開発を進めるという意欲はあまりわかないであろう。

　開発途上国からは、CBDによる国際レジーム（IR）は経済上の格差（南・北）を是正し、先進諸国における知的財産権の強化に対抗し、途上国の経済の発展に寄与し得るものと期待されている。しかし、こうした企業行動の下、さらに実際は植物の分布の実態や分類上の曖昧さから、開発途上国間の国益の衝突を引き起こしかねない。現在のままでは、開発に出遅れた国や、国土が狭く多様性が相対的に少ない国は、自国に同様の植物が生息していても、その利用からの利益配分が得られないだけではなく、その将来の開発の機会さえも失われてしまう可能性が高い。CBDの実施態様において現在の仕組みをさらに進歩させなければ、遺伝資源の保全と持続的利用ができるのは植物分布域の一部にすぎず、ABSの恩恵を得るのは特定の国に限られてしまうと思われる。この状況の改善は、今後の重要な検討課題であろう。

【もっと知りたい人のために】
① N.I.Vavilov, *Five Continents* (International Plant Genetic Resources Institute, 1997)
② 鵜飼保雄『植物改良への挑戦――メンデルの法則から遺伝子組換えまで』（培風館、2005年）
③ Tomas Anisko, *Plant Exploration for Longwood Gardens* (Timber Press, Incorporated, 2006)

5　大学や研究機関における生物遺伝資源の利用

　海外の生物遺伝資源の利用において、生物多様性条約（CBD）並びに資源提供国の国内法を遵守するのはもちろんであるが、生物遺伝資源の利用形態の違いによってその利用手続きが異なってもよいのではないかという議論がある。そして、特に学術利用においては学術研究を阻害するようなことなく、資源提供国は逆にアクセスを促進するような手続きの道を提供するよう努力すべきではないかとの意見がある。以下に、生物遺伝資源の学術利用について考えてみたい。

（1）　生物遺伝資源の学術利用

　生物遺伝資源の学術利用についてはその生物遺伝資源が他国のものであった場合でも自由に使ってよいと考えている研究者がいるとしたら、それは大きな考え違いである。たとえ純粋な学術利用であっても、他国の生物遺伝資源を使う限りはその生物遺伝資源はその国に管轄権があるので、勝手に利用することは問題となる。また、生物遺伝資源の分類学的研究や生態学的研究のような、正に純粋に学術目的で他国の生物遺伝資源を利用した場合は、その生物遺伝資源の利用から生じる利益はないので、その資源提供国に配分すべき利益配分はないと考える研究者が多いかもしれない。しかしながら、純粋な学術利用であっても、当然ながら他国の生物遺伝資源にアクセスする前にその国の政府との交渉が必要になるわけであり、その場合、私の経験から言えば、提供国側は非金銭的な利益配分を求めるのが一般的である。さらに、生物遺伝資源提供国は、その国の研究者とその国で共同研究を行うように求めてくるかもしれない。

第3章　生物遺伝資源の利用

しかしながら、この事は逆に推奨されるべき行為なのである。すなわち、その国の研究者と共同で研究活動を行うことにより、実は、技術の移転や能力構築という非金銭的な利益が相手国に配分されることになるのである。この事は、CBD第15条6項においても努力規定として述べられている。現状においては、資源提供国側もそのような形での自国の生物遺伝資源の学術利用を望んでいるのであり、他国の研究者が自国の生物遺伝資源に許可無くアクセスし、現地研究者を排除して単独で研究活動を行うことなど、いずれの資源提供国も望んではいない。

（2）　生物遺伝資源の学術利用から産業利用への移行

最初は確かに生物遺伝資源を純粋に学術利用していたのであるが、その知見が思わぬ成果を導き産業利用に転換し、商品化される場合もあり得る。この過程においては、二つの点が問題となってくる。一つは、学術利用から産業利用への移行に際しての生物遺伝資源提供国への対応であり、一つは、商品化に伴う生物遺伝資源提供国への利益配分である。

他国の生物遺伝資源を学術利用の目的で利用する場合の提供国と利用者との契約内容と産業利用の目的で利用する場合の契約内容は、当然ながら異なることが予想される。また、利用者が学術利用の目的で入手した他国の生物遺伝資源を産業目的でそのまま利用したのでは、資源提供国から目的外使用との指摘を受けるであろう。したがって、利用者としては、学術利用として取得した生物遺伝資源を産業利用に移行する前に、資源提供国と新たに契約を取り交わすことが必要になってこよう。そして、その契約書には利益配分に関しても提供国と利用者の相互が合意する条件が記入されることになるであろう。

（3）　カルチャー・コレクション（Culture Collection：CC）

カルチャー・コレクション（CC）とは微生物を保存している機関であり、それら保存微生物を利用者に提供している。しかし、一般にCCのカルチャーが微生物と結びついてイメージされることは少なく、理解されにくいこともあり、最近では、微生物資源センター（Microbial Resource Center：MRC）と呼ぶ場合もある。

CCは自然界に生息する微生物をその生息域外で保全するという機能を有している。さらに、第三者に微生物を提供するという機能も有しているので、特

に、分類学研究などの学術研究を中心にして、CC に保存されている微生物が広く世界中で利用されている。それら保存されている微生物は CBD 発効以前のものも多く、また様々な国において分離されたものが含まれている。ところで、CC において CBD 発効後に他国で分離され CC に保存された微生物に対して、はたして CBD に則した対応が CC で取られているかというと、必ずしも明確ではないところがある。しかしながら、古くから CC 間における微生物の交換というシステムがあり、同じ株を異なる CC で保存することにより危険分散してきたという経緯がある。

このように CC の慣習、微生物分類学に関わる規則などには CBD との整合性が十分取れていないところがある。他方、CC は国家間における微生物の移動を管理するためのチェックポイントとしての機能を内在しており、将来、CBD に対応した微生物などの生物遺伝資源の移動を管理する国内機関の一つとして期待されている。

（4） 分類学研究と CBD

細菌の分類学研究において新種を発表する場合は、国際細菌命名規約に則って新種発表されなければならないが、以下に細菌の新種発表における手続きと CBD の整合性について考察してみたい。

国際細菌命名規約によれば、細菌の新種発表は、原則として International Journal of Systematic and Evolutionary Microbiology（IJSEM）という学術雑誌に掲載されなければ新種として認められないとしている。また、他の学術雑誌に発表した場合でも、それを IJSEM に報告し、その新種名が同雑誌に掲載されることとしている。さらに、IJSEM の規定によれば、細菌の新種発表においては、以下の二点を投稿規程に定めている。

1）新種発表においては、その基準株（Type culture）を 2 か国以上の CC に寄託しなければならない（さらに、当該基準株を寄託する CC が IJSEM の編集者に認められる機関でなければならない）。
2）CC からの基準株の分譲においては、いかなる制限も課すことはならない。

CBD の観点から見ると、この規程で生じる二つの問題点がある。一つは、もし、提供国に IJSEM の編集者が認める CC がない場合には、提供国以外の第三

第 3 章　生物遺伝資源の利用

国の CC に微生物（基準株）が寄託されることになるが、CBD 第 15 条 1 項に提供国の主権的な権利が認められており、そもそもどこの CC に寄託するかなどの当該微生物の移動（寄託）を決定する権利が IJSEM 側にあるのか疑問である。

　二つ目は、CBD 第 15 条 7 項の提供国への利益配分との関係である。本条項においては、たとえそれが基準株であろうと、それを利用して生じた利益はその提供国に配分されるべきものである。しかしながら、IJSEM の規定では基準株の分譲においていかなる制限も課すことができないとなっている。これは IJSEM が微生物から生じる利益の配分を否定しているようにも受け取れる。

　以上のように、細菌の新種発表手続における問題点とは、CBD では微生物の主権的権利を提供国に認めていながら、それと相反するとも受け取れるような学術規定が存在していることである。

【もっと知りたい人のために】
辨野義己ほか編『微生物資源国際戦略ガイドブック』（サイエンスフォーラム、2009 年）448 頁

第4章
◆ CBDに関する個別論点 ◆

1 遺伝資源及び伝統的知識をめぐる国際紛争：論点と対策

遺伝資源及び伝統的知識をめぐり、提供国（者）と利用国（者）の間で様々な紛争が発生している。しかし、それぞれの紛争の構造は一様ではなく、そのことが生物多様性条約（CBD）におけるアクセス及び利益配分（ABS）に係る議論を複雑化させている。そこで本節では、遺伝資源及び伝統的知識をめぐる国際紛争の論点を分析し、遺伝資源等を利用する場合の留意点を整理する。

（1） 遺伝資源及び伝統的知識をめぐる主張の整理

遺伝資源及び伝統的知識をめぐる議論において、頻繁に登場するキーワードが「bioprospecting（バイオプロスペクティング）」と「biopiracy（バイオパイラシー）」である。そこでまず、これら二つの用語について概説する。

（ⅰ）「bioprospecting（バイオプロスペクティング）」とは何か

「bioprospecting（又は biodiversity prospecting）」は「生物資源探査」と訳されることが多いが、営利目的又は非営利目的（学術目的等）での遺伝資源の収集、研究及び開発行為は、古くから様々な形で行われてきた。しかし、近年の急速な技術革新に伴い、特に医薬や農業関連のバイオ分野などにおいて、遺伝資源の潜在的価値に注目が集まり始めた。

「bioprospecting」という用語については、現在のところ、国際的に合意された定義は存在せず、用いる者によって、様々に定義され用いられている。例として以下のようなものがある。

・商業的に価値のある遺伝資源及び生化学薬品のための生物多様性の探査[1]
・新薬の発見を目的とした、バクテリア等の自然界に存在する植物その他の生物に関する科学的調査[2]

第4章　CBD に関する個別論点

> ・商品（commercial product）開発を目的とした、生物素材の収集及びその素材の性質又はその分子上、生化学上若しくは遺伝上の内容に係る分析[3]
> ・植物、菌、昆虫、微生物及び海洋生物等の天然資源中の活性化合物の探索[4]

　定義によっては、「bioprospecting」は遺伝資源を対象とした営利目的及び非営利目的の研究の双方を含み得る。商業化を目指して研究を行う場合等に限って「bioprospecting」になるという考えもあるが、両者の区別はそれほど容易ではない。特に、最近では産学連携が進んできており、大学における研究成果が企業によって実用化される例も少なくない。そもそも CBD はその規律において営利・非営利の区別を設けておらず[5]、学術研究等の非営利目的の研究においても CBD の遵守が必要となる。

(ⅱ)「biopiracy（バイオパイラシー）」とは何か

　1980年に米国で人工微生物の特許性を認める判決が出されて以降、微生物、植物、動物へと対象は拡大し、バイオ関連発明について特許法等による保護が与えられるようになった。そこで、先進国の企業や大学等の研究者が遺伝資源の豊富な地域、主として開発途上国へと出向き、遺伝資源を入手して研究開発を行い、その成果について特許権等の知的財産権を取得するようになった。また、先住民や地域社会において伝承されてきた伝統的知識が薬用植物の同定を助けるなど、「bioprospecting」における道標となって成功へと導く事例も見ら

---

[1] W. V. Reid *et al.* (eds.), *Biodiversity Prospecting: Using Genetic Resources for Sustainable Development* (World Resources institute, 1993).

[2] *Longman Dictionary of Contemporary English* (4th ed.) (Longman, 2005), p. 137.

[3] New Zealand Government, *Bioprospecting: Harnessing Benefits for New Zealand* (2007), p. 43.

[4] Edgar J. Asebey & Jill D. Kempenaar, "Biodiversity Prospecting: Fulfilling the Mandate of the Biodiversity Convention," *Vanderbilt Journal of Transnational Law*, Vol. 28 (1995), p. 706.

[5] 名古屋議定書では、各締約国が遺伝資源等へのアクセスと利益配分（ABS）に関する国内法令を策定・実施するに際し、生物多様性の保全及び持続可能な利用に資する研究については、それらを促進及び奨励するような条件（非営利目的での研究に係るアクセスの簡素化等）を整えるよう規定された（議定書第8条(a)）。このように非営利目的の研究については一定の配慮がなされているが、非営利目的の研究であっても CBD 及び名古屋議定書の遵守が必要という点は変わらない。

れるようになり、伝統的知識の価値が関心を集めるようになった。

　一方で、遺伝資源等の提供者である開発途上国や先住民／地域社会は、先進国の企業や大学等が遺伝資源等を利用した研究成果について知的財産権を取得し、利益を上げているにもかかわらず、自分たちには法的保護が与えられず、利益の還元も行われないのは不合理又は不衡平ではないかという不満の声を上げ始めた。

　こうした背景の下、CBDの起草過程において、遺伝資源や伝統的知識の利用から生じる利益を誰が享受すべきか、という利益配分の問題が重要な議論の対象となった（詳しくは第1章2を参照）。開発途上国やNGOは、公正かつ衡平な利益の配分を求めて国内法令による遺伝資源及び伝統的知識へのアクセス規制を強化するとともに、先進国の企業や大学等の上記行為を声高に非難するようになった。

　その際に使用されたのが「biopiracy」という用語である[6]。本用語は、カナダのNGOであるRAFI[7]（現：ETC Group[8]）のPat Mooneyが、生物資源に対する海賊行為を意味する用語として1993年に創り出した造語である。しかし、「biopiracy」という用語には確立した定義はなく、使用する者によって多様な意味で用いられている。

　主要なものを紹介すると、例えば用語を創ったETC Groupは、「biopiracy」を「農民及び先住民の遺伝資源及び知識に関し、（通常、特許又は知的財産によって）排他的独占支配を行うことを望む個人又は機関が当該資源又は知識を専有すること[9]」と定義している。

---

[6]　*See, e.g.*, Vandana Shiva, *Biopiracy: The Plunder of Nature and Knowledge* (South End Press, 1997); Keith Aoki, "Neocolonialism, Anticommons Property, and Biopiracy in the (Not-So-Brave) New World Order of International Intellectual Property Protection," *Indiana Journal of Global Legal Studies*, Vol. 6 (1998), pp. 11-58; Craig D. Jacoby & Charles Weiss, "Recognizing Property Rights in Traditional Biocultural Contribution," *Stanford Environmental Law Journal*, Vol. 16 (1997), pp. 89-91; Lakshmi Sarma, "Biopiracy: Twentieth Century Imperialism in the Form of International Agreements," *Temple International and Comparative Law Journal*, Vol. 13 (1999), pp. 107-136; Laurie Anne Whitt, "Indigenous Peoples, Intellectual Property and the New Imperial Science," *Oklahoma City University Law Review*, Vol. 23 (1998), p. 211.

[7]　RAFI: Rural Advancement Foundation International

[8]　ETC Group: Action Group on Erosion, Technology and Concentration

第4章　CBDに関する個別論点

　インドの活動家で「biopiracy」に対する反対活動の急先鋒である Vandana Shiva は、「開発途上国において何世紀にもわたって使用されてきた生物資源、生物に関する製品及び方法に係る排他的所有及び管理を正当化するために知的財産権制度を使用すること。第三世界の人々のイノベーション、創作性及び才能に基づく、生物多様性及び先住民の知識に関する特許クレーム[10]」と定義している。

　一方、辞書・辞典で「biopiracy」という用語を収録しているものはほとんど無いが、Longman の『Dictionary of Contemporary English』には「biopiracy」が掲載されており、「長年にわたり自然又は農民（とりわけ途上国の農民）によって開発されてきた植物、動物及び遺伝子等について、大企業が特許（法的権利）を取得しようとする行為[11]」と定義している。この他にも、「伝統的知識及び資源を権限なく、また補償することなく収奪すること[12]」、「権限無く遺伝資源へのアクセスを取得すること[13]」等と定義されることもある。

　こうした広範囲の内容を包含する定義に対し、国際商業会議所（ICC）の「biopiracy」の定義は非常に限定的である。ICC によると、「biopiracy」の合理的な定義とは、「CBD に基づく各国の国内制度に反した遺伝資源へのアクセス及び利用に関連した活動[14]」であるとされる。したがって、各国の国内法により管理・規制されている遺伝資源について、当該国内法に反した方法により、権限もなくアクセスしたり、それらを利用したりする行為が「biopiracy」として非難されるべき行為となる。

---

(9) ETC Group, *Issues* (http://www.etcgroup.org/en/issues/) (last visited September 2, 2010).

(10) Vandana Shiva, *Protect or Plunder? Understanding Intellectual Property Rights* (Zed Books, 2001), p. 49.

(11) Longman, *supra* note 2, p. 137.

(12) *See* Craig Benjamin, "Biopiracy and Native Knowledge: Indigenous Rights on the Last Frontier," *Native Americas*, Vol. 14, No. 2 (1997), pp. 22-31.

(13) Joshua D. Sarnoff & Carlos M. Correa, *Analysis of Options for Implementing Disclosure of Origin Requirement in Intellectual Property Applications*, UNCTAD/DITC/TED/2005/14 (United Nations Conference on Trade and Development, 2005), p. vii.

(14) Commission on Intellectual and Industrial Property, International Chamber of Commerce, *TRIPS and the Biodiversity Convention: What Conflict?*, Doc No 450/897rev (June 28, 1999).

> 〈コラム〉「biopiracy」か「bioprospecting」か？
> 　表1に掲載している事例は、いずれも開発途上国やNGO等により、「biopiracy」であるとして非難された事例である。これらは数多くの事例のうちの一部であるが、通常、遺伝資源の出所（提供国・原産国）は主として開発途上国であり、研究開発を行い、知的財産権を取得するのは先進国企業である。
> 　これらの事例は、利用者側の企業にとっては研究開発、製品化へと繋がった「bioprospecting」の事例であるが、開発途上国、先住民／地域社会又はNGOには自分たちの生物資源に対する海賊行為＝「biopiracy」であると映った事例である。

(iii) 主張の整理

上記の各定義をみると、同じ用語を用いていても問題とする「biopiracy」行為とは何かについて、様々な見解があることがわかる。「biopiracy」をめぐる主要な主張を大別すると、次のように整理することができる。

① 保有者[15]の意に反して第三者が遺伝資源及び伝統的知識にアクセスし利用することを問題とする主張
② 遺伝資源及び伝統的知識の利用から生ずる利益配分が公正かつ衡平に行われていないことを問題とする主張
③ 第三者が遺伝資源及び伝統的知識に係る研究成果に関して知的財産権を取得することを問題とする主張
　(a) パブリック・ドメインとなっている伝統的知識等について知的財産権が付与されることを問題とする主張（例：誤った特許付与）
　(b) 知的財産権の存在自体を問題とする主張（例：生物に対する特許付与）

そして、これらの主張に更に「先住民保護の観点からの主張（先住民に特別の保護が与えられるべきとの主張）」などが重なって行われていることで、論点が複雑化しているのである。

---

[15] ここでいう「保有者」は個人の場合もあれば、当該社会により共有されていると考えられている場合もある。

第 4 章　CBD に関する個別論点

表 1：Biopiracy or Bioprospecting?

遺伝資源	資源国	問題となった特許・商標	権利者	備考
ニーム (Neem)	インド	米国特許第 5124349 号	米国企業	世界的な反対キャンペーンが起こり、特許の無効を主張。米国特許は再審査で特許性肯定。欧州特許は異議申立で特許無効。
		欧州特許第 436257 号	米国企業等	
ターメリック (Turmeric)	インド	米国特許第 5401504 号	米国大学	インド最大の国立研究機関である科学産業研究評議会が再審査を請求。再審査で特許無効。
アヤワスカ (Ayahuasca)	エクアドル	米国植物特許第 5751 号	米国人	先住民及び伝統的民族のためのアマゾン連合等が再審査を請求。再審査で特許性肯定。
バスマティ米 (Basmati Rice)	インド	米国特許第 5663484 号	米国企業	インド国内で激しい反発を受け、インド政府が再審査を請求。再審査で一部の請求項取消。
クプアス (Cupuaçu)	ブラジル	日本商標第 4126269 号	日本企業	NGO が無効審判を請求。審決で商標無効に。
		日本商標第 4274775 号	英国企業	権利者が権利を放棄し、商標権は登録抹消。

　より詳しく上記の主張を見ていくと、①の主張は、先住民／地域社会において神聖なものとして扱われている遺伝資源や伝統的知識の商業利用や伝統的な標章に係る商標権の取得等を問題とする。①の主張者にとっては、これらの遺伝資源及び伝統的知識は当該社会の中で慣習法に従って利用されるべきものであり、その範囲を逸脱した第三者によるいかなる利用も一切許容できないものと考えられる。②及び③の主張では、第三者による遺伝資源及び伝統的知識の利用が許容されるのに対し、①の主張では、その利用が当該遺伝資源及び伝統

1　遺伝資源及び伝統的知識をめぐる国際紛争：論点と対策

的知識の保有者に限定される点で大きな違いがある。①の主張に対する解決策としては、遺伝資源及び伝統的知識の保有者によるそれらの独占的使用を認め、彼らの意に反する一切の利用を禁止するしかない。

②の主張は、遺伝資源及び伝統的知識に対するアクセス、利用、知的財産権の取得等は許容されるが、それには公正かつ衡平な利益配分を必要とするという主張である。例として、フーディアの事例（コラム参照）等が挙げられる。南北間の経済的利益の配分の不均衡の是正を求める主張は、国連海洋法条約の交渉や1974年「新国際経済秩序樹立に関する宣言（NIEO）」の採択過程等をはじめとして、これまで何度も繰り返されているものであり、目新しいものではない。この主張に対する解決策としては、適切な形で利益配分が行われる枠組みを構築する必要がある。ABSの議論の焦点となっている国際レジーム（IR）の創設は、正にこの②の主張に対する解の一つとして議論されてきた。

③の主張のうち、まず(a)は、保護要件を満たさないにもかかわらず、審査機関の審査能力等の限界から誤って知的財産権が付与されてしまう場合であり、いわゆる「誤った特許付与（新規性や進歩性がないにもかかわらず付与される特許など）」が代表的な事例である。具体例としては、ニームやターメリックの事例が挙げられる[16]。(a)の主張に対する解決策としては、誤った権利付与を回避するための措置が必要となる。

知的財産権の取得を問題にしている点では共通するものの、(a)の主張が現行の知的財産制度の瑕疵（欠点）を問題としているのに対し、(b)の主張では保護要件を満たす権利付与も問題とされる。この主張は知的財産制度自体に対する反発から生まれたものであるとも言えるが、遺伝資源との関連では、生物一般を特許の対象外とすることを求めるものである。これまでアフリカ諸国や後発開発途上国等がTRIPS理事会において提案を行っている[17]。

以上のとおり、同じように「biopiracy」という用語を用いて非難していても、その関心の対象は主張者によって異なる。したがって、問題を解決するためには、各主張を理解し、それぞれの主張に適した措置が用意されなければならないことになる（現在各フォーラムで行われている議論の内容及び提案されている措

---

[16]　ニーム及びターメリックの事例については、森岡一「薬用植物特許紛争にみる伝統的知識と公共の利益について」特許研究第40号（2005年）36-47頁；山名美加「遺伝資源・伝統的知識をめぐる国際紛争と特許制度」Law & Technology No. 35（2007年）19-29頁等が紹介している。

第4章　CBDに関する個別論点

置については、本章2で整理する）。

（iv）最近の議論

　これまで「biopiracy」という用語が多用されてきたが、最近では特に国際交渉の場を中心として、「misappropriation」又は「misuse」という用語が使用されている。ABSの文脈では「misappropriation」は「不正使用／不正利用／不正取得」[18]、「misuse」は「目的外使用／誤用」などと訳されている。これまで主として国際レジーム（IR）に係る議論の中で用いられ[19]、世界知的所有権機関（WIPO）における議論にも波及しているが[20]、現在のところ国際的に合意された定義は存在しない[21]。開発途上国やNGO等には、明確な定義づけを行うことで議論の対象が限定されるのを避けたいという思惑もあって定義づけに反対する声もあり、いずれのフォーラムでもこれらの用語は定義されることなく用いられている。

　このようにこれらの行為がどのようなものを指すのかについての合意形成がなされているとは言えないが、国際レジーム（IR）をめぐる交渉過程において、

---

[17] TRIPS協定では生物に対する特許が禁止されておらず、特許付与の可否は同協定第27条3項(b)において各国の裁量に委ねられている。そこで、同条を改正して、「植物、動物及び微生物のすべての生物」及び「微生物学的方法を含むすべての本質的に生物学的な方法」に対する特許付与を禁止すべきであるという提案が行われている。See e.g., *Communication from Kenya on Behalf of the African Group*, WT/GC/W/302 (August 6, 1999); *Communication from Bangladesh*, WT/GC/W/251 (July 13, 1999).

[18] 本書では、「misappropriation」の訳に関し、遺伝資源等へのアクセス段階及び利用段階を含むより広い意味で使う場合には「不正利用」という訳を用い、遺伝資源等の「取得」段階に着目するEU提案及びその理解を基にした国際レジーム(IR)等について説明する部分では、「不正取得」の訳を用いている。

[19] CBDとは別に知的財産法の分野では、「misappropriation」という用語は、不正競争防止法制（営業秘密保護法制）等の中で、一つの概念としてこれまでも使用されてきた。

[20] 世界知的所有権機関（WIPO）では、「伝統的知識の保護に関する規定：政策目的及び基本原則」案（Provisions for the Protection of Traditional Knowledge）の策定が進められているが、このWIPO規定案の第1条「misappropriation及びmisuseからの保護」は、不公正又は違法な手段による伝統的知識の取得、専有、暴露又は利用がmisappropriation行為及びmisuse行為を構成すると規定しており、続く条項で非常に多様な行為を規制対象として列挙している。See, *Revised Provisions for the Protection of Traditional Knowledge*, WIPO/GRTKF/IC/17/5 (September 15, 2010)

[21] 定義の例として、Joshua D.Sarnoff及びCarlos M.Correaは、「misappropriation」を「アクセス条件に違反した遺伝資源の利用又は衡平な利益配分を伴わない利益の取得」と説明している。Sarnoff & Correa, *supra* note 13, p. vii.

〈コラム〉フーディアに関する事例

　フーディア（Hoodia）は、南アフリカに広がるカラハリ砂漠で育つサボテンに似たガガイモ科の多肉植物である。カラハリ砂漠周辺のサン族は、何千年も前から、砂漠を長期間狩猟するときにはフーディアを持参していたといわれている。砂漠の強い陽射しと極度の乾燥に負けずに、飢えをしのいで狩りを続けられるのもフーディアのおかげであるとサン族の間では信じられている。

　1963年、アフリカの主要な研究機関の一つである南アフリカ科学産業研究評議会（South African Council for Scientific and Industrial Research：CSIR）が、地域社会の伝統医薬の調査プロジェクトの一貫として、フーディアの採取を始めた。この採取の段階で、CSIRとサン族との間には何らの取り決めもなされなかった。1983年～1986年には、フーディア中に食欲抑制成分を有する活性物質が発見・特定され、1995年にCSIRは当該食欲抑制成分『P57』について特許を出願、取得し、1997年には当該特許について英国のファイトファーム（PhytoPharm）社にライセンス供与した。さらに1998年、ファイトファーム社が大手製薬会社の米ファイザー社に排他的ライセンスを設定して、新薬の開発・製品化が進められた。

　こうした中、2001年、英国の新聞にCSIR・ファイトファーム社・ファイザーの活動にサン族が参画してないことに対して疑問を呈する記事が掲載された。また、先住民の権利擁護団体である「南アフリカ・サン族評議会（South African San Council）」はCSIRを非難し、サン族が薬の販売による利益を得られるようにすべきであると主張し始めた。

　2002年、CSIRとサン族の間で、P57に関する利益配分に関する覚書（MOU）が締結された。当該MOUには、サン族がフーディアに関する伝統的知識の保有者であるとの記載が盛り込まれた。また、サン族の文化と知識を保護することも合意された。利益配分に関しては、2003年に利益配分に係る契約が締結され、CSIRがファイトファーム社から受け取るマイルストーン・ペイメントの8％、及び、新薬が商業化された場合にCSIRが受け取るロイヤリティーの6％をサン族（CSIRと南アフリカ・サン族評議会により設立されたサン族・フーディア利益配分信託）に対して支払うことなどが合意された。

　本事例は、「biopiracy」との非難を受けて、先住民等と協議を行った結果、最終的に利益配分契約の締結にまで至った事例である。本事例では、「誰に利益配分を行うべきか」という難問については、信託基金を設立することにより解決している。また利益配分の形としては、ロイヤリティー及びマイルストーン・ペイメントの一部を支払うこととし、この他にもサン族に対し、奨学金の付与や将来にわたる生物資源探査を約束する等、広範囲にわたる取り決めを行っている。

　本事例は一見すると最終的にはWin-Winの事例のようであるが、ファイザー社が2003年にP57の開発からの撤退を表明するなど、一連の騒動が企業の研究開発に与えた影響は少なくない。また、当初フーディアにアクセスし、研究開発を行ったのは現地の研究所であるにもかかわらず、その成果の利用を試みた外国企業が非難の対象となっており、最終製品等を開発する企業の本問題への対応の難しさを垣間見ることができる。

第 4 章　CBD に関する個別論点

EU が「遺伝資源の不正取得（misappropriating genetic resources）」を「故意又は過失を問わず、遺伝資源へのアクセスに関して PIC 及び相互に合意する条件（MAT）を要求する締約国の適用可能な国内法令に反して遺伝資源を取得すること」、また「misuse」を「契約違反」と理解する提案[22]を行っている。この EU 提案における「misappropriation」とは、ABS に関する法令違反行為（特に PIC 取得違反等の不正取得）であるが、「misuse」とは、MAT に反した行為（契約違反行為）であり、例えば ABS に係る契約等を締結したにもかかわらず、その契約に違反するような行為（契約で許諾された範囲を超えた利用や利益配分義務違反等）がこれに該当する。

　こうした「misappropriation」＝法令違反、「misuse」＝契約違反という考え方に従えば、いずれの行為も PIC や MAT という法的な義務の逸脱行為と理解でき、「bioporacy」をめぐる抽象的な議論よりもより具体的なレベルでその行為の該当性を判断することができる。このアプローチは上述した ICC の「bioporacy」の定義とも共通するが、CBD の文脈において非難されるべき行為か否かを決定する際には、CBD 及び各国の ABS 法、更にそれに従った MAT 等、一定の明確な規範が存在することを前提とし、それに対する逸脱であるか否かで判断すべきであろう。

（2）遺伝資源及び伝統的知識へのアクセス及び利用の際の留意点

　企業や大学等が「biopiracy」を行ったとして名指しで避難された場合、その影響は非常に大きい。そこで以下では、遺伝資源及び伝統的知識へのアクセス及び利用の際の留意点について整理する。

　上述したとおり、開発途上国や NGO は多様な行為について、「biopiracy」として非難している。しかし、用いる者によって定義が異なるような状況では、どういった行為を行えば非難されるのかが不明確で、予見可能性が低く対策も難しい。この点は大きな問題であり、企業や大学等の研究開発活動を不必要に萎縮させるおそれがある。「biopiracy」の問題を議論するのであれば、第一に、用語を用いる者の間で、「misappropriation」「misuse」も含め、用語の意味を統一する必要がある。

---

[22]　*Submission by the European Union*, UNEP/CBD/WG-ABS/8/6/Add.4 (November 8, 2009), p. 3.

1　遺伝資源及び伝統的知識をめぐる国際紛争：論点と対策

一方で、「biopiracy」といわれる行為の何が問題であるのか（法的な観点か、それとも倫理的・道徳的な観点かなど）につき、各国の同意が得られていない現時点においては、関連法令等を遵守しているか否かをメルクマールとすべきであると考える。ここでいう法的遵守としては、CBD関連と特許法関連の二つの視点で検討する必要がある。

（ⅰ）CBD関連

CBDの発効により、生物遺伝資源ビジネスの在り方が変化した点を理解しておかなければならない。CBD発効前、プレCBDでは、遺伝資源の収集、利用に際し、特に契約等は締結されておらず、また利益配分も行われていなかった。こうしたプレCBD時代のコレクションについては、現時点ではCBDの対象となっておらず、法的には利益配分義務の問題なども生じない[23]。

しかし、ポストCBDにおいては、意識を変えていく必要がある。遺伝資源及び伝統的知識の利用に関し、何よりも重要なのは遵守すべき法律を調査し、法的枠組みを十分に理解しておくことであり、その筆頭にあげられるのがCBD及び名古屋議定書である。これらを遵守することは、今後のバイオビジネスにおいては不可欠なことである。CBDは、ほぼすべての遺伝資源を対象としており、ほとんどのバイオビジネスがその射程に入ると言える。また、食料農業植物遺伝資源については国連食糧農業機関（FAO）の下で作成された「食料及び農業のための植物遺伝資源に関する国際条約（ITPGR）」等があるため、同条約の枠組みも理解しておく必要がある（詳しくは本章5参照）。

これらの国際条約を理解した上で、次に理解すべきは、アクセスを希望する国（資源提供国）の国内法である。近年、開発途上国はABS法を制定して自国の遺伝資源や伝統的知識に対する規制を強化しているため、十分にそれらの国内法に規定されたABSに係る条件や手続等を調査しておく必要がある。CBDは詳細を規定していない枠組条約であるため、研究開発の開始に際し、各国の規定がどのようになっているかを調査・分析することは非常に重要である。例えば、アクセスに際しては、①アクセスの対象となっている遺伝資源は何か、当該遺伝資源や伝統的知識に合法にアクセスするためにはどうすればいいか、②PICについては、誰の同意が必要であるのか、「情報」とはどのような情報を提示すれば足りるのか、③利益配分については、「利益」とは何か、利益を配分

---

[23]　ただし、各国のABS法が遡及適用を規定している場合には注意が必要である。

第4章　CBD に関する個別論点

すべき対象は誰か、利益配分の方法（金銭的／非金銭的利益配分）、「公正かつ衡平な」利益配分の「公正性」「衡平性」はどのように判断するのか等の点に特に留意して分析する必要がある。

　以上が法的拘束力のあるものであり、これらに留意して関連法令を遵守していれば、CBD の観点では、「biopiracy」という主張に対して反論する事が可能である。

　一方、法的拘束力のないものであっても、一定の範囲で理解しておくべきものがある。その代表が、2002 年に第 6 回締約国会議（COP6）で採択された、「遺伝資源へのアクセスとその利用から生じる利益の公正・衡平な配分に関するボン・ガイドライン」（通称：ボン・ガイドライン）[24]である。このボン・ガイドラインは、企業等が外国の遺伝資源にアクセスしたり、締約国が利益配分に関する立法上、行政上又は政策上の措置等を講ずる際の指針となる。ボン・ガイドラインには法的拘束力はないが、CBD 遵守を考える企業や大学等は一読しておく必要がある。この他にも法的拘束力のないものとして、NGO や研究機関等が策定したガイドラインや行動要綱等もある。我が国においては、経済産業省と（財）バイオインダストリー協会（JBA）が中心となって、我が国の企業や大学等が海外で遺伝資源関連のビジネスを行う際の実践的な手引となる「遺伝資源アクセスのための手引」を策定しており、非常に参考になる（詳しくは第 5 章 2-1 参照）。

　また、WIPO では、遺伝資源や伝統的知識の保護と知的財産の問題について議論するために「知的財産並びに遺伝資源、伝統的知識及びフォークロアに関する政府間委員会（IGC）」が設置されており、集中的に検討が行われている。こうした議論の動向も注視しておく必要がある（詳細は本章 2 で後述）。

　以上を整理すると、まず①法的拘束力のあるものを理解し、それらを遵守する必要がある。その上で、②それぞれの判断に基づき、各種ガイドライン等を

---

[24] Secretariat of the Convention on Biological Diversity, *Bonn Guidelines on Access to Genetic Resources and Fair and Equitable Sharing of the Benefits Arising out of their Utilization*（2002）（http://www.cbd.int/doc/publications/cbd-bonn-gdls-en.pdf）（last visited September 7, 2010）. 邦訳は、（財）バイオインダストリー協会訳「遺伝資源へのアクセスとその利用から生じる利益の公正・衡平な配分に関するボン・ガイドライン」（2002 年 11 月）（http://www.biodic.go.jp/cbd/pdf/6_resolution/guideline.pdf）（最終訪問日：2010 年 9 月 7 日）。

参考に ABS ポリシーを策定しておくのが肝要である。特に、未だ国内法が整備されていない国については、法的な義務は存在しないわけであるから、ポリシー策定が重要な鍵となる。これらの準備をした上で、③実際に遺伝資源や伝統的知識にアクセスしたり、利害関係者との交渉に臨むべきである。また、アクセスができればそれで終わりではなく、後で「biopiracy」と非難された際にきちんと法令を遵守していることを示すことができるよう、④関連書類や情報の整理・保管・管理を行うことも重要である。

(ⅱ) 特許法関連

CBD 関連の法令等の遵守に加えて、特許法の観点からも法令遵守を徹底する必要がある。すなわち、誤った特許出願をしないという点に留意するということである。もちろん、実際に悪意で冒認出願等の出願を行っている場合は極めて例外であろうが、開発途上国の遺伝資源や伝統的知識等を利用して開発を行う際には、現地の伝統的知識や先行文献等を十分に調査し、新規性・進歩性等の要件を充足しているかを慎重に検討しておく必要がある。

(ⅲ) その他

法的な問題はクリアしていても、「biopiracy」にあたるとして国際的に非難の対象となれば、ブランドイメージの低下やレピュテーション・リスクの拡大は避けられない。実際、これまで「biopiracy」として非難された事例の多くがプレ CBD の時代に入手された遺伝資源や伝統的知識を利用したものである。当時各資源提供国には ABS 法は存在していなかったであろうから、CBD の観点からは法的には何ら違法な点は無いといえる。一方、過去の事例の中には新規性や進歩性の要件を満たさない誤った特許付与の事例もあり、それらについては非難されるに足るところもある。こうした特許出願をしないよう、出願前に十分に精査する必要はあるが、法的要件を満たしていたとしても、法的枠組みの外での一定の配慮が必要となる場合もある。企業責任の遂行、社会貢献、コンプライアンスが国際的に提唱される中にあって、我が国の企業や大学等がこうした紛争を回避するためには、事前に現地の慣習や文化を調査し、可能な限り現地の先住民や地域社会の理解を得るよう努める必要があるといえる。

また、「biopiracy」として非難された事例の中には、開発途上国政府、NGO 及び先住民等による再審査請求や異議申立等を受けて、保護要件を満たさないとして権利が無効になったものもある。しかし、こうした事例は一握りであり、特許等の無効を争うためのプロセスの煩雑性、要する時間、費用及び労力の関

第 4 章　CBD に関する個別論点

係から、その他の多くのケースは行政又は司法手続きに訴えるのではなく、インターネットを利用してキャンペーンを展開する手法を用いることが多い。一度、「biopiracy」のレッテルを貼られると、インターネットで配信され、情報が世界に伝達されて企業や大学等のイメージダウンに繋がる場合もあるため、ネット情報についても注意を払っておく必要がある。

　以上の手を尽くしても、結果的に非難の対象となってしまった場合には、速やかな対応を行うことで真摯な姿勢を示すことも、紛争を発展させない重要なポイントである。

【もっと知りたい人のために】
① 渡辺幹彦・二村聡編『生物資源アクセス：バイオインダストリーとアジア』（東洋経済新報社、2002 年）
② 森岡一『生物遺伝資源のゆくえ――知的財産制度からみた生物多様性条約』（三和書籍、2009 年）

2　知的財産権に関する論点整理

　前節で紹介したバイオパイラシー（biopiracy）の議論とも関連して、遺伝資源及び伝統的知識をめぐる議論においては、知的財産権に関する問題が大きな争点となっている。そこで本節では、知財関連フォーラムである世界知的所有権機関（WIPO）と世界貿易機関（WTO）の TRIPS 理事会における議論について紹介した上で、アクセス及び利益配分（ABS）に関する問題について、知的財産権に関する視点から論点を整理する。

（1）　WIPO／IGC における議論

　WIPO は知的財産権に関する国連の専門機関である。WIPO の伝統的知識の保護に関する取組としては、古くは 1970 年代の国際連合教育科学文化機関（UNESCO）とのフォークロアの保護に関する共同プロジェクトや 1982 年の「不法利用及びその他の侵害行為からフォークロアの表現を保護する各国国内（立）法のためのモデル規定」の策定などがある。しかし、遺伝資源や伝統的知識の問題一般についても取り扱うようになったのは、1990 年代後半のことである。

　当時 WIPO の特許法常設委員会（Standing Committee on the Law of Patents：

SCP）では、国際的な特許制度の調和を目的とする特許法条約（Patent Law Treaty：PLT）の検討が行われていたが、1999年9月の第3回SCPにおいて、コロンビアが特許出願における遺伝資源の出所開示と合法アクセス証明[1]を法的に義務づけることを求める提案を行った。このコロンビア提案について、ラテンアメリカを中心とする開発途上国は支持したが、先進国は、特許出願における出所開示義務の導入は実体的な特許要件に関連することであり、手続的事項・方式的事項の国際調和を取り扱うPLTに規定するのは適切でないこと、また議論が十分に行われていないためPLTに盛り込むのは時期尚早であることなどを理由に強く反発し、議論が紛糾した。この遺伝資源の出所開示問題等が種々の会合における議論にも波及したことから、遺伝資源及び伝統的知識に関する問題を集中的に議論する場を設けることが合意され、2000年の第26回WIPO一般総会において、「知的財産並びに遺伝資源、伝統的知識及びフォークロアに関する政府間委員会（Intergovernmental Committee on Intellectual Property and Genetic Resources, Traditional Knowledge and Folklore：IGC）」を設置することが決定された[2]。

---

[1] 遺伝資源等に関する出所開示と合法アクセス証明とは、遺伝資源や伝統的知識を利用して物やサービス等が製造・開発された場合に、特許出願等の際に以下の文書等の開示・提出を求め、当該遺伝資源及び／又は伝統的知識に合法的にアクセスし、利用したことを証明させる措置のことである。

　①遺伝資源及び／又は伝統的知識の出所（例：原産国／提供国／入手元等）の開示
　②遺伝資源及び／又は伝統的知識に合法的にアクセスしたことを証明する書面（例：遺伝資源の原産国の権限ある当局が発行した当該遺伝資源へのアクセスを認める書面（事前の情報に基づく同意（PIC））；先住民又は地域社会のPICを示す書面の写し等）の提出

　この他に、公正かつ衡平な利益配分を行っていることを示す書面（例：利益配分を定めた契約書の写し）の提出を求める提案もある。特許出願における出所開示問題の詳細については、田上麻衣子「遺伝資源及び伝統的知識の出所開示に関する一考察」知的財産法政策学研究8号（2005年）59-93頁；中屋裕一郎「特許出願における遺伝資源及び関連する伝統的知識のアクセス関連情報の開示」特許ニュースNo.11711（平成18年2月15日号）；濱野隆「遺伝資源の出所開示を契機としたWIPOの混乱と欧州の立場」AIPPI 50巻9号（2005年）542-553頁等を参照のこと。

[2] *See* WIPO, *Matters Concerning Intellectual Property and Genetic Resources, Traditional Knowledge and Folklore*, WO/GA/26/6 （August 25, 2000）; *Report of the WIPO General Assembly, Twenty-Sixth （12th Extraordinary） Session, Geneva, September 25 to October 3, 2000*, WO/GA/26/10 （October 3, 2000）, para. 71.

第 4 章　CBD に関する個別論点

　2001 年 5 月に開催された第 1 回 IGC 以降、これまで計 17 回の会合が開催されており（2010 年 12 月末現在）、遺伝資源及び伝統的知識と知的財産権に関する問題について、専門的かつ包括的な検討を行っている。IGC における議論は、遺伝資源、（狭義の）伝統的知識、伝統的文化表現（フォークロアの表現）の三つに分けて行われている（これらの区別については本章 3-1 を参照）。

　これまでの主な取組としては、①「伝統的知識」等の用語の定義、現行の知的財産制度による保護の可能性及び適切性、特別の制度（*sui generis* system）の必要性に関する検討、②知的財産と ABS に関する既存の契約事例集（契約データベース）の策定や知的財産権モデル条項の検討、③特許出願における出所開示に関し、特許出願要件に関する各国法についての技術的調査研究の実施、④伝統的知識に関連した定期刊行物及びデータベースに係る目録の作成、⑤伝統的知識の文書化支援、⑥伝統的知識データベースのポータルサイトの開設及び整備[3]、⑦遺伝資源及び伝統的知識関連に関する国際特許分類（International Patent Classification：IPC）の分類の新設に関する検討、⑧伝統的文化表現（フォークロアの表現）の保護に係る各国のこれまでの経験（国内法の制定及び保護実績等）に関する調査研究の分析、⑨遺伝資源に関する法令や伝統的知識及び伝統的文化表現の保護に関する法令に係る情報提供[4]、⑩「伝統的知識の保護に関する規定案」及び「伝統的文化的表現／フォークロアの表現の保護に関する規定案」の作成（後述）などがある。

　このように、IGC は知的財産保護に関する多様な視点から検討を行っているが、伝統的知識の定義や規定案の作成などをめぐって先進国と開発途上国の意見が対立し、2005 年頃から議論が停滞していた。こうした中、2009 年の第 47 回 WIPO 一般総会において、IGC の次期（2010-2011）マンデートとして、①遺伝資源及び伝統的知識の効果的な保護を確保するための国際的な法的文書（international legal instrument）[5]の合意に向けたテキスト・ベースの交渉を行うこ

---

[3]　WIPO, *Portal of Online Databases and Registries of Traditional Knowledge and Genetic Resources*（http://www.wipo.int/tk/en/databases/tkportal/）(last visited September 1, 2010).

[4]　WIPO, *Legislative Texts on the Protection of Traditional Knowledge and Traditional Cultural Expressions（Expressions of Folklore） and Legislative Texts relevant to Genetic Resources*（http://www.wipo.int/tk/en/laws/index.html）(last visited September 1, 2010)

[5]　本文書の法的拘束力の有無については合意されていない。

と、② IGC は 2010-2011 年の 2 年間に 4 回の会合を開催すること、また、通常の会合とは別に会期間作業部会[6] (Intersessional Working Group : IWG) を 3 回開催すること、③ 2011 年の加盟国総会において、外交会議の開催について決定することなどが合意された。

（ⅰ）遺伝資源

遺伝資源に関する最大の論点は、特許出願における出所開示問題である。この問題に関して、日本は 2006 年の第 9 回 IGC において「特許制度と遺伝資源」と題する文書を提出している[7]。本文書では、遺伝資源に関する出所開示問題については、「誤った特許付与」の問題[8]と CBD の遵守の問題に分けて考えるべきとの考えを示した上で、「誤った特許付与」の問題については、①誤った特許付与が起こるのは審査官が遺伝資源及び関連する伝統的知識に関する情報を容易に入手できないためであり、この問題解決のためにデータベースの改善を図るべき、②遺伝資源の出所／原産国、事前の情報に基づく同意（PIC）及び利益配分の証拠は、新規性・進歩性の判断に関係する技術情報ではなく、出所等の開示は誤った特許付与の防止には役立たないという我が国の見解を示している。

目下、遺伝資源に関しては、特許出願における出所開示義務の導入のほか、遺伝資源の防衛的保護（defensive protection）[9]や遺伝資源の利用に関し相互に合意する条件（MAT）及び公正かつ衡平な利益配分等が議論されている。しか

---

[6] すべての加盟国及びオブザーバーが参加可能。第 1 回会合（2010 年 7 月開催）では、伝統的文化表現について検討した。

[7] Japan, *The Patent System and Genetic Resources*, WIPO/GRTKF/IC/9（April 20, 2006）.

[8] 「誤った特許付与」とは、遺伝資源及び／又は関連する伝統的知識を用いた発明が、新規性、進歩性等の特許要件を満たさないものであるにもかかわらず、言語的制約やデータベースなどのファシリティー面の制約等の様々な制約から、新規性、進歩性を欠いていることを証明できる文献を審査官が発見することが困難であるために、誤って権利が付与されてしまうことをいう。

[9] 防衛的保護とは第三者による権利化の阻止を目的とする措置で、知的財産権制度の下で独占権を与えて保護する（＝積極的保護）のではなく、誰にも独占させないことを確保するに留まる（したがって「消極的保護」とも呼ばれる。）。防衛的保護の問題は、知的財産権制度が本来保護対象としていないものについて、第三者が制度の不備を突いて権利を取得すること（例：誤った特許付与等）をいかにして阻止するかという視点から議論されることが多い。

第4章　CBDに関する個別論点

し、後述する伝統的知識の保護については具体的な規定案が作成され、その作業文書に基づき議論が行われているのに対し、遺伝資源に関してはこうした文書が存在しないため、議論が進んでいない。そこで、2010年5月に開催された第16回IGCにおいて、オーストラリア、カナダ、ニュージーランド、ノルウェー、米国が遺伝資源の保護の目的及び原則に関する共同提案[10]を提出した。ただし、遺伝資源に関しては、伝統的知識や伝統的文化表現とは異なり、現時点で議論のたたき台となる具体的なテキストは存在していない。

(ⅱ) **伝統的知識((狭義の) 伝統的知識及び伝統的文化表現)**

伝統的知識については、これまで上記のとおり多様な観点から検討が行われてきているが、最近の主要な取組としては、「伝統的知識の保護に関する規定案」及び「伝統的文化的表現／フォークロアの表現の保護に関する規定案」の起草が挙げられる[11]。

IGC設置後の早い段階から、アフリカやノルウェー等の諸国が伝統的知識の保護に関する国際的な保護の可能性及びそのための特別の制度（*sui generis* system）の創設に関する検討を行うよう要請したことを受けて、第6回IGCで伝統的知識の保護の主要原則及び目的が検討され、これら原則等に関する概要を取りまとめることが決議された。ケース・スタディ等の伝統的知識の保護に関するWIPOのそれまでの活動やIGCにおける審議を基に事務局が規定案の第一次草案を作成し、これをたたき台として2004年の第7回IGC以降、規定案に係る検討が行われている。

これら規定案は、いずれも①（政策）目的、②一般指導原則、③実体規定の三つの部分から構成されている。③実体規定の部分では、不正利用からの保護、

---

[10] この共同提案には、遺伝資源に関連する伝統的知識の利用時における伝統的知識の保有者からの許可の取得、誤った特許付与の防止とそのための特許庁による関連先行技術調査の徹底、関連する伝統的知識の文献化を望まない場合の配慮、関連する国際的な文書及びプロセスの尊重等が盛り込まれている。*Submission by Australia, Canada, New Zealand, Norway and the United States of America*, WIPO/GRTKF/IC/16/7 (May 6, 2010)

[11] WIPO, *The Protection of Traditional Cultural Expressions/Expressions of Folklore: Revised Objectives and Principles*, WIPO/GRTKF/IC/9/4 (January 9, 2006), WIPO/GRTKF/IC/16/4 (March 22, 2010); *The Protection of Traditional Knowledge: Revised Objectives and Principles*, WIPO/GRTKF/IC/9/5 (January 9, 2006), WIPO/GRTKF/IC/16/5 (March 22, 2010).

法的保護の形式、保護対象、保護要件、利益配分、PIC の取得、例外及び制限、保護期間等の実体原則を規定しており、伝統的知識の保護の実体的な内容にかなり踏み込んでいる。

　これら規定案をめぐっては、実体規定に係る議論は時期尚早であり、実体規定に係る議論を行うには目的及び一般原則に関する合意形成が必要であるとする先進諸国と、実体規定こそが本作業文書の中核であり、実体規定も含めた包括的な議論が不可欠であると主張する開発途上国の対立が続いていた。また、同文書の法的性質をめぐっても、国際的に法的拘束力のある文書とすることを志向する開発途上国に対し、法的拘束力のないガイドラインとすることを強く求める先進国の意見が対立し、硬直状態が続いた。これらの問題については合意されていないが、テキスト・ベースの交渉を行うというマンデートを受けて、実体規定中の各条文についての議論が開始されている。両規定案の内容は CBD-ABS における伝統的知識の保護の議論に非常に関連するため、WIPO における規定案の議論の行方には注意が必要である。

（2） WTO／TRIPS 理事会における議論

　WTO 協定の附属書である「知的所有権の貿易関連の側面に関する協定（TRIPS 協定）[12]」は、知的財産権の保護に関して世界貿易機関（WTO）の加盟国が遵守すべき最低基準（ミニマム・スタンダード）を定めている。TRIPS 理事会は、TRIPS 協定に関する議論を行うために WTO の中に設けられた専門の理事会であり、年3回通常会合が開催されている。

　TRIPS 協定中には、CBD や ABS、伝統的知識の保護に言及した規定は置かれていないが、関連する規定としては、TRIPS 協定の第 27 条が、特許の対象となる発明の種類について規定している。同条1項によると、特許は、新規性、進歩性及び産業上の利用可能性のあるすべての技術分野の発明（物であるか方法であるかを問わない。）について与えられる。一方、同条3項(b)は、「微生物以外の動植物並びに非生物学的方法及び微生物学的方法以外の動植物の生産のための本質的に生物学的な方法」については、特許の対象から除外することを認めている。また、同規定では、各締約国が、植物品種について、特許若しくは効果的な特別の制度（*sui generis* system）又はこれらの組み合わせによって保護

---

[12] 1994年4月15日締結、1995年1月1日発効。

第 4 章　CBD に関する個別論点

することが認められている。実際に、多くの国が UPOV 条約をモデルに、国内法として植物品種保護法等を制定して、植物新品種の保護を図っている。

　この TRIPS 協定第 27 条 3 項(b)は、WTO 協定の効力発生の日から 4 年後に検討されることになっており（＝ビルトイン・アジェンダ）、1999 年 1 月より TRIPS 理事会において再検討（レビュー）が行われている。ところが、開発途上国はこの再検討の過程において、TRIPS 協定と CBD の整合性の問題、更には遺伝資源に関する ABS 問題や伝統的知識の保護の問題を取り上げ、議論の拡大を図った。これに対し、先進国が強く反対したため、2000 年までは TRIPS 協定第 27 条 3 項(b)の再検討に関するマンデート論について対立し、実質的な議論は行われなかった。

　しかし、2000 年 3 月の TRIPS 理事会において、議長からマンデート論を離れて、論点を次の六つに整理して検討することが提案された。すなわち、① TRIPS 協定第 27 条 3 項(b)と開発との関係、② TRIPS 協定第 27 条 3 項(b)の下での特許保護に関連する技術的問題、③植物品種保護のための特別の制度（*sui generis* system）に関する技術的問題、④生物の特許性に関連する倫理的問題、⑤遺伝資源の保全と持続可能な利用との関係、⑥伝統的知識や農民の権利との関係である。この提案に従って、各国から書面が提出され、実質的な議論が開始された。

　また、2001 年 11 月に行われた第 4 回 WTO 閣僚会議（ドーハ・ラウンド）で採択された閣僚宣言（ドーハ閣僚宣言（Doha Ministerial Declaration））では、「TRIPS 理事会に対し、第 27 条 3 項(b)の下での再検討、第 71 条 1 項の下での TRIPS 協定の実施の再検討及び本宣言の 12 項に従って行われることが予想される作業を含めた作業計画の実施にあたって、とりわけ TRIPS 協定と CBD の関係[13]、伝統的知識とフォークロアの保護、更に第 71 条 1 項に従って加盟国により提起されるその他の関連する新たな進展について検討することを指示す

---

[13] TRIPS 協定と CBD の関係については、（1）TRIPS 協定と CBD は抵触するため、TRIPS 協定を CBD に整合的に改正すべきという立場、（2）両条約は抵触するものではなく、各国は、国内法において両条約を相互補完的に履行することができるという立場、（3）本来両条約の間には抵触は生じないが、条約の履行措置によっては抵触が生じる可能性があるため、両条約が相互に補完的な方法で履行されることを確保するために何らかの措置を執る必要があるという立場に分かれている。詳しくは、田上麻衣子「生物多様性条約（CBD）と TRIPS 協定の整合性をめぐって」知的財産法政策学研究 12 号（2006 年）163-183 頁。

る。本作業の遂行にあたり TRIPS 理事会は、TRIPS 協定第 7 条及び第 8 条に規定される目的及び原則に従うとともに、開発の側面を十分に考慮する[14]。」との規定が盛り込まれ、TRIPS 協定と CBD の関係、伝統的知識及びフォークロアの保護等について未解決の実施問題[15]として検討が行われることとなった。

こうして TRIPS 理事会では、TRIPS 理事会通常会合と未解決の実施問題という二つの視点から議論が行われており、各国から数多くの文書が提出されている。インド、ブラジル等の開発途上国は、生物に対する特許付与の禁止を求めるとともに、特許出願における遺伝資源及び伝統的知識の出所開示、PIC の取得、利益配分等について、CBD と整合的になるよう TRIPS 協定 (第 27 条 3 項 (b) 又は第 29 条) を改正することなどを提案している[16]。

これに対し、米国、日本[17]、オーストラリア等の先進国は、生物に対する特許付与の禁止について反対するとともに、現行 TRIPS 協定と CBD は抵触するものではなく、両者は相互補完的な関係にあるとの認識の下、出所開示等に関し、TRIPS 協定に新たな義務を導入すべきではないと主張している。また、遺伝資源及び伝統的知識の問題は契約により対応可能であり、本問題に関して専門的な見地から検討している WIPO での議論の進捗状況も踏まえ、慎重に対応すべきとの立場を示している。なお、ノルウェー[18]、EU[19][20]は開発途上国の主張

---

[14] *Ministerial declaration* (adopted on November 14, 2001), WT/MIN(01)/DEC/1 (November 20, 2001), para. 19.

[15] WTO 協定の実施段階に入って開発途上国が直面している様々な問題のこと。

[16] E.g., *Communication from Brazil, China, Colombia, Cuba, Ecuador, India, Pakistan, Paraguay, Peru, Thailand, Venezuela and the African Group*, WT/GC/W/564/Rev. 2-Rev.5, TN/C/W41/Rev.5, IP/C/W/474-Add.5 (July 5, 2006). 2007 年には、アフリカグループ及び後発開発途上国グループも共同提案国になる意思を表明している。

[17] 我が国は WIPO に提出した文書「特許制度と遺伝資源」を TRIPS 理事会にも提出し、出所開示義務の導入に反対するとともに、特許審査用遺伝資源データベースの改善を提案している。

[18] *Communication from Norway*, WT/GC/W/566 (June 14, 2006).

[19] 従来は EC として参加していたが、2009 年 12 月 1 日のリスボン条約発効により EU に統合・継承された。本稿では EC 時代の内容についても EU の呼称を用いて説明する。

[20] *Proposal of the European Community and its Member States to WIPO, Disclosure of Origin or Source of Genetic Resources and Associated Traditional Knowledge in Patent Applications* (December 16, 2004), p. 8; Council for Trade-Related Aspects of Intellectual Property Rights, *Communication from the European Communities and Their Member States*, IP/C/W/383 (October 17, 2002).

第4章　CBD に関する個別論点

に一部理解を示し、一定の条件下で出所開示を認める姿勢をとっている[21]（これまで WIPO 及び TRIPS 理事会に提出された出所開示に係る提案の概要は表1を参照）。

　改正提案に関しては、これまで数次の会合で議論が行われたが、改正テキストに基づく議論を行うか否かで開発途上国と先進国が対立し、議論は平行線を辿っている。

　一方、TRIPS 理事会では、伝統的知識及びフォークロアの保護も議題の一つとなっている。しかし、TRIPS 協定と CBD の関係や TRIPS 協定第27条3項(b) の再検討の問題と一括して議論されており、その結果、TRIPS 協定と CBD の関係に多くの時間が割かれ、伝統的知識及びフォークロアの保護については実質的な議論は行われていない。

（3）　論点整理

　前節の考察により、遺伝資源及び伝統的知識に関し、問題点を挙げる主張には多様なものがあることが明らかとなった。表2は、これらの主張と現在関連フォーラム等で議論・提案されている知的財産権に関連する措置を整理したものである。

　①に対する措置として、保有者に対する権利等の付与が提案されているが、

---

[21] 改正テキストに基づく議論に反対する米国、日本、カナダ、ニュージーランド、オーストラリア等の先進国と、出所開示義務の導入を強く主張するブラジル、インド等の開発途上国という対立軸の他に、もう一つの主張として、パラレリズム論がある。これはブラジル、中国、EU、スイス、アフリカグループ等が共同で行った提案で、既に交渉項目である地理的表示の多数国間通報登録制度問題に、地理的表示の追加的保護の拡大及び TRIPS と CBD の問題を加えて、これら三つをドーハラウンドの一括交渉受諾項目として並行的に議論すべきという内容である。*Communication from Albania, Brazil, China, Colombia, Ecuador, the European Communities, Iceland, India, Indonesia, the Kyrgyz Republic, Liechtenstein, the Former Yugoslav Republic of Macedonia, Pakistan, Peru, Sri Lanka, Switzerland, Thailand, Turkey, the ACP Group and the African Group*, TN/C/W/52（July 19, 2008）.

[22] *Proposals by Switzerland Regarding the Declaration of the Source of Genetic Resources and Traditional Knowledge in Patent Applications*, PCT/R/WG/4/13 （May 5, 2003）; *Proposals by Switzerland Regarding the Declaration of the Source of Genetic Resources and Traditional Knowledge in Patent Applications*, PCT/R/WG/5/11 （October 16, 2003）.

2 知的財産権に関する論点整理

表1：WIPO 及び TRIPS 理事会に提出された各国の出所開示に係る提案

	スイス提案(22)	EU 提案	ノルウェー提案	開発途上国提案
提案内容	・特許協力条約（Patent Cooperation Treaty：PCT）を改正し、各国が出願人に対し、発明に用いた遺伝資源又は伝統的知識の出所を開示するよう求めることができる（義務づけは各国の裁量に任せる）ようにする	・各国、地域又は国際特許出願において、発明に用いた遺伝資源又は伝統的知識の原産国又は出所に関する情報の開示を出願人に義務づける	・TRIPS 協定に第29条の2を新設し、各国が特許出願人に対し、出所の開示を義務づける。 ・各国特許庁は開示情報を CBD のクリアリングハウスメカニズム（CHM）に通知する	・TRIPS 協定に第29条の2を新設し、各国が特許出願人に対し、出所の開示を義務づける。 ・開示された情報は公開する
開示の対象	・発明者がアクセスした特定の遺伝資源の出所 ・生物多様性の保全と持続的利用に関係した先住民及び地域社会の知識、工夫及び慣行の出所 ・不知の場合はその旨を宣言	・原産国（country of origin）（知っている場合） ・発明者が物理的にアクセスした遺伝資源の特定の出所（specific source）（知っている場合） ・遺伝資源に関連する伝統的知識の特定の出所（ただし、伝統的知識の概念については議論が必要）	・遺伝資源及び伝統的知識の提供国（知っている場合は原産国） ・PIC に関する情報	・生物資源及び／又は関連する伝統的知識の提供国（可能な場合には原産国） ・生物資源及び／又は関連する伝統的知識の商業的その他の利用から生ずる利益の配分に係る PIC の取得に係る法令遵守の証拠を含む情報
不遵守に係る法的効果	・出願手続の停止、PCT 及び PLT により許容された法的効果（出所の宣言の欠落又は誤りが欺罔的意図による場合には、付与された特許権の効力がこれによって影響されることを国内法令において規定可能）	・特許制度外での措置（民事・行政上の措置）	・出願手続の停止 ・特許付与後に不遵守が判明した場合には、特許の有効性には影響を与えない（特許制度外の措置）	・審査及び付与手続の停止、特許の無効等

　これは遺伝資源及び／又は伝統的知識を知的財産の一類型とし、新たな知的財産権として保護するという可能性を含むものである。特別の制度（*sui generis system*）の創設をめぐる議論や WIPO における規定案がこれに関連するが、南北間での合意の形成は難航している。

　出所開示義務及び合法アクセス証明義務の導入は、②と③(a)の主張に関連

第4章　CBD に関する個別論点

表2：遺伝資源及び伝統的知識に関する主張と提案

主　　張	提案されている措置
①保有者の意に反して第三者が遺伝資源及び／又は伝統的知識にアクセスし利用することを問題とする主張	・保有者に対する権利等の付与（特別の制度（*sui generis* system）の創設等）
②遺伝資源及び／又は伝統的知識の利用から生じる利益配分が公正かつ衡平に行われていないことを問題とする主張	・特許出願における出所開示・合法アクセス証明義務の導入
③第三者が遺伝資源及び／又は伝統的知識に係る研究成果に関して知的財産権を取得することを問題とする主張	
(a)パブリック・ドメインとなっている伝統的知識等について知的財産権が付与されることを問題とする主張	・特許出願における出所開示・合法アクセス証明義務の導入 ・伝統的知識の文書化、データベース化 ・審査用データベースの構築
(b)知的財産権の存在自体を問題とする主張	・遺伝資源及び伝統的知識に係る知的財産権の付与の禁止

している。すなわち、(i) 研究成果が出た後の特許出願の時点における開示義務に対応するために、遺伝資源及び／又は伝統的知識の利用者がアクセスの時点で積極的に利害関係人との交渉に臨む等、公正な取引を促進し、結果として利益配分を確保する機会を増大させる（②に対応）、(ii) 出願人に遺伝資源及び／又は伝統的知識の出所の開示をさせ、特許庁の審査官が開示された情報を基に審査を行うことにより、特許要件に関する判断や発明者（及び特許を受ける権利を有する者）についてより的確な判断を可能にし、過誤登録に基づく誤った権利の発生等を未然に防止する（いわゆる「バイオパイラシー（biopiracy）」の阻止）（③(a)に対応）、という二つの目的を有している。前者は、CBD の履行確保、すなわち、PIC 及び利益配分の確保という観点からの義務づけであるのに対し、後者は、本来権利が付与されるべきでない出願の発見の促進、つまり、より良い特許制度の構築という観点からの義務づけであり、全く趣旨を異にしている。この点を十分に整理・理解した上で議論を行わなければならない。また、出所開示義務に関しては、既に北欧やインド、中国等の諸国が国内法で導入しているため、これらの諸国への出願については注意が必要である。

　③(b)に対する措置としては、遺伝資源及び／又は伝統的知識に関する知的財産権の付与の禁止を求めるものがある。代表的なものが生物への特許付与の禁止に関する提案であるが、TRIPS 協定によって知的財産権の保護に係るミニ

マム・スタンダードの設定に成功した先進国にとって、TRIPS マイナスとなる改正は容認しがたく、交渉は進んでいない。

このように、知的財産をめぐる議論においては、いずれの論点でも未だ着地点を見出せずにいる[23]。環境という全く異なる分野から投じられた一石の波紋は予想以上に大きく、富の配分をめぐる攻防の中で、知的財産制度の在り方そのものが問われている。

【もっと知りたい人のために】
① 高倉成男『知的財産法制と国際政策』(有斐閣、2001 年)
② 田上麻衣子「生物多様性条約(CBD)と TRIPS 協定の整合性をめぐって」知的財産法政策学研究 12 号(2006 年)163-183 頁
③ 夏目健一郎「遺伝資源と知的財産に関する議論の動向」特許研究 50 号(2010 年)45-56 頁
④ 田上麻衣子「遺伝資源と伝統的知識に関する新たな枠組みと知財制度——CBD-COP10 の成果と課題」知財研フォーラム Vol. 84(2011 年)18-26 頁

3 伝統的知識の保護

遺伝資源の中には、先住民や地域社会の「伝統的知識」(Traditional Knowledge：TK) に従って、保全され、利用されてきたものも多い。生物多様性条約(CBD) の起草過程では、生物多様性の保全及びその構成要素の持続可能な利用における伝統的知識の重要性が認識、評価され、第 8 条(j)に伝統的知識の尊重、保存、維持、利益配分の奨励などが規定された。しかし、どのように伝統的知識を保護するかについては多様な視点・論点があり、国際的に様々な議論が行われている。

そこで、本節では、伝統的知識とは何か及び伝統的知識に関する問題の所在について概説した上で、CBD 関連会合における議論とその他の国際機関等による取組を紹介する。なお、世界知的所有権機関（WIPO）等の知財関連フォーラムにおける伝統的知識に関する議論については前節で整理しているため、あわせて参照されたい。

---

[23] CBD と知的財産に関しては、本節で紹介した論点の他に、技術移転の問題もある。

第 4 章　CBD に関する個別論点

3-1　伝統的知識(TK)に関する問題の所在

（１）伝統的知識とは何か

　伝統的知識の定義については、CBD 第 8 条(j)作業部会や WIPO 等、種々のフォーラムにおいて様々な観点から検討されているが、伝統的知識は文芸、美術、科学等の多くの分野に関係するため、これらすべてを包含しうる定義づけが難しく、現時点で合意された定義は存在しない。伝統的知識と呼ばれるものには多様なものがあるが、代表的なものとして、①狭義の伝統的知識、②文化的表現（フォークロア）があり[1]、これらはまとめて（広義の）伝統的知識と呼ばれている。以下ではそれぞれがどのようなものかを紹介する[2]。

（ⅰ）狭義の伝統的知識

　狭義の伝統的知識とは、先住民や地域社会が伝統的に保持・発展・伝承してきた様々な知識をいう。その中には、化学・医学・薬学・農学・生態学などに関する知識のように有用なものも多い。

　狭義の伝統的知識は、特に本書で取り上げている遺伝資源と密接な関係をもつ場合もある。例えば、特定の植物が医薬品の原料になることや、その原料を利用して医薬品を製造する方法が先住民や地域社会により伝統的に知られている場合には、その知識はここでいう伝統的知識であり、その知識に基づいて数多くある植物の中から有用な遺伝資源を探索・特定し、またそれを用いて医薬品を開発することがより容易になることがある。

　他方、狭義の伝統的知識は生物多様性の保全とも密接に関連する。先住民や地域社会は環境に負荷をかけないような資源利用の方法を長い年月をかけて開発・伝承してきた。その知識は、農林業、土地整備、資源管理、家畜管理、養殖漁業等にわたる広範なものである。そのような知識が生物多様性の保全及びその構成要素の持続可能な利用において有用であるとの理解の下、上記のとお

---

(1) このほかに「遺伝資源」を伝統的知識に含めて理解する考え方もある。
(2) これらの概念を整理し問題状況を概観する簡便な文献として、「Intellectual Property and Traditional Cultural Expressions/Folklore（WIPO Publication No. 913）」や「Intellectual Property and Traditional Knowledge（WIPO Publication No. 920）」がある。いずれも WIPO のウェブサイト（http://www.wipo.int/tk/en/resources/）で入手可能である（最終訪問日：2010 年 9 月 1 日）。

りCBDに第8条(j)が盛り込まれた。

　狭義の伝統的知識の中でも遺伝資源に関連した伝統的知識はCBDの議論との関わりが深く、その保護の在り方については、CBDの締約国会議（COP）や第8条(j)作業部会等を中心に議論が行われている（詳しくは次節参照）。加えてWIPOでも、伝統的知識の知的財産としての保護の観点から、伝統的知識の問題について検討が行われている（詳しくは前節参照）。

（ⅱ）**文化的表現（フォークロア）**

　文化的表現はフォークロア（folklore）とも呼ばれる。文化的表現の保護に関してはWIPOや国際連合教育科学文化機関（UNESCO）が取り組んでいるが、これらの取組が開始された時期にはフォークロアとの呼称が用いられていた。しかし、現在では両機関ともに文化的表現ないし伝統的文化表現（Traditional Cultural Expressions：TCEs）との呼称が用いられるようになっている。

　先住民や地域社会が創作し伝承してきた文化的な表現は極めて多様である。文化的表現の例としては、民話・伝統的な詩・なぞなぞといった口承文学、民謡や楽曲等の音楽、伝統舞踊・演劇・祭式のような行動による表現、カゴ・ビーズ製品・彫刻・織物・刺繍・テキスタイル・カーペット・衣装・楽器の芸術的なモチーフやデザインのある手工芸品や描画・絵画等を挙げることができる。

　これらは、言語の表現、音楽の表現、行動の表現、有形の表現に大別することができるが、それぞれの形態の表現は相互に密接である。例えば、祭式を例に考えると、伝統的な楽器を用いて演奏される音楽・民謡にあわせて舞踊が披露され、参加者は伝統的な衣裳や装飾品を身につけることも想定される。また、それらの文化的表現のあるものについて、祭式等の一定の場面においてのみ用いられることが許されるといった特別のルールが当該文化の内部に存在することもあるだろう。したがって、（遺伝資源や狭義の伝統的知識にも言えるが）特に文化的表現については独立して存在するものというよりは、その表現が帰属する文化の構成要素の一つであると捉える視点も必要になる。

　この文化的表現については、CBDに関するアクセス及び利益配分（ABS）の議論の対象からは除外され、文化の保護、先住民の保護、知的財産としての保護等の観点から、UNESCOやWIPO等でその保護の在り方が議論されている。

（ⅲ）**広義の伝統的知識の特徴**

　これらの伝統的知識は、先住民や地域社会のコミュニティー内において、維持・伝承・利用・発展が何世代にもわたって繰り返すという過程で形成されて

第4章　CBDに関する個別論点

図1：伝統的知識に関する概念図

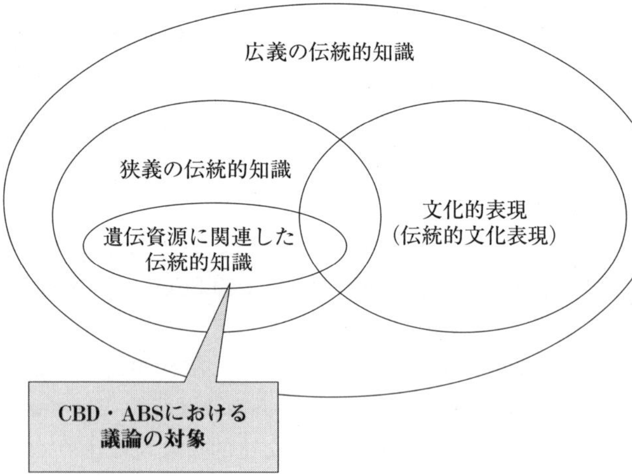

（広義の伝統的知識／狭義の伝統的知識／遺伝資源に関連した伝統的知識／文化的表現（伝統的文化表現））

CBD・ABSにおける議論の対象

（筆者作成）

きたと考えられている。そのような性質ゆえ、伝統的知識には共通の特徴として、コミュニティー内で①共同で創作・開発され、②知識が共有され、③長期にわたり伝承され、④口承で伝承されることが多く、⑤伝承の間に知識が変容し、また⑥当該コミュニティーが存在する土地や環境と調和的なものであることが多く、⑦コミュニティーの文化と密接に関連した利用のされ方をし、加えて⑧他のコミュニティーにおいても類似の伝統的知識が並行的にみられることもある、という点が挙げられる。

（2）広義の伝統的知識に関する問題の所在

このような広義の伝統的知識が利用される場面において、問題があると考えられる場合がある。その主たるものは、コミュニティーに帰属しない第三者による伝統的知識の利用に関するものである。問題は次のように整理される。

第一に、伝統的知識の入手方法が適切ではない場合である。窃盗のような不正手段により入手することだけではなく、例えば入手の際に十分なインフォームド・コンセントがなされない、またその一部として利益配分の取り決めがなされないといったものも含まれる。第二に、伝統的知識の利用から得られた利

3-1 伝統的知識(TK)に関する問題の所在

益について、先住民や地域社会に対して十分な利益配分がなされない場合も不当であると指摘されている。

　以上の二つの類型は、本書の対象である遺伝資源の入手と利用に関して、多くの事例が報告されているものである。例えば、企業が何らかの遺伝資源を取得し、先住民の伝統的知識を利用して医薬品を開発し、これについて特許を取得し、さらにその医薬品を販売する場合などが典型例として想定される（具体的な事例については第4章1参照）。なお、遺伝資源について次にあげる第三の類型の問題が生じることもありうる。

　第三に、伝統的知識が帰属している先住民や地域社会の文化等に照らして、不適切だと考えられる利用方法がとられている場合である[3]。例えば、ある先住民の文化において特別な意味付けがなされている紋様等が、第三者の手により、その意味に沿わないあるいは反する方法で用いられるということが考えられる。そのような状況においては、紋様を利用する第三者が、この先住民の文化的なルール等を十分に認識していないということも考えられるが、とはいっても当該先住民にとっては自らの文化が十分に尊重されていないと感じられるだろう。とりわけ、文化は個人や集団のアイデンティティーに直接的に連関していることに鑑みるに、この類型の問題は、しばしばマイノリティーである先住民グループ等の社会における取扱いの問題でもあるとみることもできる。

　以上のように、伝統的知識の入手・利用について、先住民や地域社会の十分な同意を得ていない場合、先住民や地域社会に対する利益配分が行われない場合、あるいは先住民や地域社会の意に反する利用がされた場合には、たとえ現行法に照らして問題がないとしても、そこには何らかの不当性がありうるのではないかとの問題意識がもたれている。その背景には、先住民や地域社会が形成・維持・伝承してきた伝統的知識は先住民や地域社会に帰属するものであり、それゆえその「所有者／保有者」たる先住民や地域社会がこれをコントロールできるべきだとの理解があるように思われる。

　上述のような問題意識に基づいて、この問題は様々なフォーラムにおける議

---

(3) 具体例としてアボリジニ文化に基づく絵画が不正にマットの文様に用いられたミルプルル事件につき、青柳由香「第10章 知的財産と文化」庄司克宏編『国際機構』（岩波書店、2006年）189頁を参照。なお同事件では、当該絵画が著作権による保護を受けることができたため、現行の著作権制度の下での法的解決が可能であった。裁判の運営においてアボリジニ文化を尊重する態度をとった点についても同事件は注目される。

第4章　CBDに関する個別論点

論及び学術的な検討の対象となっている。このような議論が日本で紹介され始めたのは2000年代以降であり、新しい論点としてとらえられているが、先住民や地域社会の伝統的知識に関する問題意識と取組は新しいものではない（例えば、1960年代にはすでにアフリカの諸国がこれを保護しようとする取組をしている（詳しくは、本章3-3参照））。とはいえ、技術が発展し、外国への移動の容易化や情報のデジタル化等が進んだことにより、伝統的知識へのアクセスの頻度が高くなり、また経済のグローバル化により、例えば、入手された伝統的知識の商業的利用が世界中に広まり莫大な利益が得られることもあるといったように、生じる問題の規模は大きくなっており、それゆえ議論が高まっている面もあるだろう。以下では、このような問題状況について、どのような解決が可能だと考えられているかを概説する。

（3）伝統的知識に関する問題の法的解決の可能性

　上述のような問題状況について、法的に解決する手法として次の二つの可能性が論じられている。①現行法による解決、②特別の制度（*sui generis* system）による解決である。

　①現行法による解決に関しては、先住民や地域社会の伝統的知識は知的財産としての性質を有しているため、既存の知的財産権制度の下でこれを保護できるのではないかとの議論がある。たしかに、遺伝資源及び伝統的知識の技術的な性質に、そして文化的表現が有する表現としての性質に着目すると、前者は特許や実用新案として、後者は著作物や意匠としての保護になじむように考えられる。仮に広義の伝統的知識が現行の知的財産権制度の下で十分に保護されるのであれば、特許権や著作権等に基づいて、侵害行為を排除することが可能であるし、実際にそのような解決がなされた事例もある。

　しかし、このような解決は十分に機能しない場合が多い。その理由として、第一に、広義の伝統的知識の中には知的財産権による保護の対象にならないものが多くあることが挙げられる。例えば、コミュニティー内で公にされた医薬に係る知識は特許取得の要件である新規性を喪失しているだろうし、伝統的な紋様は保護期間を渡過している可能性も高い。また、伝統的な文様に基づいて製作された木彫も伝統に厳格に従っていればいるほど著作物性の要件である創作性を欠くことになる。さらに、権利主体となるべき発明者や著作者の特定も困難である。第二の理由として、先住民や地域社会の能力の問題が挙げられる。

3-1 伝統的知識(TK)に関する問題の所在

先住民や地域社会の中には、社会のマイノリティーであり周縁化されているものも多い。そのような状況において、たとえ現行の特許制度の下で特許を取得することが理論上は可能であっても、海外出願等を含む出願手続を行うことは知識的にも金銭的にも容易ではない。また、知的財産権が取得できたとしても、侵害品に対する特許権や著作権等の実効的な行使は難しく、知的財産制度の活用は困難であろう。先住民や地域社会の能力構築の問題は、CBDの第8条(j)作業部会等で対策が検討されているものの、未だ十分な対応がなされているとは言えない（詳しくは次節参照）。

以上は現行法を活用するタイプであるが、この他に、現行法を前提としつつも、特許出願時の出所開示制度の導入等、現行法を改正することにより、不正に特許を取得できないようにすることも提唱されている（詳しくは前節参照）。

他方、もう一つの解決方法として提案されているのが、②特別の制度（*sui generis* system）による解決である。「*sui generis*」とは、「独自の」という意味のラテン語で、「*sui generis* system」とは特定の問題を解決するための独自の法制度を意味する。すなわち、先住民や地域社会の伝統的知識に関する問題を解決するための特別の法制度を新たに構築することが提唱されているのである。

このような提言の背景には、上述のように、現行の知的財産権法の活用の可能性が限定されるという理由の他に、そもそも現行知的財産権法は、(a)保護期間が有限であり（保護期間終了後は伝統的知識がパブリック・ドメインに配され、自由に利用されることになる）、(b)権利が個人に帰属することが前提とされているため、コミュニティーにおいて共有されることもある伝統的知識の保護にはなじまないというのである。あわせて、現行の知的財産権制度は西欧型の思想に基づいて構築されたものであって、これに一致しないからといって先住民や地域社会の伝統的知識の保護が十分に図られないというのは不当であるとも主張されている。

以上のような事情を踏まえて、伝統的知識は先住民や地域社会の文化の表れであるので、①期限の定めのない保護がなされるべきであり、また②先住民や地域社会のコミュニティーの慣行によっては集団的所有も認められるべきだとの理解の下、そのような特色を有する特別の制度（*sui generis* system）が望まれるとの主張がなされている。そのような制度の法的性質は知的財産権制度に類似のものが想定されている。

とはいえ、そのような内容の特別の制度（*sui generis* system）が導入されるこ

199

第4章 CBDに関する個別論点

とは、既存の知的財産権制度のバランスを変容させることを意味する。すなわち、特許法・著作権法等の創作法とよばれる分野では、単純化していえば、発明や著作物等の創作物に対する一定期間の排他権というインセンティブを付与することで発明や創作を促進し、保護期間終了後は当該発明や著作物はパブリック・ドメインに属し公衆が自由に利用可能になるという制度設計を行っている。しかし、先住民や地域社会の伝統的知識が関与する特定の分野においてのみ、永続的な権利(排他権や報酬請求権といった強力な権利もその内容となりうる)を付与する特別の制度(*sui generis* system)を導入すると、そもそもそのような制度がなければ誰もが自由に使うことができた伝統的知識は、許諾を得たり使用料を払ったりすることなしには使用できなくなる。つまり、先住民や地域社会は権利を得るが、他方でそれ以外の多くの人々の行動は大幅に制約を受けるようになるのである。そのような権利の配分に関するバランスを大幅に変更するにあたっては、なぜ先住民や地域社会の伝統的知識についてのみ特別の制度(*sui generis* system)が導入されるべきかという正当化の論拠が十分に示される必要があろう。また、それは各先住民や地域社会が有する歴史的背景等によって異なるだろう。

【もっと知りたい人のために】
① 青柳由香「伝統的知識・遺伝資源・フォークロア——知的財産としての保護の概要」石川明編『国際経済法と地域協力』(信山社、2004年) 133頁
② 田上麻衣子「遺伝資源及び伝統的知識の保護をめぐる議論の基層」日本工業所有権法学会年報30号 (2006年) 252頁
③ 山名美加「生命と情報 知的財産権と先住民の知識 遺伝資源・伝統的知識における『財産的情報』をめぐる考察」現代思想30巻11号 (2002年) 152頁

3-2　CBDの締約国会議(COP)等における議論

(1)　CBDの伝統的知識(TK)関連規定

　本章3-1で説明したとおり、伝統的知識(TK)という用語は多義的であり、曖昧である。生物多様性条約(CBD)の場合、規定上、「原住民[1]・地域社会の伝統的知識、工夫及び慣行」という用語に限定するならば、この用語が用いられている条文は、第8条(j)（生息域内（*in situ*）保全）、第10条(c)（生物多様性の構成要素の持続的利用）、第17条(2)（情報の交換）、第18条(4)（技術的科学的協力）となる。また、この伝統的知識に関する事項は、締約国会議(COP)では知的財産権(IPR)、アクセス及び利益配分(ABS)に関する議論の中で頻繁に挙げられてきており、そこでは、この伝統的知識という概念はこの用語が用いられていない他の条文として第15条（遺伝資源の取得の機会）や第16条（技術の取得の機会及び移転）にも関連性を有する。とりわけ第15条に関しては、遺伝資源に関連した伝統的知識を商業利用する場合には遺伝資源のアクセス及び利益配分を規定した第15条の条項も適用されることになる―例えば、伝統的知識の商業的利用に際して伝統的知識保有者からのPIC（事前の情報に基づく合意）の取得（第15条5項）とMAT（相互に合意する条件）に関して（同条4項）、さらに利益配分については同条7項―。そのため、伝統的知識を直接規定内容とするCBD第8条(j)の実施に関連する議論ではこれら関連規定[2]にも敷衍して議論されることになる。とりわけ、第8条(j)はCBDが検討対象とする伝統的知識の概念を明文上規定しているだけに重要である。

　第8条(j)生息域内（*in situ*）保全は以下のように規定する。

> 自国の法令に従い、生物の多様性の保全及び持続可能な利用に関連する<u>伝統的な生活様式を有する原住民の社会及び地域社会の知識、工夫及び慣行</u>を尊重し、保存し及び維持すること、そのような知識、工夫及び慣行を有する者の承認及び参加を得てそれらの一層広い適用を促進すること並びにそれらの利用がもたらす利益の衡平な配分を奨励すること。

（下線部筆者）

---

(1)　本書では基本的に「先住民」の語を用いているが、本節ではCBD第8条(j)に係る記載が多いため、「原住民」の語を使用する。

第4章　CBDに関する個別論点

　第8条(j)の解釈上、「自国の国内法令に従う（subject to its national legislation）」以上、伝統的知識の保護は国内管轄事項となる。この場合、伝統的知識の保有者は誰か／利益配分の宛名は誰なのか／どのような措置がとられるのかは原住民・地域社会（Indigenous Local Communities：ILC）が帰属する国の国内問題となる。このことは資源提供国とILCとは必ずしも同一の利益団体ではないことから、原住民のCBDへの参加措置に関する議論へとつながる。

　また、この規定は具体的義務を伴うものではない。したがって、締約国に対して伝統的知識の保護を義務的なものとして課すためには法的拘束力をもつ規範をCBDのなかで構築するする必要がある。これがABSに関する国際レジーム（IR）の構築論へとつながる(3)。

　伝統的知識の保護のための措置が既存の知的財産権制度上困難であることから、これを保護するためには特別な法制度の必要性が主張されてきた。これが「特別の制度（*sui generis* system）」に関する議論へとつながる。

　さらに、この規定が第15条の遺伝資源アクセス及び利益配分規定との関連で解釈される場合、誰のいかなる伝統的知識かという伝統的知識の保有者の特定の問題も惹起される。

---

(2) 関連規定は以下のとおり（下線部筆者）。
　　第10条　生物多様性の構成要素の持続的利用
　　　　締約国は、可能な限り、かつ、適当な場合には、次のことを行う。……
　　　　(c)保全又は持続可能な利用の要請と両立する伝統的な文化的慣行に沿った生物資源の利用慣行を保護し及び奨励すること。
　　第17条(2)　情報の交換
　　　　(1)に規定する情報の交換には、技術的、科学的及び社会経済的な研究の成果の交換を含むものとし、また、訓練計画、調査計画、専門知識、原住民が有する知識及び伝統的な知識に関する情報並びに前条(1)の技術と結び付いたこれらの情報の交換を含む。また、実行可能な場合には、情報の還元も含む。
　　第18条(4)　技術的科学的協力
　　　　締約国は、この条約の目的を達成するため、自国の法令及び政策に従い、技術（原住民が有する技術及び伝統的な技術を含む。）の開発及び利用についての協力の方法を開発し並びにそのような協力を奨励する。このため、締約国は、また、人材の養成及び専門家の交流についての協力を促進する。
(3) このような法的拘束力をもつ文書として、2010年10月に名古屋で開催された第10回締約国会議（COP10）において採択された「名古屋議定書」があげられる。

3-2 CBD の締約国会議(COP)等における議論

表1：CBD における伝統的知識関連議論の系譜年表

年月	会合名称	事項
1996年11月	COP3	伝統的知識と生物多様性に関する作業会合(WS)の開催を決定
1997年11月	伝統的知識と生物多様性に関する作業会合 WS	ILC の参加による伝統的知識に関連する具体的検討作業開始
1998年5月	COP4	第8条(j)実施に取り組むために会期間アドホックな作業部会(WG)の設置を決定
2000年3月	第1回 8(j)-WG	第8条(j)に関する作業計画の要素を検討、伝統的知識の保護の形態について取り組み開始
5月	COP5	第8条(j)作業計画を採択
2001年10月	第1回 ABS-WG	ボン・ガイドラインの草案を策定。
2002年2月	第2回 8(j)-WG	伝統的知識の保護と知的財産権との関係について検討
4月	COP6	ABS に関するボン・ガイドラインの採択
9月	持続的発展に関する世界サミット	ABS 国際レジーム(IR)の交渉を要請
2003年12月	第2回 ABS-WG	ABS 国際レジーム(IR)の議論開始
12月	第3回 8(j)-WG	「Akwé: Kon ガイドライン」草案起草
2004年2月	COP7	「Akwé: Kon ガイドライン」採択
2005年2月	第3回 ABS-WG	ABS に関する国際レジーム(IR)交渉開始
2006年1月	第4回 8(j)-WG	ABS-WG との協力関係の検討
2月	第4回 ABS-WG	ABS 国際レジーム(IR)に関する草案の起草
3月	COP8	ABS 国際レジーム(IR)の COP10 までの完遂要請
2007年10月	第5回 ABS-WG	ABS 国際レジーム(IR)の実質的要素の検討
10月	第5回 8(j)-WG	「倫理行動規範」に関して検討開始
2008年1月	第6回 ABS-WG	国際レジーム(IR)の主要な構成要素に集約して議論
2009年5月	COP9	2010年までの国際レジーム(IR)交渉の工程表を採択
4月	第7回 ABS-WG	国際レジーム(IR)交渉の土台となるテキストに集約して検討
6月	遺伝資源に関連する伝統的知識に関する専門家会合	遺伝資源と伝統的知識との関係等法的、技術的問題の検討
11月	第6回 8(j)-WG	COP10 にむけて国際レジーム(IR)交渉における ILC、伝統的知識関連事項の整理
11月	第8回 ABS-WG	ABS 国際レジーム(IR)に関する議定書草案起草準備
2010年3月	第9回 ABS-WG	ABS 国際レジーム(IR)に関する議定書草案合意せず交渉中断

第 4 章　CBD に関する個別論点

年月	会合名称	事項
7 月	第 9 回 ABS-WG 再開会合	ABS 国際レジーム (IR) 議定書草案テキストベースで交渉再開
9 月	地域間交渉グループ	議定書採択に向けて意見調整を図るも難航中断
10 月	COP10	ABS 国際レジーム (IR)「名古屋議定書」として採択

（2）　CBD における伝統的知識関連議論の系譜
（i）　伝統的知識作業部会の設立

　CBD における第 8 条 (j) に規定される原住民・地域社会の知識、工夫及び慣行（伝統的知識）に関する議論は、1996 年 11 月ブエノスアイレスで開催された第 3 回締約国会議 (COP3) に始まる。COP は第 8 条 (j) の実施の更なる促進に取り組むために、伝統的知識と生物多様性に関する作業会合 (WS) を開催することを決定した[4]。この決定に基づき、1997 年 11 月にマドリッドにおいて、伝統的知識と生物多様性に関する作業会合 (WS) が開催された。そこでは、次期第 4 回締約国会議 (COP4) に向けて作業計画中の要素に関する勧告を内容とする報告書[5]が採択された[6]。翌 1998 年 5 月にスロヴァキア共和国ブラティスラバにおいて開催された COP4 では、COP 会期間における第 8 条 (j) の実施に関して検討するための会合の必要性から作業部会 (Working Group : WG) の創設が決定された[7]。

　このようにして、第 1 回第 8 条 (j) 作業部会 (8 (j)-WG) は 2000 年 3 月セヴィリアにおいて開催された。そこでは、第 8 条 (j) に関する作業計画の要素が検討され、伝統的知識の保護の形態について取り組みが開始された。第 1 回 WG 会合での検討結果は報告書[8]として 2000 年 5 月ナイロビで開催された第 5 回締

---

[4]　COP3 Decision III/14. Implementation of Article 8 (j), para. 9.

[5]　*Report of the Workshops on Traditional Knowledge and Biological Diversity, Madrid, 24-28 November 1997*, UNEP/CBD/TKBD/1/3（December 15, 1997）.

[6]　*Implementation of Article 8 (j) and Related Provisions*, UNEP/CBD/COP/4/10（February 2, 1998）

[7]　COP4 Decision IV/9/. Implementation of Article 8 (j) and related provisions, para. 1

[8]　*Report of the first meeting of the Ad Hoc Open-ended Inter-Sessional Working Group on Article 8 (j) and Related Provisions of the Convention on Biological Diversity*, UNEP/CBD/COP/5/5（April 12, 2000）.

約国会議（COP5）へと付託された。COP は WG の任務の範囲を実施状況の見直しまで拡大し、第 8 条(j)作業計画を採択した[9]。この作業計画の下、いくつかの特定の課題（task）が優先順位の高い順番に配置されることとなった。

（ⅱ） ABS 国際レジーム(IR)論の構築

このような 8(j)-WG とは別に、2001 年 10 月ボンでは第 1 回遺伝資源へのアクセス及び利益配分（ABS）作業部会（ABS-WG）が開催され、「ボン・ガイドライン」の草案が策定された（詳しくは第 2 章 1 を参照）。また、2002 年 2 月モントリオールで開催された第 2 回 8(j)-WG では、伝統的知識の現状と傾向に関する複合報告書の概要と並んで、伝統的知識の保護に影響を与える既存の文書の効果についてとして、知的財産権との関連について検討が始められた。

2002 年 4 月ハーグで開催された第 6 回締約国会議（COP6）は、前述の ABS に関するボン・ガイドラインを採択し、ABS 協定実施における知的財産権の役割について検討した。また、COP は第 8 条(j)を CBD の主要な作業計画の中に取り入れることとして、複合報告書の概要を採択した。同年、2002 年 9 月ヨハネスブルグで開催された「持続的発展に関する世界サミット」は、ヨハネスブルグ実施計画の中で、CBD の枠の中で公正かつ衡平な利益配分に関する「国際レジーム（IR）」の交渉を要請した。これを受けて、2003 年 12 月モントリオールで開催された第 2 回 ABS-WG では、ABS 国際レジーム（IR）の作業過程、性質、範囲、要素、形態について議論を開始し、PIC や MAT、能力構築の遵守確保のための措置を検討した。

2003 年 12 月モントリオールで開催された第 3 回 8(j)-WG では、遺伝子利用制限技術（Genetic Use Restriction Technologies：GURTS）の社会経済的影響、伝統的知識保護のための「特別の制度（*sui generis* system）」の要素、(原住民・地域社会の CBD) 参加のためのメカニズム、「原住民の社会及び地域社会により伝統的に占有又は利用されてきた聖地、土地及び水域において実施するよう提案された開発又はそれらに影響を及ぼす可能性のある開発に関する文化的、環境的及び社会的影響アセスメントの実施のための Akwé: Kon 任意ガイドライン[10]」（Akwé: Kon ガイドライン）が検討された。翌 2004 年 2 月にクアラルンプールで開催された第 7 回締約国会議（COP7）では、ABS のための能力構築に関する行動計画の採択、Akwé: Kon ガイドライン採択[11]と並んで、ABS に関する国

---

[9] COP5 Decision V/16. Article 8 (j) and related provisions.

第4章 CBDに関する個別論点

際レジーム（IR）交渉を作業部会は任務づけられる運びとなった。これをうけて、2005年2月バンコクで開催された第3回 ABS-WG では、ABS に関する国際レジーム（IR）に関する交渉が開始された。また、国際的認証、遵守確保のための措置、ABS 指標のための選択肢といったボン・ガイドラインを補完するための付加的取り組みについても検討が開始された。

2006年1月グラナダにおいて第4回 8(j)-WG が開催され、原住民・地域社会の CBD への参加のためのメカニズム、原住民及び地域社会の文化的かつ知的遺産の尊重のための倫理的行動準則、GURTS と並んで、ABS-WG との協力関係が検討された。また、同年 2006 年翌2月グラナダでは、第4回 ABS-WG が開催され、そこでは、ボン・ガイドライン補完的アプローチとしての国際的認証制度や遵守措置等と並んで、ABS 国際レジーム（IR）に関する草案の起草が開始された。同年3月クリチバ（ブラジル）で開催された第8回締約国会議（COP8）において、COP は COP10 までのできるだけ早い時期に ABS 国際レジーム（IR）に関する作業を完遂するべく WG に働きかけた。また、8(j)-WG には ABS-WG の任務に貢献するべく要請した。

2007年10月モントリオールで開催された第5回 ABS-WG では ABS 国際レジーム（IR）の実質的要素の検討に入った。この翌週（2007年10月モントリ

---

(10) *Akwé: Kon Voluntary guidelines for the conduct of cultural, environmental and social impact assessments regarding developments proposed to take place on, or which are likely to impact on, sacred sites and on lands and waters traditionally occupied or used by indigenous and local communities* (http://www.cbd.int/doc/publications/akwe-brochure-en.pdf)（last visited August 20, 2010）

　ABS に関する法的拘束力のないガイドラインとして採択された「ボン・ガイドライン」に対して伝統知識に関わる ILC の権利に関して採択された法的拘束力のないガイドライン。その草案が起草されたモントリオールの Mohawk 族の言葉で「森羅万象（everything in creation）」を意味するとされる。なお、このガイドラインの解説及び翻訳については以下を参照せよ。田上麻衣子「CBD・Akwé: Kon ガイドラインについて」知的財産法政策学研究10号（2006年）215-220頁；青柳由香・田上麻衣子訳　原住民の社会及び地域社会により伝統的に占有又は利用されてきた聖地、土地及び水域において実施するよう提案された開発又はそれらに影響を及ぼす可能性のある開発に係る文化的、環境的及び社会的影響アセスメントの実施のための Akwé: Kon 任意ガイドライン」知的財産法政策学研究10号（2006年）221-245頁。北海道大学グローバル COE プログラム「多元分散型統御を目指す新世代法政策学」の HP （http://www.juris.hokudai.ac.jp/coe/pressinfo/journal/vol_10.html）より参照可能（最終訪問日：2010年8月20日）。

(11) COP7 Decision VII/16. Article 8(j) and related provisions.

オール）第5回8(j)-WGが開催されたが、これ以後ABS-WGとの連続開催となる。

（iii） COP10に向けて

　2008年1月ジュネーヴで開催された第6回ABS-WGでは、国際レジーム（IR）の主要な構成要素（利益配分、遺伝資源アクセス、遵守、伝統的知識と遺伝資源、能力構築）に集約して議論がなされた。翌2009年5月ボンで開催された第9回締約国会議（COP9）では、2010年までの国際レジーム（IR）交渉の工程表が採択された。また、8(j)-WGは伝統的知識の文書化、伝統的知識の保有のための行動計画、原住民・地域社会のCBD参加のためのメカニズム、固有の制度の諸要素、倫理的行動規範の要素、複合報告書に関する作業について活動することが決定された。

　これ以後、COPとWGとは別に、2008年12月には概念、用語、作業上の定義、分野別アプローチに関する専門家会合[12]が、2009年12月には遵守に関する専門家会合[13]が開催された。

　これと相前後して2009年4月パリにおいて第7回ABS-WGが開催され、目的、範囲、遵守、利益配分、アクセスに関する作業テキストに集約して議論された。また、2009年6月にはハイデラバード（インド）において遺伝資源に関連する伝統的知識に関する専門家会合が開催され、遺伝資源アクセスと遺伝資源に関連する伝統的知識（TK associated with Genetic Resources）規制のための原住民及び地域社会の慣習法、PICとMAT遵守確保のための措置等が検討された。検討結果は、同年2009年11月モントリオールで開催された第6回8(j)-WGでの検討対象として付託された。また、そこでは、伝統的知識及び関連する遺伝資源の不正利用を防止することにより原住民の権利を認識し保護する必要性があるとして「原住民及び地域社会の文化的、知的遺産の尊重を確保するための倫理行動規範（Code of Ethical Conduct）」の諸要素についても検討された。

---

[12] 2008年12月ナンビアにおいて開催された、概念、用語、作業上の定義、分野別アプローチに関する専門家会合では、生物遺伝資源、派生物、成果に対する異なる理解及び個々の理解の意味について取り組んだ。

[13] 2009年1月に東京において開催された遵守に関する専門家会合では、外国の原告による裁判制度利用の簡易化／管轄権をまたいだ判決の承認と執行の支援／国内ABS法制の遵守確保のための救済賠償補償と制裁に関する規定／外国の遺伝資源を利用した者による遵守強化のための自発的措置、不正利用に関する国際的定義による判断、慣習法を考慮に入れた遵守措置、非商業的調査のための遵守措置等が検討された。

第4章　CBDに関する個別論点

2009年11月にはモントリオールで第8回ABS-WGが引き続き開催され、「倫理行動規範の諸要素に関する議論」も含む上記の第6回8(j)-WGの検討結果は2010年10月のCOP10(名古屋)へと付託された。

(iv)　COP10における議定書の採択と「遺伝資源に関連する伝統的知識」

COP10では、これまでの議論を背景として伝統的知識の問題は検討され、最終的に「議定書」の中に明文上組み込まれた。すなわち、COP10において採択された「名古屋議定書」では、伝統的知識はこの議定書の適用対象に含まれ(議定書第3条)、それゆえ伝統的知識へのアクセスとそこからの利益配分に関しては、遺伝資源同様、事前の同意(PIC)(第6条)と相互に同意する条件(第5条)に基づく旨規定され、遺伝資源に関連する伝統的知識に関わるABSが強化拡充されている。ただし、議定書の遡及的適用の可能性を伴う「公知となっている伝統的知識(publicly available TK)」はABSの対象外として議定書上明文規定はおかないことになった。また、「伝統的知識」に充てられた議定書第12条では、ILCの権利に関して、慣習法、共同体の規範・手続き等に対する考慮義務が規定されている(第12条)[14]。

(3)　第8条(j)実施において提起される問題について

CBDが条約目的とする生物多様性の保全、その構成要素の持続可能な利用及び遺伝資源の利用から生ずる利益の公正かつ衡平な配分とILCが保有する伝統的知識の関連については、1996年のCOP3以来2008年の第9回締約国会議(COP9)以後も6回の8(j)-WG会合と8回のABS-WG会合において今日まで検討されてきている。さらに2009年6月には翌2010年のCOP10を念頭に置いて、遺伝資源に関連した伝統的知識に関する技術専門家会合がインドの

---

[14]　この他の第8条(j)に関連する議題は第一作業部会において検討された。そこで、議論された事項は、多数年作業計画、ILCの参加の拡大、「特別の制度(*sui generis* systems)」、「倫理行動規範」の要素等であった。これらの議題は、COP10のCBD第8条(j)に関する決議として以下のとおり採択された。多数年作業計画に関する決議に関する決議(UNEP/CBD/COP/10/L.39)／ILCの参加の拡大に関する決議(UNEP/CBD/COP/10/L.6)／「特別の制度(*sui generis* systems)」に関する決議(UNEP/CBD/COP/10/L.7)／「倫理行動規範」の要素に関する決議(UNEP/CBD/COP/10/L.38)。とりわけ、伝統的知識保護のための「特別の制度」の構築に際しては、ILCの参加と承認を伴う、ILCの慣習法や慣行、地域の規則等を考慮することや、WIPO等他の機関とのテキストベースの交渉の継続に留意するべく挿入された。

ハイデラバードで開催された。ここで示された問題点は 11 月の第 6 回 8 (j)-WG で検討された後、ABS の要素として検討される議題を除いては COP10 へ、ABS に関連するものについては ABS-WG を経て ABS に関する国際レジーム（IR）に関する検討議題として COP10 へ付託された。

そこで、前述のような第 8 条(j)の解釈を念頭に、これまでの議論をふまえて、第 8 条(j)を実施してゆく上で伝統的知識が CBD の文脈で提示している問題とは何かについて検討を加えたい。この点に関しては、大きくは次の三点にあると思われる。一つはそもそも伝統的知識とは何かという定義の問題であり、二つ目には、伝統的知識を商業利用した場合の利益配分の宛先としての伝統的知識の保有者に関する問題であり、三つ目には、知的財産としての伝統的知識をどのように保護するのかという問題である。

（ⅰ）　伝統的知識とは何か／伝統的知識の定義が不明であるということ

遺伝資源に関する定義は CBD 第 2 条（用語）において「現実の又は潜在的な価値を有する遺伝素材」と規定されていながら、保護されるべき伝統的知識に関する明文上の定義は CBD には存在しない。また、伝統的知識の定義に関する議論は CBD の内外においてこれまで議論されてきたにもかかわらず、国際的に合意される定義は存在しない（詳しくは本章 3-1 参照）[15]。

その一方で CBD は前述のように第 8 条(j)において伝統的知識について明文上言及し、その保護をも規定している。ただし、ここにいう伝統的知識の概念は少なくともフォークロア等を含む包括的な意味ではなく、CBD の文脈に沿った固有の意味をもつべきものとして遺伝資源と関連づけられたものと認識されている。それゆえ、伝統的知識の定義に際しては、遺伝資源との関連性が重要となる。すなわち、遺伝資源と関連づけられる伝統的知識とは何かということである。そこでは生物遺伝資源へのアクセスと利用、さらに利益配分との関連性が重要なものとなる。すなわち、伝統的知識という用語を遺伝資源と関連づけることの意義についての考察に敷衍して、ILC の伝統的知識を知的財産として保護するという意味は、具体的には遺伝資源の利用方法に関して彼らの知識等が利用された場合には利用者はその利用から生じる利益を対価として伝統的知識保有者に対して配分をせよということである。このことは何に対する利益

---

[15] WIPO の知的財産並びに遺伝資源、伝統的知識及びフォークロアに関する政府間委員会（IGC）は 2001 年以来この問題を検討してきている（詳しくは本章 2 参照）。

第4章　CBD に関する個別論点

配分なのか、ということと同時に誰に対して利益配分をするのかという問題を惹起する。加えて、これに反した場合には、伝統的知識の不正利用となるのかという問題が生じる。この点に関して、「名古屋議定書」の規定上、遺伝資源に関連する伝統的知識の利用から生じる利益は利益配分の対象となっているが、そのための措置は適宜、立法上、行政上、又は政策上のものとなっており（議定書第5条5項 公平かつ衡平な利益配分）、この規定内容上、具体的にいかなる措置を採るかは利用者母国の国内管轄事項となるため必ずしも強制力はのぞめない。

この場合、想定される遺伝資源に関連した伝統的知識の商業利用に際して、遺伝資源に関連した伝統的知識を利用した民間企業が資源提供国内の当該遺伝資源に関する伝統的知識の保有者である ILC に利益配分する根拠とは以下のようなものであろうか。すなわち、そのような考え方とは、当該遺伝資源の利用方法——例えば、植物遺伝資源の薬効に着目した利用方法——はその植物性遺伝資源が存在する原住民の伝統的知識の一部であり、企業がその植物遺伝資源を商業利用することにより創薬活動を行う場合には、当該植物性遺伝資源に関連した伝統的知識の利用にあたるため、彼らの伝統的知識は知的財産として保護されなければならないとするものであろう。

しかしながら、そのような遺伝資源とその利用に関連する伝統的知識との関連性は常に明確なものではないであろうし、個別に検討されるべきものであろう[16]。

（ⅱ）　伝統的知識の保有者[17]／利益配分の宛先

伝統的知識を商業利用した場合に生じる利益は誰に配分されるのだろうか。

---

[16] 例えば、ビンカ・アルカロイド（ビンブラスチン・ビンクリスティン）の歴史的な発見とガン治療薬としての商業化において、伝統的知識を不適切に利用したという主張がある。しかしながら、証拠の示唆するところでは、ニチニチソウに関連する伝統的知識は抗糖尿病特性に関連しているが、抗ガン特性には関連していない。さらに、この植物は世界の亜熱帯域に広く野生植物として生育しており、しばしば主張されているマダガスカルではなくジャマイカにおいて糖尿病に対する伝統薬として使われてきたのである。これらの例は、GR の伝統的利用と科学研究間の分岐についてのみならず、GR と伝統的知識の国境横断的性格について重要な問題を提起している。遺伝資源に関連した伝統的知識に関する生物多様性条約——ABS 技術専門家グループに対する国際商業会議所・知的財産委員会の 2009 年 4 月 30 日付け提出文書（ICC Commission on Intellectual Property, *Traditional knowledge associated with genetic resources: Submission to the CBD ABS Technical Expert Group on Traditional Knowledge Associated with Genetic Resources*, ICC Document No. 450/1046（30 April 30, 2009））

この問題に関して、CBDの規定上、伝統的知識はILCによって集団的に保有される知的財産として保護されるものであり、したがってこれを利用した場合の利益配分はこれら集団に配分されるべきであるする解釈も可能であろう。しかしながら、権利義務の帰属を特定するに際して、その帰属を特定の集団に対して認めることは困難である。このような困難は、伝統的知識の脱国家的（transnational）—あるいは「国境横断的」—な性格に起因すると思われる。例えば、同様のもしくは類似した伝統的知識を商業利用して利益をあげた企業は、当該伝統的知識の保有者を主張する複数のILCのいずれに利益配分するべきなのであろうか。

このような事態に対して一つの解決策を与えているのが伝統的知識のデータベース化や登録制度[18]である。CBD第8条(j)の解釈論にみたように、伝統的知識の保護は提供国の国内管轄事項である。それゆえ、その保有者の特定及び利益の配分の宛先は国内法制度の下決定されうる。そのようにすることにより、伝統的知識の利用者である企業は提供国が認めた伝統的知識保有者である相手から適切にPICを取得し、MTAを締結することができる。そのためには、各国の政府窓口（National Focal Point）と権限ある当局（Competent National Authority）が責任ある行動をとることが求められる。さもないと、ある伝統的知識の保有者であるとして利益配分がなされた後に別な集団が現れ、異議を唱える場合が想定されるからである。このような事態は法的な不確実性を招き、ABSのリスクが増す。リスクが増せば配分される利益が減少する。さらに、このような不確実性から利用者の遺伝資源及び伝統的知識を商業利用しようとする意欲を失いかねない[19]。

したがって一国内において相互に異なるILCが当該伝統的知識の保有を主張する場合には、伝統的知識保有者の登録制度や伝統的知識自体のデータベース化は有効である。しかしながら、伝統的知識及びその保有者としてのILCが複数の国家にまたがって存在している場合には、国家間の調整が必要となる。またさらに、遺伝資源の提供者としての国家と伝統的知識保有者としてのILC

---

[17] CBDには規定上"own", "owner", "ownership"といった「所有」を意味する用語は用いられていない。

[18] ペルーの伝統的知識の登録制度を内容とする国内法制の例やインドの伝統的知識デジタル・ライブラリーの例。

[19] ICC, *supra* note 16.

第 4 章　CBD に関する個別論点

は必ずしも同一の利益団体ではないことにも配慮が必要であろう。実際、COP10 においては、伝統的知識の保有者としての権利を主張する ILC と国家主権に基づく伝統的知識の管轄権を維持したい一部提供国（中国、インド等）との間で意見が対立したが、最終的には国家から独立した ILC の権利は認められなかった。

（iii）　伝統的知識の保護の形態／どのように保護するのか

CBD 第 8 条（j）に規定される伝統的知識を ILC の知的財産とみなした場合、これをどうして保護してゆくのかという問題がある。これに対して特許制度等既存の知的財産権制度上の保護は適切ではないとした場合、従来の知的財産権制度に依る保護とは異なる新たな保護の形態を「特別の制度（*sui generis system*）」として構築する必要が生じる。

そもそも、「特別の制度（*sui generis* system）」とは、例えば TRIPS 協定第 27 条 3 項（b）でいう特許や著作権の制度のような知的財産権制度が提供する保護とは異なり、特定の対象事項に合せた特別のシステムをさしている。それゆえ、ここにいう特別の制度とは、その保護が効果的であることを条件に、各国が何らかの形態の知的財産権によって植物の新品種を保護する自国のルールを定めることができるということを意味している。ただし、TRIPS 協定は効果的な制度の要素を定義していない。CBD の関連会議での議論においてもこのような固有の制度の内容に関しては明らかではない[20]。それゆえ、この固有の制度による伝統的知識の保護に関する議論は、今後も CBD 関連会議において継続されることであろう（「特別の制度（*sui generis* system）」に関する国際レベル、地域レベル、各国レベルにおける取組については本章 3-3 で後述されている）。

上記のような第 8 条(j)の実施における伝統的知識に関する問題は、ABS に

---

[20]　例えば、ここでいう特別の制度（*sui generis* system）の内容としては、「農民の権利（farmer's right）」が類推される。国際連合食糧農業機関（FAO）は 1983 年に FAO グローバル植物遺伝資源（PGR）システム（植物遺伝資源の保全と公益的利用のための全世界システム）を創設したが、このシステムを構成する法的枠組みの一つとして「植物遺伝資源に関する国際的申し合わせ」(International Undertaking on Plant Genetic Resources：IU) がある。この IU の解釈として 1989 年に Annex のかたちで導入された概念として「農民の権利（farmer's right）」がある（FAO Conference Resolution 4/89 (November 29, 1989)）。この概念は、植物生殖質保有者への植物遺伝資源の質的向上への貢献に対する補償・報酬として位置づけられている。

関する国際レジーム（IR）の構成要素として名古屋議定書の中に(2)(iv)でみたように組み込まれた。

> 【もっと知りたい人のために】
> ① CBD の文書については、CBD の下記のウェブサイトより参照可能。
>   　個々の会合の作業文書：Calendar of SCBD Meetings
>   　　（http://www.cbd.int/meetings/）
>   　締約国会議の各決議：COP Decisions
>   　　（http://www.cbd.int/decisions/cop/）
> ② 伝統的知識それ自体の背景となる議論に関しては、「特集：伝統的知識の保護に関する基礎的な考察」知的財産法政策学研究 13 巻（2006 年）27-70 頁（北海道大学グローバル COE プログラム「多元分散型統御を目指す新世代法政策学」のウェブサイト（http://www.juris.hokudai.ac.jp/coe/pressinfo/journal/vol_13.html）より参照可能（最終訪問日：2010 年 8 月 20 日））
> ③ 遺伝資源、伝統的知識に関する資源提供国側の国内法制については以下のサイトが有用である。GRAIN, *Biodiversity Rights Legislation (BRL)*（http://www.grain.org/brl/）(last visited August 20, 2010)

3-3　その他の国際機関等による取組

　特別の制度（*sui generis* system）の導入については、生物多様性条約（CBD）の締約国会議等の他にも、国際的、地域的、あるいは国家的なレベルで様々な取組がみられている。以下ではそれぞれのレベルでの取組を概観する。なお、世界知的所有権機関（WIPO）のウェブサイトでは、広義の伝統的知識に関する国・地域・国際レベルにおける各種法制度（法的拘束力がないモデル法等も含む）のリストを提供しており、各法制度の条文も参照できる[1]。また、WIPO の法制度データベース（CELA）を用いると国名等や分野から法制度等を検索可能である[2]。本節で取り上げる法制度のすべてがこれらの WIPO のウェブサイト

---

(1) WIPO, *Legislative Texts on the Protection of Traditional Knowledge and Traditional Cultural Expressions (Expressions of Folklore) and Legislative Texts relevant to Genetic Resources*（http://www.wipo.int/tk/en/laws/index.html）(last visited August 25, 2010).

(2) WIPO, *Collection of Laws for Electronic Access (CLEA)*（http://www.wipo.int/clea/en/）(last visited August 25, 2010).

第4章　CBDに関する個別論点

で参照できる。

（1）国際的な取組
（ⅰ）ベルヌ条約
　国際レベルにおける最も早い先住民の伝統的知識に関する具体的な取組として、著作権の分野において、文学的及び美術的著作物の保護に関するベルヌ条約（ベルヌ条約[3]）がフォークロア保護を導入したことが挙げられる。ベルヌ条約は1886年に作成されたが、その後1967年のストックホルム外交会議において第15条4項(a)が採択された。同項は、「著作者が明らかでないが、著作者がいずれか一の同盟国の国民であると推定する十分な理由がある発行されていない著作物について、著作者を代表し並びに著作者の権利を各同盟国において保全し及び行使することを認められる権限のある機関を指定する権能は、当該一の同盟国の立法に留保される」と規定する。同項はフォークロアの保護を意図したものであるが（フォークロアの定義が困難だったため、条文ではこの文言が用いられていない。）、①未発行であること、②著作者が不明であること等といった保護の要件が付されている、また著作権として保護がなされるため権利期間が有限である等の理由から、得られる保護の程度としては不十分であるとの指摘がある。

（ⅱ）WIPOとUNESCO
　1967年に設立されたWIPO（ベルヌ条約の事務局でもある）と国際連合教育科学文化機関（UNESCO）は、1976年に開発途上国のための著作権に関するチュニス・モデル法を共同で採択している。これは、開発途上国が著作権法を立法する際にモデルとして使用されることが意図されたものである。同モデル法は国内フォークロア作品の保護等に関する規定を有していたが、保護期間に定めがない点、及びパブリック・ドメインにあるものの使用にも支払いを義務付けたことが注目される（同様の内容の条約草案をWIPOとUNESCOが共同で作成したものの採択には至らなかった。）。

　その後、著作権の枠組が、フォークロア保護にはなじまないとの認識のもと、「特別の制度（*sui generis* system）」による保護の可能性が模索されるようになっ

---
[3] ベルヌ条約は、著作権に関する主要な多国間条約の一つである。ベルヌ条約の加盟国の国民（及び居住者）である著作者による著作物等が本条約による保護を受ける。同条約は権利保護の水準や方法、あるいは他の加盟国における保護（内国民待遇）等を規定する。

た。WIPOとUNESCOは、1974年から協力してフォークロアの法的保護についての取組を開始し、1982年には「不法利用及びその他の侵害行為からフォークロアの表現を保護する各国国内（立）法のためのモデル規定[4]」を共同採択した。このモデル規定は、営利目的での利用や、伝統的・慣習的な方法と異なる利用についての許諾取得や、出所表示、歪曲等の禁止等を義務付けるもので、特別の制度（*sui generis* system）としての性質を有するものであった。しかし、期待に反し、実際にモデル規定に基づく国内立法は少数にとどまった。

1998年以降、WIPOの取組は本格化する。またそれまでの議論の対象はフォークロアのみであったのに対し、この時期以降は、広義の伝統的知識全般の問題に取り組むようになった。まず、WIPOは1998～99年にかけて、意見交換のフォーラムを実施したり、実態調査をするなどして伝統的知識に関する実態や望まれる法制度などについて情報を収集し分析する作業を行った。また、2000年には第26回WIPO一般総会において、この問題に特化した「知的財産並びに遺伝資源、伝統的知識及びフォークロアに関する政府間委員会」（IGC）の設立が決定され、現在に至るまで伝統的知識に関する議論の主要なフォーラムになっている（詳細は本章2参照）。

IGCは、2001年の第1回以来、2010年12月現在まで17回開催されている。これまでのIGCの活動の主は、①経験や問題意識の共有、②用語の定義等の議論の前提の形成、③遺伝資源及び狭義の伝統的知識を保護するためのアクセス及び利益配分（ABS）制度や出所表示義務等の措置の導入、④伝統的知識・文化的表現に関する法的保護の在り方（「特別の制度（*sui generis* system）」の導入の是非も含む）について検討することに割かれてきた。

特に近年の進展として、伝統的知識の保護の方針等を定めた規定案の作成が見られる。規定案には、「伝統的知識の保護」、及び「文化的表現／フォークロアの表現の保護」に関するものがある。この規定案は、①保護の指針や枠組を示す「政策目的」、②保護の整合性やバランス等についての「一般指導原則」、そ

---

[4] WIPO-UNESCO Model Provisions for National Laws on the Protection of Expressions of Folklore Against Illicit Exploitation and other Prejudicial Actions (1982). モデル法とは、各国が何らかの目的を達成するための立法を行う際の基礎を提供するために用意される法制度のサンプルである。したがって、モデル法はこれを採用する諸国が、自国の特徴に応じて必要な改変を加えることが可能なようにデザインされているし、モデル法自体には法的拘束力はない。

第4章　CBD に関する個別論点

して③具体的な保護の在り方についての「実体規定」の三部から構成されている（詳細は本章2参照）。第7回 IGC から開始されたこの取組は現在もなお継続している。

また、本書との関係では、遺伝資源の ABS に関する知的財産ガイドライン草案の策定が図られたこと（未採択）、及び WIPO に報告された具体的な遺伝資源に関する ABS 合意のデータベース[5]が作成されたことも重要である。

この IGC は伝統的知識の問題について最も活発に取り組んでいる国際的なフォーラムだといえるが、いまだ用語の定義（あるいは用いるべき用語）や、特別の制度（*sui generis* system）を導入するべきか否かについて議論をしている状況にある。これは単純化していえば、特別の制度（*sui generis* system）を導入し伝統的知識を保護しようとするアフリカ諸国をはじめとする開発途上国等のグループと、これを好まず現行の知的財産権制度の範囲内でのみ保護すれば足りると考える先進国グループとの立場が大きく異なっているため、議論が行き詰っているといえる。とはいえ、この間に実務（国家、企業、及び NGO 等）における伝統的知識に関する認識が向上し、また学術的な研究も深まっているのは IGC での議論を反映したものであるといえよう。なお、2010年7月には第1回会期間作業部会が開催され、今後の IGC の活動の促進が企図されている。

(iii) 国際連合

1982年に経済社会理事会は先住民への差別問題に関する調査報告を受けて、国連先住民作業部会（Working Group on Indigenous Populations：WGIP）を設置し、以来、先住民族の権利宣言の草案を作成し、2007年9月13日に「先住民族の権利に関する国際連合宣言[6]」が国連総会において採択された。同宣言は第11条1項で「先住民族は、その文化的な伝統及び慣習を実践し、及び再活性化させる権利を有する…」として文化に対する権利を述べた上で、第31条1項において、「先住民族は、…、自らの文化遺産及び文化的表現並びに科学、技術、及び文化的表現」及びこれらに関する「知的財産を保持、管理、保護、及び発展させる権利を有する」と規定し、第2項で「国家は、先住民族と連携して、これらの権利の行使を承認しかつ保護するために効果的な措置をとる」と規定する。これは、広義の伝統的知識について先住民に権利を付与するものであり、

---

[5] *Contracts Database: Search Database* (http://www.wipo.int/tk/en/databases/contracts/search/index.html) (last visited August 25, 2010).

[6] United Nations Declaration on the Rights of Indigenous Peoples (2007)

また各国連加盟国に対して必要な措置を取ることを義務付けるものであり、一般的に伝統的知識の保護を訴える根拠となると考えられる。この宣言は法的拘束力を有するものではないが、国際社会に対する大きな影響が期待されている。また、2000年に経済社会理事会の諮問機関として設置された「先住民問題に関する常設フォーラム」は、経済、社会発展、文化、環境、教育、公衆衛生、人権等に関する先住民問題について検討をする場である。このフォーラムもまた、第一回の会合以来、伝統的知識の保護が不適切であるとの勧告を繰り返している。

(2) 地域的な取組

狭義の伝統的知識及び文化的表現に関する地域的レベルにおける取組の例として、ここでは、両者の保護に関して太平洋共同体（Secretariat of the Pacific Community：SPC）と太平洋諸島フォーラム事務局（Pacific Islands Forum Secretariat：PIFS）が共同で採択したモデル法を取り上げる。

2002年「伝統的知識及び文化的表現の保護のための地域的枠組み[7]」が採択された。この枠組みに含まれているのが、「伝統的知識及び文化的表現の保護のためのモデル法」である。このモデル法は、太平洋島嶼諸国・地域が伝統的知識及び文化的表現の保護のための立法を行う際の基礎を提供するものである。また、モデル法は、定義規定、実体規定、及び手続規定から構成されており、小規模国であっても国内立法が可能なように十分な規定が含まれている。

同法はWIPOなどにおいて困難と目されている伝統的知識や文化的表現についての定義を行っている。モデル法が規定する権利は①伝統的文化権と②人格権である。モデル法において創設されたこれらの権利は、著作権法の下の権利のように構成されているが、不可譲性や保護期間に定めをなくした点において特別の制度（*sui generis* system）としての特徴が見出される。

伝統的文化権は例示されている伝統的知識又は文化的表現の利用が非慣行的利用である場合において、権利者の事前の情報に基づく同意を要求する権利である。また、神聖かつ秘密の伝統的知識又は文化的表現に関連する伝統的文化権の侵害について特別の規定を用意している点も先住民の文化的特色に配慮し

---

[7] Regional Framework for the Protection of Traditional Knowledge and Expressions of Culture (2002).

第 4 章　CBD に関する個別論点

たものといえよう。

　以上のモデル法は知的財産に類似の権利構成をしつつも、特別の制度（*sui generis* system）としての特徴を強く持つものである。これに対して、例えば、アンデス協定の 2000 年「アンデス協定決議第 486 号共通知的財産制度[8]」のように既存の知的財産権の枠組みを利用して、伝統的知識に関する保護を緩やかに過重するものも多くみられる。

（3）国レベルでの取組

　国レベルの取組についても、狭義の伝統的知識及び文化的表現のみを扱う。

　まず、狭義の伝統的知識についての保護の在り方は多様である。まず、既存の特許法を活用するもの、不正競争防止法を活用するもの、特別の制度（*sui generis* system）を導入するもの等がある。どのような法制度を取るかは、どのような保護を図るかにもよる。保護の在り方として、伝統的知識自体に何らかの権利を付与する（既存の知的財産法に基づく権利、あるいはこれとは異なる独自（sui generis）の権利、そしてその中間）、事前の情報に基づく同意（PIC）の取得・ABS・出所表示を義務付ける、支払義務のあるパブリック・ドメイン制度を導入するといったものがある。なお、必ずしも保護を目的とするものではないが、伝統的知識に分類される医薬品ないし医療に関する法制度が多く導入されているのは興味深い。例えば、フィリピンの 1997 年伝統的及び代替的医療法[9]などが挙げられる。

　また、文化的表現についていえば、これを特に保護する国がきわめて多数みられる（アフリカ諸国、中南米諸国、太平洋島嶼国、中国、インドネシア等）。形態としては、著作権法の枠組みの中に文化的表現についての特別の規定を盛り込むものが多いが、著作権を付与するものもあれば、いわゆる著作権としては構成せず、異なる取り扱いの下で保護を図るものもある。規定の内容としては、商的利用の場合に一定の支払いや出所表示を義務付けるものや、保護の期間がないことを明示するもの等が様々あり、その組み合わせによって保護の範囲が異なることになる。また、文化的表現に関する権利を国家に帰属させる場合もある。なお、慣習にしたがった利用の場合には支払いが発生する利用方法に該

---

[8]　*Decisión N° 486 del 14 de septiembre de 2000.*

[9]　Traditional and Alternative Medicine Act of 1997, REPUBLIC ACT NO. 8423 (http://www.wipo.int/tk/en/laws/tk.html) (last visited August 25, 2010).

当しないというように、慣行ないし慣習法が取り込まれていることが多いのも特徴的である。

　国際的な取組が具体的な法的保護の導入に至っていないのにくらべて、地域的あるいは国レベルでの取組は進展が極めて速いといえる。これは前述のように、国際的なレベルでは異なる立場を取るグループ間での対立により、議論が行き詰ってしまうのに対して、地域・国のレベルであれば同様の問題を共有しており、政治主導で立法を図ることも比較的容易であるためであろう。

> 【もっと知りたい人のために】
> ① 青柳由香「伝統的知識・遺伝資源・フォークロア――知的財産としての保護の概要」石川明編『国際経済法と地域協力』（信山社、2004 年）133 頁
> ② WIPO, *Intellectual Property and Traditional Cultural Expressions/Folklore*（WIPO Publication No. 913）/ *Intellectual Property and Traditional Knowledge*（WIPO Publication No. 920）(http://www.wipo.int/tk/en/resources/) (last visited September 1, 2010)
> ③ Silke Von Lewinski, *Indigenous Heritage And Intellectual Property: Genetic Resources,* Traditional Knowledge and Folklore (Kluwer Law International, 2nd ed., 2008)

4　Certificateに関する議論

　本節は、アクセス及び利益配分（ABS）における「Certificate」の議論を解説する。まず、導入として、「Certificate」の意味と、語法を簡単に整理する。
　ABSにおける「Certificate」の意味は、他の分野で存在する「認証」と同じである。ABS以外の分野で「認証」と呼ばれるものとして、食品分野における「原産地表示」、ISO14000シリーズのような「環境管理の自主的な標準」といった「認証の対象となるシステム」、持続可能な森林経営を証明する「認証書」などが、既に存在する。詳細な定義、対象範囲、仕組みは、分野ごとに異なるが、ABSにおける「Certificate」は、端的には、これらと同じものである。
　CBDの締約国の間には、「自国の遺伝資源が、合法的な手続きを経ないで、勝手に使われていないか」という懸念が存在する。合法的手続きを経ないで自国の遺伝資源を持ちだす個人や団体があるかもしれないという懸念や、合法的

第4章　CBD に関する個別論点

に海外に持ち出された資源が、勝手に増殖され、持ち出された時の契約の範囲を超えて利用されないかという懸念である。このような持ち出しや利用は、不正利用（misappropriation）とよばれる（詳しくは本章1を参照）。この不正利用の懸念のために、ABS が促進されていないといっても過言ではない。

このような懸念を払拭して、資源提供国と資源利用国の双方が安心して、資源にアクセスして利用できるようなアイディアとして提案されたのが、「認証書」である。これは、「『認証書』を入手した資源利用者は、PIC（事前の情報に基づく同意）を満たしているものとする」というアイディアである。これをもう少し厳密に述べると、遺伝資源が CBD 第15条の要件を満たして合法的に入手されたことを保証する証書や制度が、「Certificate」である。

この「Certificate」に関する議論は、国際レジーム（IR）と複雑な関係を持ちつつ登場し、2007年の技術専門家グループ会合にてピークをむかえ、2010年8月時点（本稿作成時点）では、ほぼ沈静化している。

「Certificate」の訳語については、「Certificate」を「認証書（認証を得たという書類）」とし、「Certification」を「認証（認証の制度、仕組み、システムなど）」とする考え方が存在する。しかしながら、少なくとも ABS における「Certificate」の議論においては、それが、認証という行為、過程、システム全体を指すのか、あるいは、認証を得た「紙」、すなわち「認証書」を指すのかについて、必ずしも確立された定義は存在しない。したがって、ここでは、「Certificate」の訳語として、広い範囲を指す「認証」という語をあてる。また、ABS における議題や決議事項では、厳密には、「Internationally Recognized Certificate」、すなわち「国際的に認知された認証」が対象となっている。これらの背景と事実を総合的に考慮して、本節では、「Certificate」の議論を解説する上で、便宜的に、「国際認証」という用語を採用する。

以下では、まず、(1)にて、ABS における国際認証の議論の開始について解説する。(2)にて、国際認証の議論の内容（議論の焦点と技術専門家グループ会合の結果）について分析する。また、(3)にて、国際認証における実効性・実現可能性と経済性の問題について触れる。最後に、(4)にて、今後の国際認証の議論の動向に関する注意点を述べて結びとしたい。尚、筆者は、国際認証に関する技術専門家グループ会合に、専門家の一人として、正式に参加した。文献からの引用による情報に、この会合にて直接得た情報も追加して解説し、読者の便宜を図りたい。

（1） ABSにおける国際認証の議論の開始

ここでは、まず、国際認証の議論の発生の経緯に触れる。次に、国際認証の正式な議論の開始について解説する。

（ⅰ） 国際認証の議論の発生の経緯

国際認証の議論の派生の経緯を一つに限定するのは困難である。様々な利害関係者による提案が、CBD交渉過程に影響を与え、最終的に正式な議論が開始したと解釈するのが妥当である。ただし、ここで一点、国際認証の議論の発生に影響を与えたと考えられる国連大学高等研究所による研究を簡単に紹介する。

国連大学高等研究所（UNU-IAS）は、CBD第8回締約国会議（COP8）以前に、バイオ外交イニシアティヴ（Biodiplomacy Initiative）という名称の活動を行い、「国際的な遺伝資源の管理：原産地認証の役割（International Genetic Resource Management: The Role of Certificates of Origin）」というラウンドテーブルを2004年に開催した。

このラウンドテーブルと前後して、同じ文脈の研究論文[1]が発表された。同論文は、非商業利用の遺伝資源について、電子的トラッキング・システムを構築して、その「原産地」から合法的に入手された「認証書」を特許申請の時に添付して、アクセスと利益配分を促進することを提案した。同論文の特徴として、資源提供者あるいは提供国のみの権利だけではなく、原産国の権利を主張していること、特許と直接結びついていること、費用と実効性・実現可能性に言及していること、などが挙げられる。

少なくとも、筆者が技術専門家グループ会合へ出席して、その前後の動向を直接観察した経験に基づけば、これらの研究活動や論文が、CBDの交渉過程で、国際認証の議論が正式に開始したことと、技術専門家グループ会合の結果とに大きな影響を与えたと言える。

（ⅱ） ABSにおける国際認証の議論の正式な開始

ABSの分野における国際認証の議論は、正式には、COP8（2006年6月開催）の決議事項により、開始したと言える。COP8の決議文書VIII/4が、国際認証

---

[1] David Cunningham *et al.*, *Tracking Genetic Resources and International Access and Benefit Sharing Governance: The Role of Certificates of Origin, Background Paper for Smithsonian/UNU-IAS Round Table on Certificates of Origin* (United Nations Institute for Advanced Studies, 2004).

第 4 章　CBD に関する個別論点

と、それと国際レジーム（IR）との関連を記述している[2]。

> 国際レジーム（IR）は、国際認証を設立してもよい（The international regime may establish an international certificate of origin/source/legal provenance of genetic resources, [derivatives and/or products] to be issued by the [provider country] [country of origin].)。

ここでの特徴は、ほとんどが「括弧つき」の表現であり、決議として締約国が合意に至った内容は、「設立してもよい」という部分だけであること、及び、国際認証が国際レジーム（IR）と関連するものであると明記されたことである。同時に、決議文書は、締約国に対して、国際認証の議論を開始するよう指示している[3]。

> 締約国会議（COP）は、CBD 第 15 条、及び、第 8 条(j)の目的を達成することを視野において、原産、出所、法的由来に関する国際認証の実用性、実現可能性、費用、便益について、偏見なく、探求及び精緻化するための、技術専門家グループ（A Group of Technical Experts）を設立することを決議する。
>
> 同技術専門家グループは、第 5 回 ABS 作業部会（ABS-WG5）の以前に会合を開催し、その報告書を、ABS-WG5 に提出する。
>
> 技術専門家グループは、締約国によりノミネートされた 25 人の専門家及び 7 人のオブザーバーから構成されるものとする[4]。

この決議以前にも、国際認証の導入案は、いくつかの利害関係者によって提示されてきたが、この決議を以って、国際認証に関する正式な議論が開始されたと言える。ここで、議論の開始に関して重要なことは、ABS における国際認証が、「原産、出所、法的由来に関する国際認証」と記述されていることである。

---

[2] Secretariat of the Convention on Biological Diversity, *Decision Adopted by the Conference of the Parties to the Convention on Biological Diversity at its Eighth Meeting*, UNEP/CBD/COP/DEC/VIII/4 (June 15, 2006), p. 7 (http://www.cbd.int/decisions/cop/?m = cop-08) (last visited September 1, 2010)

[3] *Id.*, p. 10.

[4] この三点は、筆者による仮訳。

4 Certificateに関する議論

というのは、国際認証が取り扱う遺伝資源の属性として、原産（例えば、トマトが今どこに自生している、あるいは、どこで栽培されているかではなくて、どこが原産地であるか）、出所（どこから入手したか）、法的由来（どのような法的手続きをもって入手されたか）の三つが対象となっているからである。

国際認証の取り扱い範囲が、「出所」であるならば、取り扱い範囲や手続きの議論は進めやすいものとなる。というのは、国際認証の手続きが、現存する輸出入の手続きと似ているからである。また、「原産」が認証の対象となると、例えば、植物を取り扱う時に、その分布を過去にまで遡る必要があるため、議論は収斂しにくくなる。これが実際の制度として運営されたときに、資源利用者は、複数の提供者あるいは提供国から、「原産地」による認証を得なければならない可能性が出てくるため、資源利用者の負担は大きくなる。さらに、「法的由来」の場合には、入手手続きに重点が置かれることになる。技術専門家グループ会合は、これらの中から、国際認証として、どれを選ぶのかについて議論することが求められた。

尚、正式には、国際認証の議論の開始は、COP8における決議文書VIII/4であるが、4年遡った第6回締約国会議（COP6）での決議文書VI/24Bの中に、関連する内容が示されており、COP6に、その萌芽を見ることができる。というのは、COP8の決議文書VIII/4の中の、国際認証に関する決議の前置きに、「決議文書VI/24B示されたものとして（As set out in decision VI/24B）」という記述があり[5]、この決議文書VI/24Bとは、COP8から4年遡ったCOP6の決議文書だからである。さらには、VI/24Bにて国際認証に関連するものとして、「ボン・ガイドラインを補完する他の方法（Other approaches could be considered to complement the Bonn Guidelines）」という記述がある。ここでの補完する他の方法の一つに、国際認証があったと考えられる。

図1は、これら全体の流れを示している。

---

[5] Secretariat of the Convention on Biological Diversity, *Decision Adopted by the Conference of the Parties to the Convention on Biological Diversity at its Sixth Meeting*, UNEP/CBD/COP/6/20 (May 27, 2002), p. 280 (http://www.cbd.int/decisions/cop/?m=cop-06) (last visited September 1, 2010)

第 4 章　CBD に関する個別論点

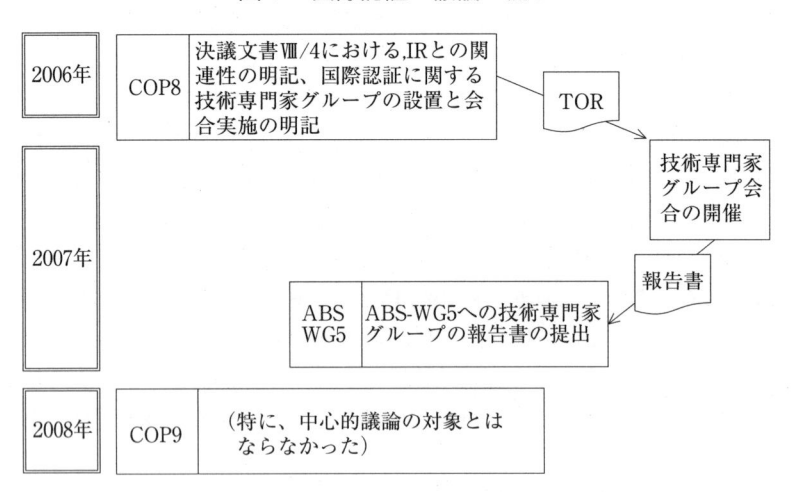

図 1：国際認証の議論の流れ

- 2006年　COP8：決議文書Ⅷ/4における, IRとの関連性の明記、国際認証に関する技術専門家グループの設置と会合実施の明記 → TOR
- 2007年　技術専門家グループ会合の開催 → 報告書 → ABS WG5：ABS-WG5への技術専門家グループの報告書の提出
- 2008年　COP9：（特に、中心的議論の対象とはならなかった）

（出典）生物多様性条約事務局公式文書などから筆者作成

（2）国際認証の議論の内容

（i）国際認証に関する議論の焦点

　様々な利害関係者によって発せられた国際認証のアイディアが、CBD の COP の決議として、正式に議論されることになり、交渉の俎上にあがることとなった。そして、ABS における国際認証を議論することが、技術専門家会グループに指示された。議論の内容は、この委任事項（Terms of Reference：TOR）の内容に集約されている。TOR の内容が、表 1 に示されている。

　各項目の要点を解説すると以下のとおりである。

(a)　この項目で議論されたのは、国際認証についての、原則、目的、必要性である。特に大事なのは、目的と必要性である。国際認証の目的を何にするかによって、その内容が変わってくるであろう。また、そもそも、国際認証の必要性を明確に指摘することができなければ、それを CBD の制度として導入することを正当化できない。技術専門家グループ会合の開催当時は、国際認証は、あたかも法的拘束力を持つ制度であることを前提として議論が進む傾向が見られた。そのような傾向があるにせよ、法的拘

4　Certificate に関する議論

表1：国際認証の技術専門家会合への TOR

訳	原文
(a) 原産、出所、法的由来の国際認証に関して、その原則、目的、必要性について、可能なものを熟考すること。	(a) Consider the possible rationale, objectives and the need for an internationally recognized certificate of origin/source/legal provenance.
(b) 国際認証について、その考えうる特徴や様相について、定義すること。	(b) Define the potential characteristics and features of different options of such an internationally recognised certificate.
(c) CBD の第15条及び第8条(j)の目的を達成する上で、原産、出所、法的由来の国際認証のオプションと、その示唆するものの差異について、分析すること。	(c) Analyse the distinctions between the options of certificate of origin/source/legal provenance and the implications of each of the options for achieving the objectives of Articles 15 and 8 (j) of the Convention.
(d) 国際認証のオプションのそれぞれについて、それを実施する際の課題（実効性、実現可能性、費用、便益と他の条約との補完性や同位性を含める）を特定すること。	(d) Identify associated implementation challenges, including the practicality, feasibility, costs and benefits of the different options, including mutual supportiveness and compatibility with the Convention and other international agreements.

（出典）Secretariat of the Convention on Biological Diversity, *Decision Adopted by the Conference of the Parties to the Convention on Biological Diversity at its Eighth Meeting*, UNEP/CBD/COP/DEC/VIII/4 (June 15, 2006). 訳は筆者による仮訳。

束力を持たせるためには、国際認証に十分な必要性あることが示されなければならず、ここで TOR 項目に含まれることとなった[6]。

(b) この項目で議論されたのは、国際認証の「選択肢（options）」を複数考え、それらの内容の違いについて、整理することである。この議論は、原産、

---

[6] 余談ではあるが、大事なことを一点述べたい。そもそも、必要性を改めて論じるというのは奇異である。というのは、必要性がないものについては、議論する意義はないと考えられるためである。締約国間で、ある程度、必要性に関する合意がなされていて正式な決議を COP にて行うために、技術専門家グループ会合が、それを明文化するためにここで TOR に、必要性が含まれたという考えも可能と言えなくもない。しかしながら、ABS の分野では、その内容や必然性が不明確な段階から、「その内容に法的拘束力を持たせるかどうか」という議論がおこることがしばしばである。

第4章　CBDに関する個別論点

出所、法的由来という内容による差異がどのようなものであるかということも含んでいる。また、国際認証を法的拘束力のあるものにするのか、それとも、自主的なものにするのかという選択肢もここで整理された。国際認証の議論の焦点は、端的には、「遺伝資源を由来とする特許申請に国際認証を添付することを、『履行義務を伴う新たな国際ルール』とするか」であった。従って、この項目は大変重要である。

(c) この項目で議論されたのは、CBD第15条と第8条(j)との関係である。

(d) この項目で議論されたのは、(a)～(c)にて議論された選択肢（options）のそれぞれについて、実効性、実現可能性、費用、便益にはどのようなものがあるか具体的に示すことである。実効性（practicality）と実現可能性（feasibility）を明確に区別することは難しいが、想定される案が現実的に運用可能かどうか（「絵に描いた餅」ではないかどうか）を議論することが求められた。また、新たな国際認証の導入のためには、トラッキング・システムなどのインフラ整備が必要であるため、その導入の費用とそれに見合う便益を議論することが求められたのである。尚、費用や便益の要素が、これほど明確に、かつ、重要な要素として議論の体調となったのは大変珍しい。

(ⅱ)　国際認証に関する技術専門家グループ会合

2007年1月22日～25日に、ペルーのリマにて、技術専門家グループ会合が開催された。25名の専門家と7名のオブザーバーが参加し、TORの内容が網羅される結果となった。そして、その報告書は、決議文の指示通り、ABS-WG5に提出された。報告書の内容が、表2に示されている。

その要点は以下に示されたとおりである。

(a) 原則、目的、必要性の項目については、遺伝資源が国境を越えてしまうと、国内法だけでは制御できなくなることが明記された。また、国際認証は、それが最終的に採用されるかどうかは別にして、報告書に示された(a)～(k)のように、ABSの促進に対して建設的な特徴を持つ可能性も指摘された。一方、明確に目的と必要性が示されることはなかった。「遺伝資源が国境を越えてしまうと、国内法だけでは制御できなくなる」という内容は、必要ではあるが、それが必要であるとは明記はされなかった。また、制御する手段が「国際」認証でなければならないという必要性は示されなかった。

4 Certificate に関する議論

表2：技術専門家グループ会合の結果

決議文書VIII/4による指示項目	技術専門家グループ会合による結論（要点抜粋）
(a) 原産、出所、法的由来の国際認証に関して、その原則、目的、必要性について、可能なものを熟考すること。	■資源提供国をひとたび離れたら、国内法だけでは、利益配分を保証するには不十分である。この文脈において、認証は、より広い利益配分の制度（regime）の中で、この制限を提言する重要な手段である。 ■認証は、締約国が抱えるいくつかの懸念を以下の点で軽減できる。 (a)法的確実性 (b)透明性 (c)予見可能性 (d)利益配分の促進 (e)最小の取引費用での合法的アクセスの促進 (f)技術移転 (g)不正利用の防止 (h)官僚的取り扱いの最小化 (i)相互に合意する条件での国内法の順守の補填 (j)モニタリングと実効性を高めるための協力の促進 (k)国内での、アクセスと利益配分にかかわる枠組みづくりの促進 (l)伝統的知識の保護
(b) 国際認証について、その考えうる特徴や様相について、定義すること。	■実効性、実現可能性、費用、便益については、4つの選択肢（別表参照）に従って考慮されるべきである。 ■性格 どのような選択肢に関しても、法令順守の認証は、権限ある当局によって発行され、利用国のチェック・ポイントにて検査されるべきものである。 ■対象範囲 > 遺伝資源について、認証が取り扱う範囲は、国内法に準ずるが、自主的な認証として、対象範囲を広げることは妨げない。また、人間の健康は例外とすべきであり、ITPGRとの重複は避けるべき。 > 伝統的知識については、無形であるため取り扱いには注意を要する。一方、原産国も考慮されるべき。 > 科学的研究の目的での遺伝資源の利用には配慮が与えられるべき。 > 法令順守を保証するものとして機能すべき。 ■内容と形態 > ユニーク・アイデンティファイヤーという技術を用いて、認証は、遺伝資源のさまざまな属性を含むことが可能である。国際的に標準化されたフォーマットにて、各国のデータベースにリンクすることが望ましい。 > チェック・ポイントにて、PICやとMATの情報が検査される。

第 4 章　CBD に関する個別論点

決議文書VIII/4による指示項目	技術専門家グループ会合による結論（要点抜粋）

	■手続き
	提供国側
	  > 認証を発行する権限のある当局が、国際的なデータベースに登録されるべきである。
	  > 認証発行の要請は、資源利用国にてなされるべきだが、提供国は、要請があったら迅速に認証を発行すべきである。
	利用国側
	  > 特許庁などが、チェック・ポイントとして特定されるべきである。非営利の資源利用については、他の選択肢も考慮すべきである。
	国際的なレベル
	  > 認証を国際的な場で電子的に登録すれば、クリアリングハウスメカニズムとして機能させることは可能である。
	■違反と制裁
	違反に関しては、制裁や刑事罰が科されるべきである。

(c) CBD の第15条及び第8条(j)の目的を達成する上で、原産、出所、法的由来の国際認証のオプションと、その示唆するものの差異について、分析すること。	■認証の基本的役割が、法令順守（compliance）の証拠であることを認識。
(d) 国際認証のオプションのそれぞれについて、それを実施する際の課題（実効性、実現可能性、費用、便益と他の条約との補完性や同位性を含める）を特定すること。	■新たに権限ある当局を設立するには費用が必要である。これは、直接的にかかる費用に加え、取引費用や機会費用を伴う。検査過程が増えれば、機会費用が増大するであろう。 ■国際認証がもたらす合法性の保証による取引費用の低減と、それに伴う追加的費用のバランスが重要である。認証の導入により、多くの締約国が、ABS の目的遂行に参加することが潜在的な便益として考えられる。 ■認証の選択肢を検討するにあたって最初になされるべきことは、実効性、実現可能性、費用、便益の関係である。 ■認証の導入には、初期費用が多く必用であることに注意が必要である。 ■認証の導入には、能力構築が必要であり、この費用は国際社会が負担する必要がある。

4 Certificate に関する議論

表3：四つの選択肢（オプション）

	資源提供国	資源利用国
選択肢1	全ての資源提供国が、国際認証を発行する	全ての資源利用国が国際認証を申請する
選択肢2	国際認証を発行するかどうかは各国の自由裁量	全ての資源利用国が国際認証を申請する
選択肢3	全ての資源提供国が、国際認証を発行する	国際認証を申請するかどうかは各国の自由裁量
選択肢4	国際認証を発行するかどうかは各国の自由裁量	国際認証を申請するかどうかは各国の自由裁量

（出典）Secretariat of the Convention on Biological Diversity, *Report of the Meeting of the Group of Technical Experts on an Internationally Recognized Certificate of Origin/Source/Legal Provenance*, UNEP/CBD/WG-ABS/5/7 (February 20, 2007)（http://www.cbd.int/doc/?mtg=ABSGTE-01）(last visited September 1, 2010)

(b) 国際認証の特徴と様相[7]については、その手続きの詳細にまで踏み込んだ報告がなされた。特徴的な内容を選んで解説する。

（ア） 四つの選択肢

表3に示されているように、資源提供国と資源利用国が、どの程度国際認証に関与するかの整理がなされた。国際認証が『履行義務を伴う新たな国際ルール』という「様相」を持つためには、表3中の選択肢1の組み合わせを満たす必要がある。それ以外の、選択肢2～4の場合には、国際認証は、法的拘束力を持たない自主的なものであるという様相を含む。

（イ） 電子的な技術により、国際認証の導入が技術的に容易である「可能性」の指摘がなされた。この技術は、ユニーク・アイデンディファイヤー（Unique identifier）と呼ばれるもので、ひとつの取引にユニーク（唯一無二）なコードを付与することによって、認証の電子的取引の管理をしようとする考え方である。遺伝資源に対するコードの割当てや、情

---

[7] この原語は、features である。性格と訳すことも可能であるが、訳出が難しい用語であるので、意味するところを述べる。ここでいう feature（様相あるいは性格）とは、国際認証が、法的拘束力のあるルールという様相（性格）を持つのか、法的拘束力を持たない自主的な認証という様相（性格）を持つのか、単に推薦される認証を示すガイドラインという様相（性格）となるのか、という意味である。

第 4 章　CBD に関する個別論点

　　　　報の上で管理が容易であることは示したが、遺伝資源の実際の「もの」と同期した追跡を確実には保証できないので、この点は指摘にとどまった。
　（ウ）　国際認証「書」を「発行」するのは、資源提供国であり、資源利用国から申請があったら、速やかに発行すべきであることが指摘された。これは、資源利用国にとって、喜ばしいことである。国際認証は、資源利用国だけの作業だけでは成り立たない。資源提供国も作業をしなければならない。資源が合法的に入手されたと「お墨付き」を与えるのは資源提供国以外にはないので、この認識がなされたことは歓迎される。
　（エ）　資源利用国が国際認証の内容を検査する「チェック・ポイント」として、特許庁[8]がその候補として指摘された。これは、仮に、国際認証が採用・実施されたとしたら、国際認証が、遺伝資源と知的財産権と直結する仕組みになることを意味する。換言すると、国際認証が実施された場合には、それを特許申請の際に添付することが、提案されたのである。これは、資源利用者にとっては重い負担となり、議論の余地を残す内容となっている。
(c)　技術専門家グループ会合の実際の議論では、「原産、出所、法的由来に関する国際認証」という用語の代わりに、「法令順守の国際認証（Certificate of Compliance）」という用語が頻出した。報告書全体を見ても同様のことが言える。国際認証が、法令順守の証拠（資源へのアクセスの際に、PIC を取得してあるという証拠）の役割を果たすとの内容が明記された。ここでは、「『原産、出所、法的由来に関する国際認証』という用語の代わりに、『法令順守の国際認証』」という用語に統一する」という合意がなされた訳ではない。しかし、この傾向は好ましいものである。というのは、国際認証が、「原産地」という、証明が技術的に困難な方向に議論が向かわずに、国際認証の取得が法令順守の保証になり、それにより ABS が促進される可能性を生むからである。
(d)　国際認証の導入と実施は費用を伴うことが再認識された。また、いたずらに国際認証の取得のための手続きを複雑にすることは、資源提供国と

---

(8)　名称にかかわらず、特許を扱う国の機関。

〈解説〉
■ 取引費用（transaction cost）
　商取引などをする際に、直接の費用（商品の価格、輸送費など）以外に、発生する費用のこと。この取引費用は、さらに、①交渉費用（negotiation costs）、②計測費用（measurement cost）、③執行費用（enforcing exchanges）に細分化される。商取引の相手と商談に時間がかかれば、出張費用がかかる。これを交渉費用と呼ぶ。また、誰によっても市場の相場がわかる自動車などと違って、新しいソフトウェアといった商品は、最終的にどれぐらいの付加価値を生むか分からないので、これを計測するのに手間、すなわち、費用がかかるので、これを計測費用と呼ぶ。さらに、取引相手が、契約を順守してくれない危険があると、法的手段に訴える費用を考慮しておく必要があるので、これを執行費用と呼ぶ。
　国際認証の文脈において、これが適切に設計されれば、これらの費用を低減させることに期待が持てる。一方、不適切なものとなると、認証取得のための交渉費用が増加して、結果として、ABS全体の費用が増加して、ABSを停滞させる誘因となってしまう。

■ 機会費用（opportunity cost）
　機会費用とは、ある機会を失うことから生ずる費用のことであり、その機会から得られたであろう収入などのことである。例えば、大学生の進路として、大学院への進学と、就職の選択肢があるとする。大学院へ進学すると、学費という費用が必要である。しかしながら、大学院へ進学した時に、発生している費用はこれだけではない。大学院へ進学することにより、就職したら得られたであろうで給与を得る機会を失った。この得られたであろう収入のことを機会費用と言う。換言すると、大学院への進学に伴う、就職したら得られたであろう給与という機会費用が発生する。
　さらに大事なことは、費用が発生しないことは、機会費用が発生しないことを意味しないことである。例えば、大学を卒業して、大学院への進学も就職もしない場合、学費などの費用が発生しないが、機会費用は発生している。就職したら得られたであろう給与を得られていないからである。
　国際認証の文脈においては、国際認証の導入により資源提供国と資源利用国の交渉の時間が短縮できれば、機会費用が低減する。一方、国際認証の導入により、資源提供国と資源利用国にとって、国際認証取得のために手続きの時間が増加すれば、機会費用は増大する。さらに、交渉の結果、資源提供の契約などに至らないことは、なにも費用がかからなかったことではなく、契約があったら得られたであろう便益の配分を失ったという機会費用が発生しているのである。

第 4 章　CBD に関する個別論点

利用国の双方に機会費用の増大をもたらすことが確認された[9]。一方、ABS の現状として、権限ある当局が不明確であったり、ABS 関連法が未整備であったりするため、国際認証が適切に導入されれば、多くの取引費用を必要としている PIC の作業とそれに伴う取引費用を軽減できる可能性も指摘された。

（3）　実効性・実現可能性と経済性の問題

前述の、技術専門家グループ会合の結果にみられるように、国際認証の議論では、CBD 全体や ABS の議論の場でほとんど取り上げられることがなかった実効性・実現可能性や経済性の要素が取り上げられ、重要な役割を演じた。ここでは、これらを取り上げて、解説したい。

（ⅰ）　実効性・実現可能性の問題

スーパーの店頭に並ぶトマトから、ゲノム・シーケンサーの中の塩基配列情報まで、遺伝資源には、膨大な種類がある。国際間の移動や取引は、文字通り「数えきれない」量に達する。従って、これらを国際認証という新たな仕組みで管理するためには、その実効性と実現可能性の問題を十分考慮しなければならない。

まず、最初に考慮されなければならないのは、「紙（認証書）」を発行しても、それが、合法的に入手された遺伝資源という「物」と一緒に移動するか、という問題である。物の移動の管理が適切であるためには、情報と一緒に物が移動することが求められる。このことは、「情物一致」が必要であるという表現もされる。「認証書」が、紙であっても電子データであっても、議論の本質は変わらない。

この問題については、まず、トラッキング技術によるトレーサビリティについて、触れる必要がある。IC タグや、バーコードなどによるトレーサビリティの向上は著しく、流通管理に幅広く応用されている。国際認証の議論の場では、この技術の遺伝資源への適用が提案されることが多い。

まず、精密機械などのトレーサビリティについては、IC タグやバーコードを「直接」取り付けられるため、それへの信頼性が高い。一方、遺伝資源に関して

---

[9]　筆者が、専門家として推薦され採用されたのは、このような要素に通じた経済学の専門家であったからである。

4　Certificate に関する議論

は、そもそも、IC タグやバーコードを「直接」取り付けられるとは限らないため、トレーサビリティに限界がある。

　さらに詳しく述べると、例えば、パソコンの筐体には直接バーコードを刻印することができるが、花卉についてはそれができない。管理すべき対象に直接ではなく、梱包材に刻印した場合には、常に中身のすり替えの問題がでてしまう。

　また、機械や部品は、「工場」で生産されるので、最初から製品に直接、合法的に製造された製品であることを保証する IC タグやバーコードを取り付けられる。一方、遺伝資源に生息域にある状態から、IC タグを取り付けることは、たとえ梱包材を用いてもかなりの程度困難である[10]。

　従って、認証書を発行しても、資源の実体の動きと必ずしも一致せず、換言すると、「情物一致」が保証されずに、実効性や実現可能性に疑いが残ってしまうのである。最新技術を適用しても、その結果は変わらない。

(ⅱ)　経済性の問題

　経済性の問題は、実現可能性の問題と不可分である。まず、仮に、全ての遺伝資源のトラッキングが「技術的に」確実になされたとしても、それにかかる費用は膨大なものとなる。ABS を促進するのに、このような「投資（費用負担）」が最適なのかどうかは、極めて疑問である。換言すると、ABS を促進するために国際認証以外の選択肢があり、そちらの方が、実効性が高く、費用が少なくてすむなら、そちらを優先すべきである。このような経済性と実現可能性の重要性は、繰り返し強調されるべきことである。

　さらに大事なのは、取引費用と機会費用の問題である。「適切な」国際認証制度の導入と実施は、PIC の取得を効率化させ、取引費用を減少させる「可能性」はある。一方で、国際認証自体の取得に必要な交渉や作業が、取引費用の増大を招く危険がある。どんなに簡素な制度を導入したとしても、行政費用が増大

---

[10]　トレーサビリティの適用範囲の技術的根拠については、(財)バイオインダストリー協会「生物多様性条約に基づく遺伝資源へのアクセス促進事業・平成 19 年度報告書　平成 19 年度環境対応技術開発等（生物多様性条約に基づく遺伝資源へのアクセス促進事業）委託事業報告書」(2008 年)、(株)三菱総合研究所「平成 18 年農林水産省消費・安全局補助ユビキタス食の安全・安心システム開発事業調査報告書　食品トレーサビリティのための識別記号の付与と読み取りの現状調査」(2007 年)、(社)食品需給研究センター「平成 18 年農林水産省消費・安全局補助ユビキタス食の安全・安心システム開発事業調査報告書　トレーサビリティ導入実施状況調査報告書（平成 17 年度）」(2007 年) による。

第4章　CBDに関する個別論点

するのは明らかであり、行政費用の増加は、締約国全体の、取引費用と機会費用を増大させる。

（4）　国際認証の議論の動向に関する注意点

これまで述べたように、ABSにおける国際認証の議論は、技術専門家グループ会合の報告書がABS-WG5に提出されたことをもって、ほぼ終息した。国際認証というアイディアは、一時期、国際レジーム（IR）に取って代わるような「勢い」があったが、COP9においても、その後のABS-WGにおいても、議論の中心とはならなかった。

国際認証の議論を改めて振り返ってみると、国際認証には、欠点と利点の両方があることがわかる。欠点の代表は、国際認証が、特許制度と結び付けられようとしているため、それ自体が、知的財産権の諸管理制度の観点から、適切かどうかについて議論の余地があることである。国際認証と特許制度の結びつきは、知的財産権関連法の観点から、必ずしも正当化されないであろう。次に指摘される欠点は、それに伴う取引費用や機会費用が増加する危険が大きいことであろう。一方、利点は、国際認証が導入されたら、資源提供国が、速やかに認証を発行しなければならない、という仕組みが成立する可能性があることである。これは現在ABSが抱える問題の一つである権限ある当局が不明確であるという点を解消できる可能性を秘めている。

国際認証という考え方や仕組みは、「やっかいもの」でも「特効薬」でもない。これを議論する上で一番大事なことは、その内容が、ABSを促進する目的の上で、締約国全体が納得して受入れられるものかどうか、ということである。そうでない限りは、安易に法的拘束力を持つ国際「ルール」として導入されるべきではない。

筆者は、技術専門家グループ会合の専門家の一人として、会合前後の数年間、その議論の真只中にいた。率直に言って、そこには、純粋に技術的に貢献しようとする「専門家」と、国際認証を一気に「議定書」にしようとする「締約国」の双方がいた。実際、技術専門家グループ会合の途中で、急に、「国際認証は法的拘束力を持つべき」という意見が多数提出された。筆者とベルギーから派遣された専門家のみが、この意見に反対した。もし、このとき反対意見がだされなかったら、国際認証が、COP9にて新たな「議定書」となっていたかもしれない。

ABSは、好むと好まざるとにかかわらず、科学技術的側面と、政治交渉的側面の両方と無縁ではない。国際認証のアイディアがこのまま消えるにせよ、再浮上して国際レジーム（IR）の「一部」になるにせよ、国際認証の議論が、締約国全体に資する過程であったことを願ってやまない。

【もっと知りたい人のために】
① 全林協編『森林認証と林業・木材産業』（林業改良普及双書 No. 146）（全国林業改良普及協会、2004 年）
② ティモシー・J. イェーガー（青山繁訳）『新制度派経済学入門——制度・移行経済・経済開発』（東洋経済新報社、2001 年）

5　食料及び農業のための植物遺伝資源に関する議論

　食料及び農業のための植物遺伝資源（Plant Genetic Resources for Food and Agriculture：PGRFA）は、歴史的にみて、各国政府が運営する試験研究機関や独自の法人格を有する国際農業研究センター（International Agricultural Research Centres：IARCs）[1]などが探索収集し、これが生息域外で保存されつつ研究及び育種への活用並びに第三者への配布が行われてきた。例えば米国では既に1819年に種子導入政策が認められ外国駐在の外交官・海軍軍人に対して有用と思われる種子を本国に送付するよう指示が出されている[2]。PGRFA ではこうした生息域外保存と利用の長い歴史の中で遺伝資源の交換を通じた世界的なジーンバンク・ネットワークが構築され、生息域外保存中の PRGFA は現在約740万点にのぼっている[3]。

　国際連合食糧農業機関（FAO）では1961年以来植物遺伝資源問題が検討されてきたが、植物遺伝資源の探索・導入に関する技術的議論が中心であった。しかし1983年の FAO 総会で「植物遺伝資源に関する国際的申し合わせ」（In-

---

[1] 例えばフィリピンにある国際稲研究所（IRRI）など。

[2] Paul Raeburn, *The last harvest: the genetic gamble that threatens to destroy American agriculture* (Bison Books (Reprinted from the original 1995 edition by Simon & Schuster), 1996), p. 66.

[3] FAO, *Draft Second Report on the State of the World's Plant Genetic Resources for Food and Agriculture (Final Version)*, CGRFA-12/09/Inf.7 Rev.1 (2009), p. 3. (ftp://ftp.fao.org/docrep/fao/meeting/017/ak528e.pdf) (last visited September 5, 2010)

第4章　CBD に関する個別論点

> 〈解説〉**PGRFA の特殊性**
>
> PGRFA については、次のような特殊性がある。
> ① 作物品種の系譜は極めて複雑で、多数の遺伝資源の組み合わせによることが多い。
> ② 一国が保有する遺伝資源には限りがあり、外国と相互に依存しあっていることが多い[4]。
> ③ 生息域内保全されている遺伝資源の太宗は在来品種でその維持は農民によって行われてきた。

ternational Undertaking on Plant Genetic Resources：IU（決議 8/83））を採択し、遺伝資源は「人類の遺産（a heritage of mankind）」であり「制限なく利用できるべき（should be available without restriction）」と決議して以来、その解釈をめぐる論争が生じた。PGRFA を提供するがその提供に対する見返りを得られないとする開発途上国の主張、知的財産権で保護された新品種が誰にでも利用されてしまうのではないかと懸念する先進国の主張がそれぞれなされたのである。こうした対立の中で FAO は徐々に生物多様性条約（CBD）における遺伝資源へのアクセス及び利益配分（ABS）の考え方に近づいていったと考えられる[5]。

現在、ABS の原則は 1993 年に発効した CBD が定める。しかしながらこれは既存のジーンバンク・ネットワークに具体的修正方向を与えず、PGRFA の特殊性（〈解説〉参照）に配慮したものでもない。このため FAO は IU を改定してこれを CBD と調和させることとし、その結果「食料及び農業のための植物遺伝資源に関する条約」（International Treaty on Plant Genetic Resources for Food and Agriculture：ITPGR）に合意した。同条約は 2001 年の FAO 総会で採択され 2004 年 6 月に発効し[6]、2010 年 11 月現在 126 か国と EU が参加している[7]

---

(4) このような PGRFA の特殊性をふまえて IARCs が行ってきた育種とジーンバンク・ネットワークの実態については、本節末尾の【もっと知りたい人のために】文献③が参考となる。

(5) 山本昭夫「生物多様性の保全とその利用から生ずる利益配分に関する一考察」農業生物資源研究所研究資料 16 号（2001 年）61 頁（http://www.gene.affrc.go.jp/about-situation.php より入手可能。）（最終訪問日：2010 年 9 月 5 日）。

(6) ただし、ABS の核心部分である標準素材移転契約（SMTA（後述））の合意は更に遅れ、2006 年の第 1 回条約理事会（Governing Body）で採択された。

(我が国は当事国でない。)。

ITPGR は FAO の PGRFA 保全活動に埋め込まれている (embedded) と考えられるので、FAO の植物遺伝資源関連活動全体の中でこれを理解するのが望ましい[8]。しかし本節では ITPGR とその中核をなす多国間システム (Multi-lateral System : MLS) に焦点をあててこの分野での ABS を概観するにとどめる。なお、ITPGR 及び標準素材移転契約 (Standard Material Transfer Agreement : SMTA) のテキストは、その仮訳とともに (独) 農業生物資源研究所のウェブサイト (前掲注5) から入手できるので、本節を読む際に参照されたい。

(1) ITPGR の概要

ITPGR は、前文及び第1章から第7章までの本文並びに二つの附属書 (MLS の対象作物を決める附属書Ⅰと紛争処理を規定する附属書Ⅱ) からなる。附属書Ⅰには、食料安全保障における重要性と遺伝資源が外国と相互に依存している程度とを基準として合意された、イネ、コムギ、トウモロコシなど35の主要作物と29属の牧草が掲載されている。各章の見出しは次のとおりである。

第1章……序 (第1条～第3条)
第2章……総則 (第4条～第8条)
第3章……農民の権利 (第9条)
第4章……取得の機会及び利益配分のための多国間システム (第10条～第13条)
第5章……支援要素 (第14条～第17条)
第6章……財務規程 (第18条)
第7章……組織規程 (第19条～第35条)

このうち後述する第4章を除きいくつかポイントを示す。

---

[7] 締約国は、FAO のウェブサイト (http://www.fao.org/Legal/treaties/033s-e.htm) を参照のこと (最終訪問日：2010年11月22日)。

[8] FAO の活動全体については、*Overview of the FAO Global System for the Conservation and Sustainable Utilization of Plant Genetic Resources for Food and Agriculture and its Potential Contribution to the Implementation of the International Treaty on Plant Genetic Resources for Food and Agriculture*, CGRFA-10/04/3 (August 2004) (ftp://ftp.fao.org/docrep/fao/meeting/014/j3056e.pdf) (最終訪問日：2010年9月5日)。

第 4 章　CBD に関する個別論点

［1］　第 2 条（語義）⁽⁹⁾において「遺伝材料」（genetic material）を「生殖及び成長繁殖性の材料等、<u>遺伝的機能単位を持つ植物由来のすべての材料</u>」（any material of plant origin, including reproductive and vegetative propagating material, <u>containing functional unit of heredity</u>）としている（下線部筆者。以下同じ。）。この定義では、MLS から受領して何の遺伝的操作も加えない遺伝資源中の遺伝子や DNA 断片も遺伝資源であるとの解釈を否定できないことから、第 12 条の 3 の(d)の解釈に曖昧さを残した。すなわち同項が「受取人は、<u>多国間システムから受領したそのままの形態（in the form received from the Multilateral System）</u>で、食料農業植物遺伝資源又はその遺伝的部分若しくは構成要素の<u>円滑な取得の機会を制限するいかなる知的財産権又はその他の権利を主張しないものとする</u>」と規定するため、MLS から入手した遺伝資源中の遺伝子等を知財（特許）保護することが不可能とも読める。これが日米 2 か国のみが条約採択時に棄権した理由であり⁽¹⁰⁾、欧州 13 か国及び EU が条約批准時の解釈宣言で同条項に言及した理由でもある。

［2］　第 9 条「農民の権利」は同条単独で第 3 章を構成する重い条文で、開発途上国側の主張である。第 9 条の 1 において農民が植物遺伝資源の保全及び開発に果たしてきた（及びこれからも果たすであろう）貢献を認める。しかし同条の 3 において農民が保有する種子等を交換・販売する権利を「<u>国内法令に従ってかつ適当な場合において</u>」認めるとの限定を課すことにより、先進国側は植物新品種保護国際同盟（UPOV）条約との整合性を保った。

［3］　第 14 条から 17 条までの支援要素は、それ自体は本来条約を構成しない FAO での既存合意であるが、条約の目的を実現するために必須のものとして条約中に位置づけられた。第 14 条は 1996 年に FAO で採択された「世界行動計画⁽¹¹⁾」で植物遺伝資源の保全及び持続可能な利用につい

---

(9) ちなみに同条柱書で「商品（コモディティー）の取引は含めない。」と明記し、遺伝資源の範囲を限定している点に留意が必要である。

(10) 知財問題を含む米国の ITPGR に対する態度は、Henry L. Shands, "Current Status of Access and Availability of Plant Genetic Resources," *Journal of Environmental Law & Litigation*, Vol. 19, No. 2 (2004), pp. 461-466 (http://www.law.uoregon.edu/org/jell/docs/192/Shands.pdf) (last visited November 22, 2010) を参照されたい。

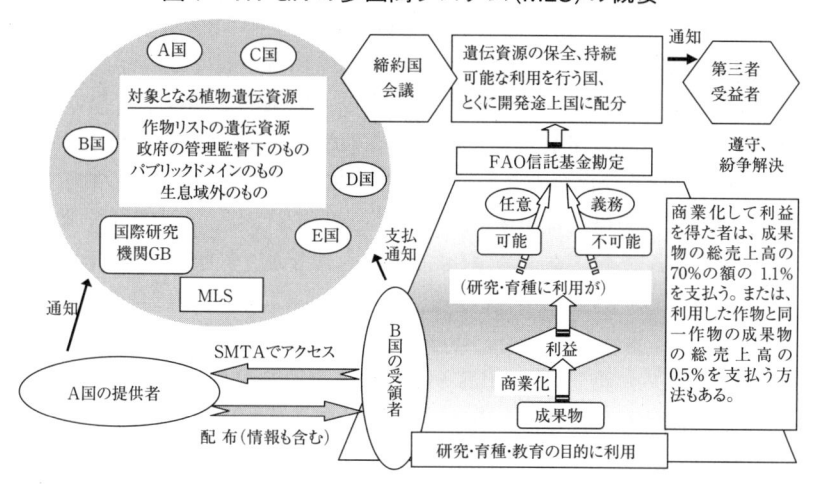

図1：ITPGRの多国間システム(MLS)の概要

(本節末尾の【もっと知りたい人のために】文献②より著者の許可を得て転載)

て20の優先活動が合意されている（これはMLSで利益配分を行う際のガイダンスとなる。）。第15条はIARCsなどが生息域外に保存する遺伝資源をMLSに取り込む規定である。

[4] 第18条は財源である。同条の4において資金調達戦略に従い様々な措置を講ずることとされているが、このうち(e)で「締約国は、第13条2(d)に起因する金銭的利益（筆者注：MLSから取得された遺伝資源利用から生じる商業的利益）が資金調達戦略の一部であることに同意する。」としている。

(2) MLSの概要

次にITPGRにおけるABSの核心をなすMLS（第10条～第13条）を概説する（図1参照）。MLSは締約国などが保存する遺伝資源から国際的な遺伝資源プールを構築し、その遺伝資源プールへのABSは共通ルールであるSMTAに

---

(11) FAO, *Global Plan of Action for the Conservation and Sustainable Utilization of Plant Genetic Resources for Food and Agriculture* (June, 1996) (ftp://ftp.fao.org/docrep/fao/meeting/015/aj631e.pdf) (last visited September 5, 2010)

第 4 章　CBD に関する個別論点

従うというものである。プールされる遺伝資源は附属書Ⅰのもので締約国などが管理・監督しかつ公共領域（public domain）にあるすべての PGRFA である（第11 条の 2[12]）。ABS 契約は、遺伝資源提供者と受領者の間で直接行われるので、例えば締約国当局の許可を得て移転するという集権的な形はとらない。第 12 条の 3 はアクセスが許される場合の条件を列挙し、(a) 食料及び農業のための研究・育種・教育及び保全のためにのみ利用できること、(b) 個々の遺伝資源の移動をその遺伝資源提供者が逐一追跡する必要がないことなどを規定する。生息域内の PGRFA へのアクセスは (h) で規定されるが、実態的には CBD に基づき ABS が行われるものと思われる[13]。第 12 条の 4 は、MLS に含まれる遺伝資源への ABS が、具体的には条約理事会が採択する SMTA に従うことを規定し、受領者がさらに第三者に MLS からの遺伝資源を提供する場合には SMTA と同じ条件で譲渡しなければならないとする。

第 13 条は MLS における利益配分規定である。同条の 2 に非金銭的なものも含めた利益配分メカニズムが列挙されるが、このうち (d) の (ⅱ) は遺伝資源利用の成果物を商業化した場合の金銭的利益配分を規定する。すなわち MLS から取得した素材を組み込んだ成果物[14]を商業化する場合には、これを行う者が商業化から生ずる金銭的利益の一部を FAO の信託基金[15]に配分する義務を負う。ただし他の者がこの成果物を更なる研究及び育種のために制限なく利用できる（すなわち UPOV 条約と同じ要件で育成者の権利が保護される）場合、この配分は任意[16]のものとなる（これが任意のままでよいかどうかは条約発効後 5 年以内に見直しできる）。金銭的利益配分の割合は SMTA 付属書 2 に従い「当該成

---

[12]　一般的には生息域外保存されているものが対象となると理解される。なお、第 11 条の 3 により締約国内の法人・自然人も MLS への参加が奨励されており、さらにこれらの者の MLS へのアクセス制限の可能性についても第 11 条の 4 で規定される。

[13]　締約国などが生息域内にあり第 11 条の 2 の要件を満たす PGRFA を自発的に MLS に入れなければ、それへのアクセスは CBD によって規制されると考えられる。すなわち ITPGR に参加しても、生息域内にある PGRFA への ABS 問題が直ちに解決されるわけではない。

[14]　ここで念頭に置かれている成果物は、新品種である。

[15]　ITPGR の基金構造の全体については FAO, *Report of the First Session of the Governing Body of the International Treaty on Plant Genetic Resources for Food and Agriculture* (IT/GB-1/06/Report)（June, 2006）中の Appendix E の p. 7 を参照されたい（ftp://ftp.fao.org/ag/cgfra/gb1/gb1repe.pdf）（最終訪問日：2010 年 9 月 5 日）。

[16]　「任意」ではあるが、利用者は支払いを奨励されている点に留意すべきである。

果物の売上高から30％を差し引いた額の1.1％」とされるが、付属書3に従い他のオプション――10年間を期限として、成果物の売上高及び契約材料と同じ作物に属するPGRFAである他のすべての生産物の売上高の0.5％――も選択できる。MLSからの配分利益は、第13条の3及び4が、一義的には開発途上国及び移行経済国の農民に直接・間接に行き渡るべきことを規定する（すなわちMLSでは個々の遺伝資源提供者とその遺伝資源利用から得られる利益の受益者は必ずしも一致しない。）。なお、ABSに不可欠なルールの遵守に必要な遺伝資源移動のモニタリングや紛争処理などは、MLS及び締約国会議を代表する「第三者受益者」（FAOがこれにあたる。）を設定してこれに行わせるという方法を編み出している（SMTA第4条の3）。

（3）まとめ

ITPGRではPGRFAに簡便にアクセスできるMLSをつくることによってABSの仕組みを実現した。特にSMTA第1条の2及び第5条a）の規定により、ABSの実施に付きまとう二つの問題――ABS契約を交わすべき相手を正しく特定するという問題及び遺伝資源提供者による遺伝資源移動の追跡という問題――をたくみに回避していると考えられる。加えてSMTAが商業化による金銭的利益の配分率も定めるため、遺伝資源の移転ごとの個別交渉も不要で、利用者は商業化を行う場合の金銭的リスクをアクセス時点で予見できる。このためMLSの範囲において透明性及び実行可能性の高いABSが制度化されたと評価できよう。

しかしながらMLSは、①そもそも合意された植物の範囲が極めて狭いこと、②知的財産権制度との関係が微妙な条項や各種見直し条項を盛り込んでいること、③締約国領域内の法人・自然人の権利義務関係にも言及していることなど、7年に及ぶ交渉における（主に南北対立の）妥協の上に成立したものであり、締約国内及び締約国間でその実施に向けた努力が必要である。これにより、立ち上がって間もないMLSが次第に機能していくものと期待される[17]。

したがって、ITPGRの実施に向けた締約国などの努力を今後とも注意深く見守る必要があるが、同条約にすでに多数の国が参加していることは、ITPGRが食料及び農業のための植物遺伝資源の保全及び利用並びに利益配分の面で国際社会にもたらすメリットが大きいことを示していると思われる[18]。

第 4 章　CBD に関する個別論点

【もっと知りたい人のために】
① 板倉美奈子「〈論説〉食料農業植物遺伝資源国際条約について：遺伝資源の保全と持続可能な利用をめぐって」静岡大学法政策研究 9 巻 2 号（2004 年）27-49 頁（http://hdl.handle.net/10297/1300）（最終訪問日：2010 年 9 月 5 日）
② 白田和人ほか「食料農業植物遺伝資源条約時代における植物遺伝資源の導入」熱帯農業研究 1 巻 1 号（2008 年）7-13 頁
③ スーザン・ドウォーキン（中里京子訳）『地球最後の日のための種子』（文藝春秋、2010 年）

⒄　例えば、MLS の遺伝資源は 130 万点あるが、締約国等からの提供は極めて限定的（多くは IARCs からのもの）である。利益配分基金も、現時点では先進国等の任意拠出に頼っている（2008～'09 年度はこの基金から 11 プロジェクトを実施）。これらについては、*International Treaty on Plant Genetic Resources for Food and Agriculture*, APRC/10/INF/9（June 11, 2010）（http://www.fao.org/docrep/meeting/019/k8651e.pdf）及び *Review of the Implementation of the Multilateral System*, IT/GB-3/09/13（March 2009）（ftp://ftp.fao.org/ag/agp/planttreaty/gb3/gb3w13e.pdf）を参照（最終訪問日：2010 年 9 月 5 日）。
⒅　鹿野農林水産大臣は、2010 年 11 月 2 日の記者会見において ITPGR に加入する意向を表明した（http://www.maff.go.jp/j/press-conf/min/101102.html）（最終訪問日：2010 年 11 月 22 日）。

第5章
◆海外生物遺伝資源へのアクセス及び利益配分の現状◆

1　海外動向

　生物多様性条約（CBD）・締約国会議（COP）などでは、開発途上国と先進国が遺伝資源の取り扱いに関して熱い議論を展開している。他方、国際舞台の中で積極的に海外事業を展開している企業においては、それぞれ倫理規定も含めた自社の生物資源活用戦略を策定し、CBDに対応した取組を行ってきている。以下では、海外の企業や研究所等における他国の遺伝資源へのアクセスの現状を概説し、次に英国王立キュー（Kew）植物園における植物遺伝資源保全のためのアクセス及び利益配分（ABS）活動について紹介する。

1-1　海外における生物遺伝資源利用の取組

（1）ノボザイム社のケニアにおける事例

　2007年5月、ノボザイム社（デンマーク）とケニアの公的機関であるKenya Wildlife Serviceとの間で締結されたケニア保護地域における微生物の収集のための契約が公表された。ケニア国内の微生物資源探索と産業利用研究の権利をノボザイム社に供与する見返りとして、ノボザイム社はケニアに対して実験室などの整備、技術教育や能力構築などを行う。利益配分については、その貢献度に応じて提供国に公正かつ衡平に配分するが、菌株スクリーニング等の探索研究段階と商業化段階では利益配分の在り方も異なっている。前者では能力構築や技術移転などの非金銭的利益配分が主であり、商業化段階へ進むにつれて金銭的利益配分が考慮されるべきであるとしている[1][2]。

---

(1) *Access and Benefit-sharing Arrangements Existing in Specific Sectors*, UNEP/CBD/WG-ABS/6/INF/4/Rev.1 (January 11, 2008)（http://www.cbd.int/doc/meetings/abs/abswg-06/information/abswg-06-inf-04-rev1-en.doc）(last visited September 2, 2010)

（2）グラクソ・スミスクライン（GlaxoSmithKline：GSK）社のブラジルにおける事例

　1999 年、当時のグラクソ・ウエルカム社（スミスクライン・ビーチャムとの合併前）は、ブラジルの小規模バイオテクノロジー企業であるエクストラクタ社と、生物遺伝資源の探索研究について 3 か年のプロジェクト契約を締結した。このプロジェクトは、アマゾンの熱帯雨林の生物資源を探索し、それら資源から医薬探索研究を行うというものであり、契約書には原産国に利益を配分するための具体的手順（教育や技術移転、発売後の利益配分など）が明記されている。このプロジェクト研究から 8 種の化合物が同定され、エクストラクタの研究所で、この地域での治療を対象にしたスクリーニングが行われた。GSK によって商品化された場合には、エクストラクタはその商品の総売上高の最大 3 ％までのロイヤリティーを受け取ることができる。協定には、GSK がスクリーニングのための細胞培養株を提供したり、数名のブラジル人研究者が GSK の英国内の研究施設で研究することによる技術移転契約も含まれていた[3][4][5][6]。このプロジェクトはその後更新され 2004 年 12 月に終了した。しかし、現在までに特に産業利用に直結した成果は報告されていない[7]。なお、GSK は、既に自社での天然資源からの医薬探索研究からは撤退した（第 3 章 1 を参照）。

---

(2) （財）バイオインダストリー協会「平成 16 年度　環境対応技術開発等（生物多様性条約に基づく遺伝資源へのアクセス促進事業）委託事業報告書」(2005 年) 390-393 頁。

(3) Antonio Paes de Carvalho, *Regulatory Environment for Access to Genetic Resources and Benefit Sharing in Brazil: Role of a Local Company dealing in Research, Development and Innovation*, WIPO IGC on IP and GR, TK & Folklore, Sixteenth Session - May 2010 (http://ifpma.org/fileadmin/webnews/2010/pdfs/20100506_WIPO-IGC_Paes_de_Carvalho_Presentation_4.pdf) (last visited September 2, 2010)

(4) EXTRACTA, *News & Landmarks, Glaxo Wellcome and EXTRACTA enter into the largest research collaboration deal South of the Equator (July 99)* (http://www.extracta.com.br/news.htm) (last visited September 2, 2010)

(5) GlaxoSmithKline, *The Impact of Medicines: Sustainability in Environment, Health and Safety Report 2002* (http://www.gsk.com/responsibility/downloads/gsk_ehs_2002.pdf) (last visited September 2, 2010)

(6) GlaxoSmithKline, *The Impact of Medicines: Sustainability in Environment, Health and Safety Report 2004* (http://www.gsk.com/responsibility/downloads/EHS-2004.pdf) (last visited September 2, 2010)

（3）アストラゼネカ(AstraZeneca)社のオーストラリアにおける事例

1993年から2007年にかけて、アストラゼネカ社はオーストラリア・クイーンズランド州にあるグリフィス大学とバイオ医薬探索共同研究を行った。なお、グリフィス大学には、クイーンズランド州やタスマニア、中国、インド、パプアニューギニアなどで収集された様々な生物資源が保存されている[8]。

（4）メルク(Merck)社の海外生物資源探索事例

CBDが発効する直前の1992年に、メルク社はコスタリカと植物、昆虫や微生物の探索プロジェクトを開始し、1999年まで継続した。この事は、当時、日本においても大きな見出しで新聞報道された。1996年から2001年にかけてはメキシコの生態学研究所と共同プロジェクトを行い、菌類や放線菌を中心とした微生物探索を行っている。さらに、2000年から2004年には南アフリカのStellenbosch大学と、2003年から2007年にはプエルトリコのTurado大学と、そして2003年から2008年にかけてはニュージーランドで天然物創薬のための遺伝資源探索プロジェクトを行った。なお、メルク社は、既に自社での天然資源からの医薬探索研究からは撤退した（第3章1を参照）。

（5）米国国立癌研究所(National Cancer Institute：NCI)の海外生物資源探索事例

NCIは、1986年に新しい生物資源探索プログラムを開始し、世界中の熱帯及び亜熱帯地域における植物や微生物の収集、及びインド－太平洋地域における海洋生物の収集を行った。また、抗腫瘍物質の探索に加え、1988年にはエイズ治療のための生物資源を探索するプログラムを開始した[9][10]。

植物試料収集は、共同研究相手であるイリノイ大学、ミズーリ植物園（Mis-

---

(7) 鈴木賢一「生物遺伝資源へのアクセスに基づく実効性ある研究開発と産業利用の促進のために」(財)バイオインダストリー協会「平成20年度 環境対応技術開発等（生物多様性条約に基づく遺伝資源へのアクセス促進事業）委託事業報告書」(2009年) 403-423頁。

(8) *Good Business Practices and Case-studies on Biodiversity*, UNEP/CBD/ABS/GTLE/1/INF/1 (October 31, 2008) (http://www.cbd.int/doc/meetings/abs/absgtle-01/information/absgtle-01-inf-01-en.pdf) (last visited September 2, 2010)

(9) National Cancer Institute, *Natural Products Repository* (http://dtp.nci.nih.gov/branches/npb/repository.html) (last visited September 2, 2010)

第5章　海外生物遺伝資源へのアクセス及び利益配分の現状

表1：NCIと各国研究機関との共同プログラム

資源提供国	共同研究機関	対象生物遺伝資源
ブラジル	Paulista大学など	植物
コスタリカ	生物多様性研究所（INBio）	昆虫及び植物
メキシコ	メキシコ国立大学	薬用植物
中国	昆明植物学研究所	薬用植物
韓国	韓国化学技術研究所	薬用植物
パキスタン	カラチ大学	植物
バングラデシュ	ダッカ大学	植物及び微生物
パナマ	パナマ大学	薬用植物
ジンバブエ	ジンバブエ大学	薬用植物
南アフリカ	南アフリカ科学工業研究評議会	植物

（筆者作成）

souri Botanical Garden）、モートン植物園（Morton Arboretum）が担当し、イリノイ大学は東南アジア（バングラデシュ、インドネシア、ラオス、マレーシア、ネパール、パキスタン、パプアニューギニア、フィリピン、台湾、タイ及びベトナム）を中心に毎年500試料を、ミズーリ植物園はアフリカ（カメルーン、中央アフリカ共和国、ガボン、ガーナ、マダガスカル、タンザニア）において毎年500試料を、モートン植物園はアメリカ本土において毎年1000試料を収集した。また、1986年から1996年にかけてニューヨーク植物園（New York Botanical Garden）は中南米から試料を収集した。さらに、海洋生物は、Coral Reef Research Foundation（珊瑚礁研究基金）によりインド洋―太平洋地域で毎年約700試料が収集された。微生物については、NCIのFrederick Cancer Research and Development Center（フレデリック癌研究開発センター）のScience Applications International Corporation（SAIC）社により、American Type Culture Collection及び世界中の微生物保存機関から微生物株が収集され供試されている。

さらに、NCIは表1に示すように、各国の研究機関と共同プログラムを立ち上げている（2005年現在）。

---

(10)　National Cancer Institute, *FactSheet: Questions and Answers about NCI's Natural Products Branch*（http://www.cancer.gov/PDF/FactSheet/fs7_33.pdf）（last visited September 2, 2010）

【もっと知りたい人のために】
渡辺幹彦・二村聡編『生物資源アクセス――バイオインダストリーとアジア』（東洋経済新報社、2002年）260頁

1-2　英国王立キュー(Kew)植物園の取組

　英国王立キュー（Kew）植物園（以下「キュー」という。）は、生物多様性条約（CBD）の条約交渉当時（1991年頃）から今日まで英国政府交渉団を助け、同条約発効後は自らその実施に努力している。植物園がその使命を果たすためには、遺伝資源へのアクセス及び利益配分（ABS）を具体化するための明確なポリシー導入が不可欠である。生息域内から入手したサンプルは将来にわたって活用されるため、入手時にCBD上の扱いが不明確だと後に問題が顕在化するからである。このためキューは1997年から2000年にかけて21か国から28の植物園などが参加してこれらの者が共通に採用できるABS原則を策定し[1]、自らもこれを採用した。現在キューが採用しているポリシーはこれをボン・ガイドラインも踏まえて2004年に改定したもので[2]、植物園の活動全体―収集、利用及びサンプルの提供、利益配分、商業的利用[3]、キュレーション、サンプル関連情報へのアクセス―がこれに従っている。

　このポリシーの要点を概説する。収集は遺伝資源原産国の事前同意に基づき合法的に行う[4]。利用に際してはサンプルが取得されたときの特別な条件が必ず遵守されるべく、その条件はキュー内部の部門（Department）間でサンプルが移動する場合にも必ずサンプルとリンクさせる。またサンプルの第三者への研究用提供に際しては、商業的利用を禁止する標準素材提供合意書（standard Material Supply Agreement）を締結するが、商業化を行う研究の場合、別途、遺

---

[1] Latorre Garcia *et. al., Results of the Pilot Project for Botanical Gardens: principles of access to genetic resources and benefit sharing. Common policy guidelines to assist with their implementation and explanatory text*（Royal Botanic Gardens, Kew, 2001）, pp. xv, 83.

[2] Royal Botanic Gardens, Kew, *Policy on Access to Genetic Resources and Benefit-Sharing*（2004）（http://www.kew.org/conservation/docs/ABSPolicy.pdf）（last visited September 5, 2010）

[3] 2004年改定時に同ポリシー中に一体化された。

[4] Kewが交わす契約書を見ると、いずれも当事者双方が法的契約を結びうる主体であることがまず確認される。

第 5 章　海外生物遺伝資源へのアクセス及び利益配分の現状

写真：ミレニアム・シードバンク

(© The Board of Trustees of the Royal Botanic Gardens, Kew)

伝資源原産国への利益配分条項を含む契約をキューと締結する。利益について、キューは研究機関であるため基本的には非金銭的なものが発生するとの立場をとるが、商業化にかかわるプロジェクトの実施も否定されておらず、この場合は金銭的な利益が発生する[5]。商業的利用においては、CBD 発効後に集められたサンプル利用から生じる利益は必ず配分し、CBD 発効前の収集物からの利益についても可能な限り配分する。

　こうした ABS ポリシーの導入は、キューが植物の保全のために世界的規模で取り組んでいるミレニアム・シードバンク・プロジェクト（Millennium Seed Bank Project：MSBP）の実施に不可欠である。同プロジェクトは 1990 年代初めに構想された生息域外保全プロジェクトで、のちに MSBP と命名された。2010 年までに世界の被子植物の 10％（2.4 万種）を生息域内から収集・低温保存するもので、新たな種子保存施設「ミレニアム・シードバンク」も完成した（写真参照）。この収集目標は 2009 年 10 月に達成され、引き続き 2010 年までに 25％の収集を目指している。

　MSBP のための ABS 契約は、2009 年末までに 29 契約（18 か国）が締結され

---

[5] 金銭的利益が少額の場合や利益配分すべき相手が不明な場合には、キューが設立した基金にこれをプールして、教育・訓練などの資金として活用している。

ており、その契約書（ドラフト）が公開されている場合がある。例えば南アフリカの国立生物多様性研究所との間で交わされたドラフト[6]を見ると、その構成は、前文、用語の定義、双方の権利義務関係等を記述する契約書本体と、アクセス活動の細部を具体的に記述する附属書1及び遺伝資源を収集国からキューに持ち出す際の移転契約ひな形の附属書2から成っている。これによると、キューが導入する種子の所有権は南アフリカが保有し（同じ種子は南アフリカにも保存されるのでキューが保存する種子は二重保存標本である）、さく葉標本はキューに寄贈される[7]。利益配分としては教育・訓練などの非金銭的なものが想定されている。なおこの契約は排他的ではなく、国立生物多様性研究所はキュー以外の機関との契約を併行的に締結可能である（契約書のポイントは本節末尾の【もっと知りたい人のために】文献①を参照されたい。）。

　最後に、ABSを実施するためには組織内関係者の教育が極めて重要であることを指摘したい。キューのように500名強の組織でも部門ごとに研究者の意識は異なるので、内部教育に苦労していたのを1998～'99年当時の筆者は見聞している（この教育のためには、キューが開発した教材（本節末尾の【もっと知りたい人のために】文献③）が役立つ。）。ましてや遺伝資源を保全・利用するあらゆる関係者がABSを着実に実施するためには、各産業セクターの特徴もふまえつつ産学官一体となった懸命の教育が必要であろう[8]。

---

[6] Royal Botanic Gardens, Kew, *Draft/Access and Benefit-Sharing Agreement between the South African National Biodiversity Institute, South Africa and the Board of Trustees of the Royal Botanic Gardens, Kew, United Kingdom*（キューのウェブサイト（http://www.kew.org/）より検索可能。（最終訪問日：2010年9月5日））

[7] 種子もさく葉標本も遺伝資源に含まれるが、利活用の可能性の程度に応じてこのように両者の間で取扱は異なり、そのデータ管理方法も両者の間で差を設けている（本節末尾の【もっと知りたい人のために】文献② p.49参照）。

[8] プラント・ハンティングを行う個人育種家等への教育も大きな課題である。

第5章　海外生物遺伝資源へのアクセス及び利益配分の現状

>【もっと知りたい人のために】
>① Phyllida Cheyne, "Access and Benefit-Sharing Agreements: bringing the gap between scientific partnerships and The Convention on Biological Diversity," in Roger D. Smith *et al.* (eds.), *Seed Conservation: Turning Science into Practice* (Kew Publishing, 2003), pp. 5-26 (http://www.kew.org/msbp/scitech/publications/SCTSIP_digital_book/pdfs/Chapter_1.pdf)（last visited September 5, 2010）
>② Kate Davis, "The Principles on Access to Genetic Resources and Benefit-Sharing and Implementation by the Royal Botanic Gardens, Kew," in Ute Feit *et al.* (eds.), *Access and Benefit-Sharing of Genetic Resources Ways and means for facilitating biodiversity research and conservation while safeguarding ABS provisions* (German Federal Agency for Nature Conservation, 2005), pp. 45-53 (http://www.bfn.de/fileadmin/MDB/documents/service/skript163.pdf)（last visited September 5, 2010）
>③ China Williams *et al.*, *The CBD for Botanists: an Introduction to the Convention on Biological Diversity for people working with botanical collections* version 2 (Royal Botanic Gardens, Kew, 2006)（http://www.kew.org/data/cbdbotanists.html）（last visited September 5, 2010）

2　日本における生物遺伝資源利用の取組

　1999年、（財）バイオインダストリー協会（JBA）が日本の企業に遺伝資源へのアクセスに関するアンケート調査を行った結果を報告している[1]。それによれば、生物多様性条約（CBD）について聞いたことがあるかとの質問に対しては87.5％が知っていると回答し、CBDの影響については80.0％がマイナスだと思うと回答している。その理由としては、「国の政府の承認など手続きが面倒」、「今後、海外からの資源入手が難しくなる」、「遺伝資源の入手が困難になったので、現在海外からの入手を止めている」などを挙げている。
　CBDが日本企業の活動に対して負の影響を与えるのは問題であり、経済産業省を中心としてCBDへの対応を検討してきている。特に、遺伝資源へのア

---
(1)　渡辺順子・炭田精造「遺伝資源へのアクセスに関する産業界のアンケート調査結果」バイオサイエンスとインダストリー Vol. 58, No. 7（2000年）57-59頁。

クセス及び利益配分（ABS）に関係する問題を ABS 問題と呼称し、JBA に関連委員会を設置し情報収集や意見交換を行うとともに外部に向けて情報を発信している。以下では、ABS 問題に対する今までの日本の取組として、JBA の取組及び海外の生物遺伝資源利用に関する日本国内の企業や公的機関の取組を紹介する。

2-1　ABS問題への日本のアプローチ：JBAの取組

（1）JBA と CBD との関わり

　通商産業省（現・経済産業省）は CBD が採択される前の 1991 年度に、総合開発調査の一つとして、「アジア諸国における研究開発基盤形成に関する基礎調査（熱帯地域の生物多様性の保全に関する基礎調査）」を JBA に委託した。これが JBA と CBD の関わりの発端であり、CBD 誕生前であることには驚かざるを得ない。この調査結果が、1993 年度から開始された新エネルギー・産業技術総合開発機構（New Energy and Industrial Technology Development Organization：NEDO）先導研究「熱帯生物機能の利用技術」（2 年間）と、政府開発援助（ODA）プロジェクト「生物多様性保全と持続可能な利用等に関する研究協力」（1993〜1999 年度）につながるとともに、これら研究協力の考え方は基本理念として脈々と受け継がれている[2]。

　タイとの研究協力は 1993 年度から、インドネシアとは 1994 年度から、マレーシアとは 1995 年度から、それぞれ開始された。ODA による二国間協力であることから、各国別のプロジェクトを編成し、我が国からの現地出張は延べ 389 人、また、相手国からの我が国への招聘は延べ 192 人を数えた。そして、1998 年 11 月に東京で開催された国際フォーラムで「熱帯生物資源の保全と持続可能な利用に関する東京宣言」を採択して終了した[3]。

　一方で、JBA は、生物多様性問題に関連する様々な課題に対応するためには、関連する分野の関係者が自由に集って闊達に情報と意見の交換を行う場が必要

---

[2] 石川不二夫「熱帯生物資源と日本──生物多様性条約の時代を迎えて」バイオサイエンスとインダストリー Vol. 53, No. 6（1995 年）64-67 頁。
[3] 炭田精造「受託事業 生物多様性保全と持続的利用等に関する研究協力──東南アジアとの熱帯生物資源プロジェクト（1993.4〜1999.3）の成果のまとめ」バイオサイエンスとインダストリー Vol. 57, No. 6（1999 年）69-72 頁。

第 5 章　海外生物遺伝資源へのアクセス及び利益配分の現状

であるとして、1998 年 3 月、JBA 内に生物資源総合研究所を設置した。生物資源総合研究所では、まず、生物遺伝資源及び関連する情報を集約・管理する生物資源センターが CBD の時代で生息域外保全機関として重要な役割を果たすことに着目し、新時代のニーズに応えうる生物資源センターの在り方、特に継続的な財政支援の重要性について検討することとした。これは各国に共通した課題であることから、経済協力開発機構（Organisation for Economic Co-operation and Development：OECD）の科学技術政策委員会・バイオテクノロジー作業部会を議論の場とすることを提案し、我が国主導でタスクフォースが設置された。本成果は「生物資源センター（BRC）——生命科学とバイオテクノロジーの未来を支えるために」として OECD から出版された[4]。その後、我が国では、この OECD 提言に基づき、2001 年 4 月に（独）製品評価技術基盤機構（National Institute of Technology and Evaluation：NITE）が設立され、生物資源情報解析（ゲノム解析施設）、生物遺伝資源センターといった現在のバイオテクノロジー本部の活動につながっている。

（2）CBD 及びボン・ガイドラインの普及

　1993 年に CBD が発効したことにより、遺伝資源に対する国家の主権的権利が認められ、利用者が海外の遺伝資源にアクセスする際には、資源提供国から事前の情報に基づく同意（PIC）を得ることや、遺伝資源の利用から生じる利益を公正かつ衡平に配分することが必要となった。JBA 生物資源総合研究所は、上述した「生物資源センター」の必要性を議論するとともに、CBD に基づく ABS 問題にも取り組んだ。CBD は枠組み条約であることから、詳細な施策・対応は手探り状態であったといえる。こうした中、JBA は東南アジアとの研究協力プロジェクト実施の経験を活用し、産学の有志者と協力して、1999 年 6 月に「遺伝資源アクセスに関するガイドブック」を発行した。
　さらに、2002 年 4 月には、国際的な自主規制ルールであるボン・ガイドライン[5]（正式名称は「遺伝資源へのアクセスとその利用から生じる利益の公正・衡平な配分に関するボン・ガイドライン」）が採択された（詳細は第 2 章参照）。JBA は、2002 年度から現在に至るまで、経済産業省からの「環境対応技術開発等（生物

---

(4) *Biological Resource Centres: Underpinning the Future of Life Sciences and Biotechnology* (OECD, 2001) (http://www.oecd.org/dataoecd/55/48/2487422.pdf) (last visited September 7, 2010). （財）バイオインダストリー協会による邦訳あり。

多様性条約に基づく遺伝資源へのアクセス促進事業）委託事業」を継続して受託することができた。そこで、ボン・ガイドラインの起草段階から国際交渉に関与してきた経験をいかし、2002年9月に速やかにボン・ガイドラインの日本語訳冊子を完成させることができた[6]。

　海外の遺伝資源を用いた研究や関連したビジネスに携わる関係者にとって、CBDを理解し、遵守しなければ、思わぬトラブルに巻き込まれるおそれがある。そこで、JBAでは、我が国の主要都市でオープンセミナーを開催することにより、遺伝資源を利用する関係者に対して、CBD及びボン・ガイドラインの理解と普及に努めるとともに、遺伝資源をめぐる国際動向について広く情報を発信してきた。

（3）「遺伝資源へのアクセス手引」の作成

　JBAは、遺伝資源へのアクセスとその利用から生じる利益の公正かつ衡平な配分に関する諸課題を包括的に議論するために、産業界専門家及び学識経験者から成る「遺伝資源へのアクセスと利益配分に関するタスクフォース」（TF）を設置した。そして、TFにおいて、企業や研究機関が海外遺伝資源へのアクセスを行う際のガイドとして、下記の要件を満たす実用性と機能性に富む新たなツールを検討し、「遺伝資源へのアクセス手引」が作成された[7]。

> ●資源提供国が有する遺伝資源へのアクセスが円滑に行われるとともに、そこから生ずる利益の公正かつ衡平な配分が適切に実施されることにより、提供者と利用者の双方が利益を享受し、win-winの関係を構築するための一助となること。

---

[5] Secretariat of the Convention on Biological Diversity, *Bonn Guidelines on Access to Genetic Resources and Fair and Equitable Sharing of the Benefits Arising out of their Utilization* (2002) (http://www.cbd.int/doc/publications/cbd-bonn-gdls-en.pdf) (last visited September 7, 2010).

[6] （財）バイオインダストリー協会訳「遺伝資源へのアクセスとその利用から生じる利益の公正・衡平な配分に関するボン・ガイドライン」（2002年12月）（http://www.biodic.go.jp/cbd/pdf/6_resolution/guideline.pdf）（最終訪問日：2010年9月7日）

[7] （財）バイオインダストリー協会「平成16年度環境対応技術開発等（生物多様性条約に基づく遺伝資源へのアクセス促進事業）委託事業報告書」（2005年）3-32頁（http://www.mabs.jp/archives/reports/index_h16.html）（最終訪問日：2010年9月2日）

第5章　海外生物遺伝資源へのアクセス及び利益配分の現状

> ●遺伝資源の商業利用を図る際に、ビジネス上のフレキシビリティを確保しつつ、トラブル発生のリスクを軽減すること。そのため、CBD やボン・ガイドラインの主要な規定や用語について利用者が理解しやすいように、より具体的な解説や例を示すこと。

「手引」作成作業は、その作業を円滑にするために、小作業グループ（少人数の TF 委員で構成）で草案作成後、TF 会合で審議する、という双方向の形で進められた。また、同時に電子媒体を使い、全方位の意見交換・聴取を行いながら進められ、以下の基本コンセプトが確立され、それを基に 2005 年 3 月に「遺伝資源へのアクセス手引[8]」が発行された。

> 【遺伝資源へのアクセス手引の作成方針】
> 基本コンセプト
> ●遺伝資源へのアクセスの第一原則は、利用者がアクセスしたい国の国内法を遵守することである。したがって、利用者は当該国の国内法をよく調査し、それに従って行動することが必要であることを明示する。
> ●当該国に該当する国内法がない場合は、CBD の原則を遵守することが必要であり、また、ボン・ガイドラインを遵守することが奨励されることを示す。
> ●しかし CBD やボン・ガイドラインの記述は枠組みを述べたものに過ぎないため、実際の運用では不明確な点が多い。それを補うために本手引を作成する。本手引には、実際のアクセスにおいて有用と思われる情報の提示や事項を解説し、利用者の一助となるようにする。
> ●利用者が本手引を活用し、自らの判断によって遺伝資源提供国と win-win の関係を構築することを期待する。

本手引には、CBD やボン・ガイドラインの原則的な項目が記載されており、また、各項目に実際面で役立つ解説がなされ、さらに海外の遺伝資源にアクセスする際の実施上の問題点とその対応の具体例を問答形式で解説しており、海外遺伝資源の利用者にとって非常に役に立つものとなっている。

---

[8] （財）バイオインダストリー協会・経済産業省「遺伝資源へのアクセス手引」（2005 年）（http://www.mabs.jp/archives/tebiki/index.html）（最終訪問日：2010 年 9 月 2 日）

（4）オープンセミナーによる「遺伝資源へのアクセス手引」の普及

JBA は、毎年、全国の主要都市でオープンセミナーを開催し、CBD と「遺伝資源へのアクセス手引」の普及活動を継続している。また、2006 年には「遺伝資源へのアクセス手引」の英訳版「Guidelines on Access to Genetic Resources for Users in Japan」を作成し、CBD の締約国会議や ABS 作業部会で参加者に配布することにより、我が国の活動として紹介している。

オープンセミナー実施による CBD、ボン・ガイドライン、アクセス手引等の普及の実績は以下のとおりである。

- 2002 年度：1 回（東京）
- 2003 年度：4 回（東京、東京、札幌、大阪）
- 2004 年度：3 回（名古屋、福岡、仙台）
- 2005 年度：6 回（東京、大阪、名古屋、札幌、広島、福岡）
- 2006 年度：4 回（東京、大阪、札幌、福岡）
- 2007 年度：2 回（東京、名古屋）
- 2008 年度：3 回（富山、名古屋、東京）
- 2009 年度：4 回（東京、福岡、大阪、東京）

（5）ウェブサイト「生物資源へのアクセスと利益配分──企業のためのガイド」の開設

JBA は東南アジアを中心として各国の ABS 関連国内法や行政措置などの情報を積極的に収集してきた。これら情報を我が国の海外遺伝資源利用者に広く発信するために、2003 年 8 月に、専用ウェブサイト「生物多様性条約に基づく生物資源へのアクセスと利益配分──企業のためのガイド──[9]」を開設した。本ウェブサイトでは、国別情報として、東南アジアを中心に各国の関連国内法、アクセスの窓口等の情報を提供しており、現在、インド、インドネシア、オーストラリア、タイ、ブータン、フィリピン、ベトナム、マレーシア、ミャンマー、モンゴル、ラオスの 11 か国、及び、その他の国・地域として、ブラジル、コスタリカ、ペルー、アンデス協定、ASEAN 枠組協定案、太平洋地域モデル法、アフリカ統一機構モデル法に関する情報が掲載されている。

---

[9] （財）バイオインダストリー協会「生物資源へのアクセスと利益配分」（http://www.mabs.jp/）（最終訪問日：2010 年 9 月 7 日）

また、資料室として、CBD、ボン・ガイドライン、遺伝資源へのアクセス手引、ABSパンフレット等のABS関連情報を提供するとともに、ABS議論の推移、CBD関連国際会議報告等により交渉の現状等を解説し、また、受託事業の報告書を公開している。

（6）海外遺伝資源アクセスに関する「相談窓口」

2005年4月に、JBAは「海外の遺伝資源へのアクセスに関する相談窓口」を開設した。[10]アクセスに関連した課題・問題点について相談を希望する企業、研究機関、大学、個人等に対して、JBAは無料で助言を行っている。なお、相談内容は守秘としている。相談窓口開設からの5年間で、200件を超える個別相談を受けており、相談内容もアクセス・ルール全般から、アクセスの留意点、対象国の法規制状況、アクセスルート等と多岐にわたっている（表1）。最近では企業のみならず大学・公的研究機関、メディアからの相談も増加している。

（7）遺伝資源アクセスに関する関連動向の把握とアクセスルートの開拓

JBAは、海外からABS担当者や専門家、CBDを遵守して遺伝資源を利用している内外企業を招聘して、国際シンポジウムを開催している。シンポジウムでは、ABSに関する国際動向等の情報を我が国関係者に提供するとともに、その課題に対して議論を深めてきた。また、アジア・大洋州の遺伝資源提供国（インド、インドネシア、オーストラリア、タイ、中国、ネパール、ブータン、ベトナム、マレーシア、ミャンマー、モンゴル等）との間で、二国間ワークショップを開催し、我が国関係者に各国のABS規制・研究開発・産業動向等の情報を提供している。これにより、当該遺伝資源提供国との相互理解を深めるとともに、アクセス関する個別状況の把握に貢献してきた。また、必要に応じて、現地調査を実施し、ABS関連情報の収集を行っており、海外遺伝資源へのアクセスルートの開拓にも注力している。

---

[10] （財）バイオインダストリー協会「海外の遺伝資源へのアクセスに関する相談窓口」（http://www.mabs.jp/info/oshirase/oshirase_005.html）（最終訪問日：2010年9月7日）

2-1 ABS問題への日本のアプローチ：JBAの取組

表1：ABS相談窓口受付数の推移[11]

	2009年度	2008年度	2007年度	2006年度	2005年度
対象国	アジア・大洋州(32) 米州(14) 欧州(6) 一般(34)	アジア・大洋州(36) 米州(5) その他の地域(2) 一般(22)	アジア・大洋州(25) 中南米(2) その他の地域(6)	アジア・大洋州(14) 中南米(5) その他(5)	アジア・大洋州(28) 中南米(7) その他(1)
分野	健康食品(14) 学術(基礎研究)(9) 化学品・バイオ燃料(7) 創薬(7) 化粧品(5) 分析(4) メディア(11) その他(17)	健康食品(12) 学術(学界・公的機関)(10) 化粧品(9) メディア(7) CBD条約(5) 化学品・バイオ燃料(5) 酵素(2) 創薬(1) 環境(1) その他(6)	健康食品(14) 化粧品(6) 創薬(3) 化学品(3) バイオ燃料(2) 分析機器(1) CBD条約(含むIPR)(4) その他(4)	健康食品(10) 基礎研究(4) 化粧品(3) バイオ燃料(3) 創薬(3) 生物変換(1) その他	化粧品(10) 健康食品(6) 創薬(3) 基礎研究(2) その他(4)
帰属組織	大企業(37) 大学・公的機関(25) 中小企業・ベンチャー(12)	大企業(25) 大学・公的機関(17) 中小企業・ベンチャー(8) メディア(7)	大企業(22) 中小企業・ベンチャー(3) 大学・公的機関(9)	大企業(10) 中小企業・ベンチャー(6) 大学・公的機関(9)	大企業(17) 中小企業・ベンチャー(6) 大学・公的機関(2)
	合計(74)	合計(57)	合計(34)	合計(25)	合計(25)

(注) 数字は延べ数を示す

（8）CBD締約国会議等への参加と我が国政府への支援・提言

　JBAは、CBD締約国会議、及び、「遺伝資源へのアクセスと利益配分」に関する作業部会等の国際交渉に継続的に参加することにより、我が国政府の対応を支援してきた。JBAのCBD締約国会議への参加は、1995年11月にインドネシア・ジャカルタで開催された第2回締約国会議（COP2）に遡る。COP2の一環として国際生物多様性テクノロジーフェア（International Biodiversity Tech-

第 5 章　海外生物遺伝資源へのアクセス及び利益配分の現状

nology Fair）が併催され、JBA からは当時進行中の ODA プロジェクトを紹介した[12]。1996 年 11 月にアルゼンチン・ブエノスアイレスで開催の第 3 回締約国会議（COP3）では、世界生物株保存連盟（World Federation for Culture Collection）が微生物系統保存機関へのアクセスと利益配分に関する議論を提起し、動物・植物にとどまらず、微生物遺伝資源の ABS 問題が議題に挙がることとなった[13]。そして、1998 年 5 月にスロヴァキア・ブラティスラバで開催された第 4 回締約国会議（COP4）で ABS が正式議題となり、ABS 専門家パネルが設置されて以降、JBA は継続して ABS の議論に参画し、我が国政府代表団を支援している[14]。

また、第 10 回締約国会議（COP10）が愛知県名古屋市で開催されることになり、ABS に関する国際レジームについての作業期限が COP10 となっていることから、我が国の産業界・学界さらに各国の産業界とも連携しながら、提言活動を活発化している[15][16]。

（9）バイオインダストリー集団研修

生物遺伝資源を豊富に有する開発途上国の多くも、国家の経済開発計画とし

---

[11]　（財）バイオインダストリー協会「平成 17 年度環境対応技術開発等（生物多様性条約に基づく遺伝資源へのアクセス促進事業）」（2006 年）、同「平成 18 年度環境対応技術開発等（生物多様性条約に基づく遺伝資源へのアクセス促進事業）」（2007 年）、同「平成 19 年度環境対応技術開発等（生物多様性条約に基づく遺伝資源へのアクセス促進事業）」（2008 年）、同「平成 20 年度環境対応技術開発等（生物多様性条約に基づく遺伝資源へのアクセス促進事業）」（2009 年）、同「平成 21 年度環境対応技術開発等（生物多様性条約に基づく遺伝資源へのアクセス促進事業）」（2010 年）を基に筆者改変。

[12]　酒井迪・依田次平「International Biodiversity Technology Fair に出展して」バイオサイエンスとインダストリー Vol. 54, No. 1（1996 年）56-58 頁。

[13]　炭田精造「微生物遺伝資源へのアクセスと成果の共有に関する提言が本格登場：生物多様性条約第 3 回締約国会議から」バイオサイエンスとインダストリー Vol. 55, No. 2（1997 年）81-82 頁。

[14]　詳しくは、第 2 章「CBD におけるアクセス及び利益配分── ABS 会議の変遷と日本の対応」を参照のこと。

[15]　藪崎義康「遺伝資源へのアクセスと利益配分（ABS）をめぐる争点──バイオ産業界は ABS の国際制度をこう考える」農業と経済 Vol. 76, No. 10（2010 年）71-78 頁。

[16]　炭田精造ほか「『遺伝資源アクセスと利益配分に関する検討委員会（ABS 委員会）』を JBA に設置──生物多様性条約第 10 回締約国会議（COP10）名古屋に向けて、バイオ産業界の意見を集約」バイオサイエンスとインダストリー Vol. 67（2009 年）355-357 頁。

てバイオテクノロジーを取り上げ、自国の生物遺伝資源の活用、バイオインダストリーの育成に注力している。一方で、こうした途上国はバイオテクノロジーの応用に必要な技術開発・人材育成といった能力構築の点でまだまだ十分であるとはいえない。そこで、バイオインダストリーの育成に歴史と経験を有する我が国が開発途上国に対して貢献できる政府間協力の一環として、1988年度に、外務省及び通商産業省バイオインダストリー室（現・経済産業省生物化学産業課）は、開発途上国向けのバイオインダストリー集団研修コースを開設し、以後この研修を継続している。ここでも我が国政策の方向性を垣間見ることができる。

本研修では、開発途上国に存在する生物遺伝資源の評価・保存・活用に係る技術・政策を、関連する法体系及び進展を遂げる技術面から幅広く概観・体得することにより、いかにして自国のバイオ産業発展につなげるか、アクション・プランの作成、帰国後の実践を課題としている。このため、単なる講義や施設訪問のみならず、実際にモノを取り扱う実習を取り入れ、身をもって体験させることを特徴とする。また、アクション・プランの作成にあたっては、我が国のバイオ産業を熟知した専門家がきめ細かく指導する体制をとっている。これにより、帰国後も人的ネットワークが効率的に形成され、我が国産業界の海外展開の際にも活用可能となっている[17][18]。

バイオインダストリー集団研修（1988～2002年度）、バイオインダストリー集団研修II（2003～07年度）、先進バイオインダストリー集団研修（2008～10年度）と23年間で延べ30か国から計200名の研修員を受け入れた。カリキュラムは、当初のバイオ技術全般の講義と企業・研究機関訪問から、安全性、知的財産といった観点の追加、国際的視野からの概観、生物遺伝資源の活用へと進化させ、さらに、NITEや（独）理化学研究所における微生物や植物組織に関する実習を盛り込み、工夫している。研修員の中からは当該国の行政機関・研究機関の要職についた者もあり、集団研修は我が国との研究協力や産業界の海外進出の円滑化につながった。

---

[17] 植村薫・薮崎義康「平成21年度(第2回)先進バイオインダストリー集団研修」バイオサイエンスとインダストリー Vol. 67（2009年）469-473頁。

[18] 植村薫・薮崎義康「平成20年度(第1回)先進バイオインダストリー集団研修」バイオサイエンスとインダストリー Vol. 66（2008年）582-585頁。

第5章　海外生物遺伝資源へのアクセス及び利益配分の現状

【もっと知りたい人のために】
① （財）バイオインダストリー協会　ウェブサイト（http://www.jba.or.jp/）
② 炭田精造ほか「生物遺伝資源戦略の実行——生物多様性条約の下でのあゆみ」
バイオサイエンスとインダストリー Vol.65, No.12（2007年）32-37頁

2-2　海外生物遺伝資源利用の取組

（1）アステラス製薬のマレーシアにおける事例

　アステラス製薬は、2000年からマレーシアの Standard and Industrial Research Institution of Malaysia（SIRIM）と微生物探索の共同研究を開始した。研究の主な初期費用はアステラスが負担するとともに、SIRIM に対する技術的なトレーニングを必要に応じて行うことにより資源提供側への能力構築に貢献している。一方、SIRIM はマレー半島全土に渡る地域での試料採集や微生物の分離、基本的なスクリーニング、サンプルライブラリーの作製をする。そのライブラリーをアステラスが購入する形でコストの追加と補完が行われている。さらに微生物ライブラリーは、CBD 精神に則り共同保有とし、両方が活用できる形にしている。特許に値する化合物が見い出された場合は共同出願し、上市に至った場合は、ロイヤリティー契約が追加されることもある[1]。

（2）ニムラ・ジェネティック・ソリューソンズ(NGS)の海外生物資源探索事例

　ニムラ・ジェネティック・ソリューションズ（NGS）は生物資源を活用して医薬品等のリード化合物等の探索をするベンチャー企業である。2002年にマレーシア森林研究所（FRIM）と、2004年にはマレーシア・サラワク州のサラワク生物多様性センター（SBC）と微生物資源探索契約を締結し、マレーシアに拠点を置いて微生物探索を行い、その培養物を医薬企業へと提供している。また、

---

[1] 鈴木賢一「日米欧企業とアジア資源国の取り組みの最前線」（JBA-国連大学高等研究所共催シンポジウム講演要旨）（財）バイオインダストリー協会「平成17年度環境対応技術開発等（生物多様性条約に基づく遺伝資源へのアクセス促進事業）委託事業報告書」（2006年）176-182頁。（http://www.mabs.jp/archives/reports/index_h17.html）（最終訪問日：2010年9月2日）

2009年にはブータン王国の農業省と生物資源探索に関する共同契約を締結し、微生物だけでなくブータンの薬用植物からの新規医薬リード化合物の探索へと事業を拡大している[2]。

（3）九州大学のネパールにおける事例

2010年2月に九州大学とネパール科学技術省は両者の化学技術交流に関する覚え書きを締結し、相互の科学技術の交流とバイオテクノロジーの研究連携を進めることに合意した。これにより、九州大学ではネパールの保有する発酵食品などの遺伝資源を活用した新たなバイオテクノロジー研究領域の進展が期待される。このような海外の政府と日本の大学が生物多様性条約の精神に則り、科学技術交流に関する覚え書きを締結するのは日本の大学では初めての取組である。今後、大学が海外の生物遺伝資源を利用した研究を行う上での一つのモデル事例になるものと思われる[3][4]。

（4）製品評価技術基盤機構（NITE）の海外生物資源探索事例

（独）製品評価技術基盤機構（NITE）バイオテクノロジー本部（NITE-DOB）は、我が国が生物の多様性に富むアジア諸国に隣接しているという地理的利点を生かし、アジア諸国の関係者と密接な連携を図り、CBDに則したABSの新しいスキームを構築した（図1）。そして、それぞれの国の自然界に生息する多種多様な機能を持った微生物を共同で分離・収集し、それらを有効に利用することで関連する産業の発展に貢献することを目指して業務を展開している。

2003年からインドネシアと、2004年からベトナム及びミャンマーと、2006年からモンゴルと、そして2009年からブルネイとそれぞれ生物遺伝資源の保全と持続的な利用に関する覚え書きを締結するとともに、そのもとで各国の国

---

(2) ニムラ・ジェネティック・ソリューションズHP（http://www.ngs-lab.com/corp/index.html）（最終訪問日：2010年9月2日）

(3) 九州大学「ネパール政府（科学技術省）と九州大学との科学技術交流に関する覚書締結及び海外の遺伝資源移転に関する国際シンポジウムの開催」（http://www.kyushu-u.ac.jp/pressrelease/2010/2010-02-05.pdf）（最終訪問日：2010年9月2日）

(4) 九州大学「ネパール科学技術省との科学技術交流に関する覚書を締結」（http://www.kyushu-u.ac.jp/topics/index_read.php?kind = &S_Category = &S_Page = &S_View = &word = &page = &B_Code = 2555）（最終訪問日：2010年9月2日）

第 5 章　海外生物遺伝資源へのアクセス及び利益配分の現状

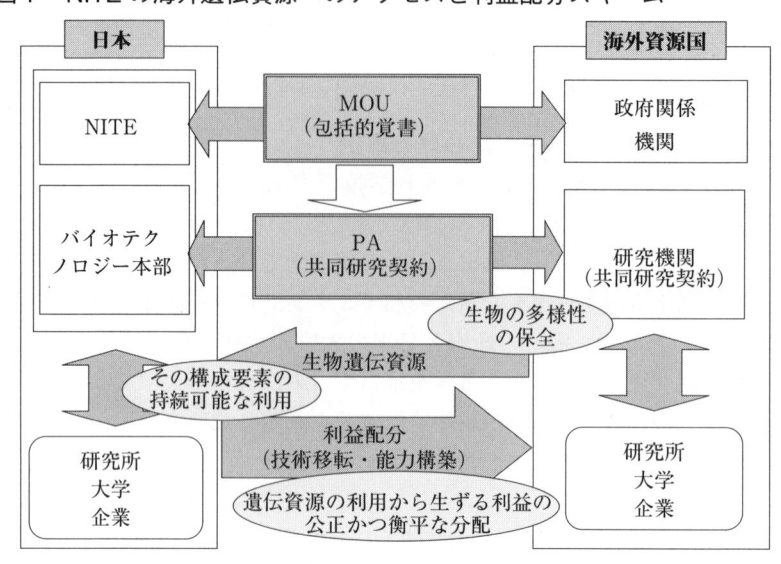

図 1：NITE の海外遺伝資源へのアクセスと利益配分スキーム

[図：日本側（NITE、バイオテクノロジー本部、研究所・大学・企業）と海外資源国側（政府関係機関、研究機関（共同研究契約）、研究所・大学・企業）の間で、MOU（包括的覚書）、PA（共同研究契約）を介して、生物遺伝資源の提供と利益配分（技術移転・能力構築）が行われるスキーム。キーワードとして「生物の多様性の保全」「その構成要素の持続可能な利用」「遺伝資源の利用から生ずる利益の公正かつ衡平な分配」が示されている。]

立の研究機関あるいは大学とプロジェクト合意書を締結し、微生物探索を行っている。インドネシアとのプロジェクトは 2009 年 3 月に終了しているが、このプロジェクトでは菌類を含む 6,696 株の微生物が分離され、232 属の菌類を認め、その中には多くの未知微生物が探索されている。ベトナムとの共同研究において特筆すべき点は、日本の企業研究者と現地で微生物合同探索を行っている点である。企業研究者がプロジェクトに参加し、現地において目的とする微生物を探索することができる点で、より産業化を加速する探索が行われている。モンゴルにおいても同様に日本企業との微生物合同探索が行われている。また、それら国々において分離された菌株は日本の企業に広く提供されており、その有用性が検討されている。NITE のアジア諸国とのプロジェクトにおいては、遺伝資源提供国に対し NITE が技術移転や能力構築などの非金銭的な利益配分を行うほか、それら遺伝資源を利用した日本の企業から金銭的な利益配分がなされている[5][6][7][8]。

---

(5)　安藤勝彦「新しい微生物資源を求めて① NITE の海外微生物探索：インドネシア編」生物工学 87 号（2009 年）298-299 頁。

2-2　海外生物遺伝資源利用の取組

　NITE は公的機関であり、コストや権利関係においても安心感が高く、また、近年アジア諸国と共同で探索した微生物ライブラリーが充実しており、当初のスクリーニングのための実用的なライブラリーとして高く評価できる[9]。

> 【もっと知りたい人のために】
> ① 辨野義己ほか編『微生物資源国際戦略ガイドブック』（サイエンスフォーラム、2009 年）448 頁
> ② 渡辺幹彦・二村聡編『生物資源アクセス──バイオインダストリーとアジア』（東洋経済新報社、2002 年）260 頁

---

[6]　安藤勝彦「新しい微生物資源を求めて② NITE の海外微生物探索：ベトナム編」生物工学 87 号（2009 年）352-353 頁。
[7]　安藤勝彦「新しい微生物資源を求めて③ NITE の海外微生物探索：モンゴル編」生物工学 87 号（2009 年）404-405 頁。
[8]　製品評価技術基盤機構（NITE）生物遺伝資源開発部門（NBDC）「アジア諸国との協力体制の構築について」(http://www.bio.nite.go.jp/nbdc/asia_all.html)（最終訪問日：2010 年 9 月 2 日）。
[9]　鈴木賢一「生物遺伝資源へのアクセスに基づく実効性ある研究開発と産業利用の促進のために」(財)バイオインダストリー協会「平成 20 年度　環境対応技術開発等（生物多様性条約に基づく遺伝資源へのアクセス促進事業）委託事業報告書」(2009 年）403-423 頁（http://www.mabs.jp/archives/reports/index_h20.html)（最終訪問日：2010 年 9 月 2 日）。

第6章
◆名古屋議定書の概略と論点◆

1 名古屋議定書の枠組み

　通常、条約や議定書は、主権国家が相互に主権を制限し、国際的な基準を定めるものであり、それによる国内法の調和が想定されている。温暖化に関わる気候変動枠組み条約や京都議定書はその一例である。しかしながら、第1章4（3）において指摘したように、名古屋議定書は、アクセス及び利益配分（Access and Benefit-Sharing：ABS）に関する国際基準を定め、それによる国内法の調和を義務付けているわけではない。それは、遺伝資源の提供国の国内法に域外効力を与えることと、そのための条件と手続を定めるという特異な形態をとっている[1]。ボン・ガイドラインでは不十分であるという開発途上国の主張は、まさにこのことに関係していた。法的拘束力のある文書でない限り、国内法に域外効力を与えることはできないからである。

　名古屋議定書がこうした特異な形態をとった背景については、第1章4（1）及び（2）で触れたとおりである。それらに加えて、長年にわたって欧米先進国の社会・経済制度や法制度の受け入れを迫られてきていた開発途上国にとって、逆に、開発途上国のABS法令の受け入れを先進国に求めるという戦略が魅力的であったことは想像に難くない。

　そのような形態をとっているため、域外効力の条件や制限をめぐって最後まで対立が続いていたのである。さて、採択された名古屋議定書は[2]、第1章4（5）（ⅲ）（ウ）で触れた例外的に外国法の受け入れを定める条約と比較しても、国際基準化を経ずに二国間で直接的に域外効力を及ぼすこと、相互的でなく提

---
[1] 本稿は、以下を基にしているが、第10回締約国会議（COP10）で採択された名古屋議定書に即して全面的に書き改めた。磯崎博司「生物多様性条約における遺伝資源をめぐる問題の現状と展望——第3回 名古屋議定書案の特異な構造とその概略」NBL936号（2010年）85-93頁。

1　名古屋議定書の枠組み

供国から利用国への一方通行であること、不特定の国の不特定の法律又は規制的要件を対象にすること、確認された違法事例への個別対応にとどまらず一般的な合法確認制度を求めることという特徴を有している。それらは、いずれも開発途上国が主張していたことである。他方で、先進国の主張に沿って、また、先住民の権利に関しては開発途上国を含む関係国の主張に沿って、現在の国際社会の基本原理・国際法原則に基づいた、さまざまな条件や制限が設定されている。

　なお、名古屋議定書については、ほとんどのメディアにおいて、名古屋議定書が、アクセス及び公正かつ衡平な利益配分のための国際ルールを定めているとか、提供国の事前同意を義務付けているとか、提供者との間に個別の利益配分契約を結ぶことを義務付けているとかの解説がされているが、それらは正確ではない。公正かつ衡平な利益配分のためのルールも、事前同意や契約の義務付けも各国の国内法が定めるのであり、それらの義務に反した場合は当該国内法の違反となる。

　名古屋議定書は、図1に示すように、提供国の国内法が国境を越えて利用国へ渡っていくための橋をかける役割を果たすこととなる。その橋の入り口及び出口に、さらに、その前後に、何段階かのドアを設け、それらのドアをどのくらい開けるか閉めるかをめぐって交渉が続いたのである。そのようなドアは次の各項目に対応している。それらは、第一に、名古屋議定書という橋を渡るための前提条件として、国内法の適用範囲、国内法の手続の透明性、そして、特別事情に対する考慮義務である。第二に、橋の幅を定めることとなる議定書の適用範囲、橋を渡ることのできる国内法規定を定めることとなる対象事項、そして議定書の射程を定めることとなる利益配分の対象範囲である。第三に、橋の出口又は利用国への入り口において、他国法令に対する個別的な受け入れ選

---

(2) 名古屋議定書の正文は、以下で閲覧可能。Nagoya Protocol on Access to Genetic Resources and the Fair and Equitable Sharing of Benefits Arising from their Utilization to the Convention on Biological Diversity （October 29, 2010）（http://treaties.un.org/doc/Treaties/2010/11/20101127%2002-08%20PM/Ch-XXVII-8-b.pdf）（last visited January 7, 2011）.

　名古屋議定書については、(財)バイオインダストリー協会（JBA）が仮訳を作成しており、併せて参照されたい。(財)バイオインダストリー協会「名古屋議定書（JBA 仮訳）」（2011 年）（http://www.mabs.jp/archives/nagoya/index.html）（最終訪問日：2011 年 1 月 7 日）

265

第6章　名古屋議定書の概略と論点

図1：名古屋議定書の枠組み

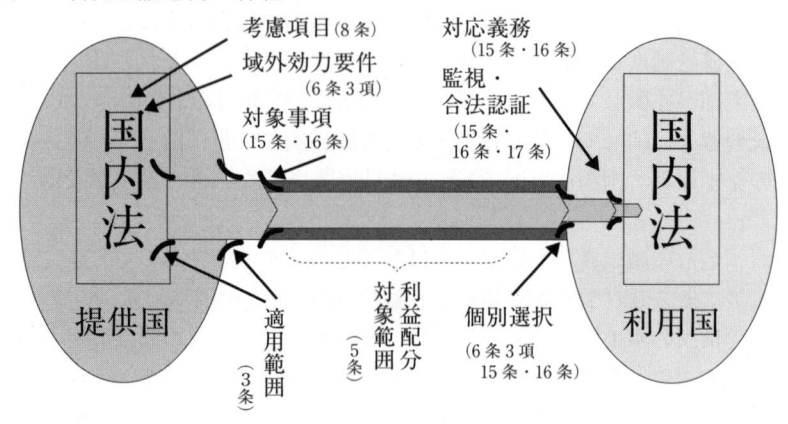

考慮項目(8条)
域外効力要件(6条3項)
対象事項(15条・16条)
対応義務(15条・16条)
監視・合法認証(15条・16条・17条)
国内法
提供国
適用範囲(3条)
利益配分対象範囲(5条)
個別選択(6条3項 15条・16条)
国内法
利用国

択権、また、受け入れたことにより国内化された他国法令要件への対応措置に関する裁量権である。第四に、その対応措置の不遵守に対する制裁に関する裁量権、また、監視・認証制度の構築に関する裁量権である。

　結局、それらのほとんどについて合意できず時間切れとなったため、それまでの交渉経緯には必ずしも基づかずに議長提案という政治決着により名古屋議定書は採択された。以下では、それらの項目ごとに法的論点を解説する。なお、上記のような採択経緯であったため直前まで続いていた交渉状況を反映していない条文もあり、その結果、特に開発途上国の主張には法理論的には整合性がとれないものもある。

2　名古屋議定書の主要規定

(1) 適用範囲

　適用範囲は、合意の難しかった項目の一つであった。ヒトの遺伝資源、ヒトに対する病原体、領域外の遺伝資源、南極に存在する遺伝資源、食品などの産品、専門的条約の対象の遺伝資源、議定書発効以前に取得された遺伝資源[3]などの取り扱いには、最後まで対立が続いた。

　これらの対立していた論点のほとんどは、適用範囲を定めている第3条では

---

(3) 開発途上国は、遡及適用については、大航海時代まで遡るべきであるという法的実現性の乏しい主張さえ行い、きわめて強硬であった。最終的に、その主張の撤回と引き換えに求めたのは、第10条として新設された資金メカニズムであった。

触れられていない。第3条は、適用範囲を、CBDの枠内の遺伝資源及びそれに付随する伝統的知識、並びに、それらの利用から生じる利益配分であると定めている。したがって、遺伝資源についてはCBDと同じであるが、伝統的知識については、CBD第8条(j)に比べて、その取り扱い保証は国際レベルに引き上げられている。また、第4条は、専門的な分野を扱うほかの条約との相互支持的関係を定めている。

適用除外や特例が明記されていない場合は一般原則に従うこととなるため、議定書発効以前に国際移転された遺伝資源への遡及適用は否定されており、また、ほかの条約との関係では特別法及び後法が優先するということとなる。

この適用範囲は、第6条を通じて、取得規制に関する提供国の国内法にも制約を及ぼすため、その限りにおいてこの議定書には国内法の調和という役割がある。

(2) 派生物：利益配分の対象範囲

派生物については、利益配分の対象範囲と、取得規制の対象範囲という二つの側面をめぐって対立があり、その一方は解消されたが、もう一方は最後まで対立が続いた。

まず、利益配分の対象範囲については、派生物の定義を中心に、何からの利益か、どこまで対象になるかをめぐって対立が続いていた。派生物を通じて利益配分の対象範囲を拡大しようとする開発途上国の主張は、第1章4（4）で指摘したように、天然資源に対する恒久主権の主張と良く似ている。

ところで、利益配分の対象範囲に派生物を含めることに対して、先進国や企業が反対したと言われることが多いが、実はそうでもない。先進国や企業は、業種や分野により利用形態が大きく異なるため、また、派生物という概念がきわめて広義であり定義が難しいため、選択的な例示にとどめること、及び、派生物を含める場合もあり得るが、それについては国際法や国内法ではなく個別利用ごとの契約（Mutually Agreed Terms：MAT）において定めることを主張していたのである。

それに加えて、派生物を対象にすることには法的な問題がある。というのは、開発途上国は、派生物には、生物組織に加えて、化学物質、加工品又は情報などが含まれると主張していた[4]。ところが、まず、CBD第15条7項は、「遺伝資源」の利用から生じる利益を配分の対象にしている。次に、第1章3で述べ

たように、CBD 第 2 条において、「遺伝資源とは」「遺伝の機能的な単位を有する」素材であると定められている。ということは、派生物のうちで遺伝の機能的な単位を有しないものは遺伝資源ではないため、その利用から生じる利益はCBD の対象外となる。

　この指摘に対して、開発途上国は「遺伝資源の利用」に派生物の生成、抽出や分析が含まれるため、利益配分の対象であると主張するようになった。つまり、「遺伝資源」「の利用から生じる利益」と読むのではなく、「遺伝資源の利用」「から生じる利益」と読むという解釈である。これに対して、上記のように先進国や企業も、遺伝資源というよりは派生物が利用対象であることも現実にはあるため、強い反対はしなかった。そのため、2010 年 7 月のモントリオール会合では、「派生物」という語に伴う上記のような問題を避けるために「派生物」という語は用いず、「遺伝資源の利用」を定義するとともに、個別の MAT に基づくことを明記するという妥協案が浮上した[5]。

　第 5 条はその延長上にあり、また、それらの用語の定義を置いている第 2 条 (c)、(d) 及び (e) も同様である。それらを連続的に読めば、MAT において合意されれば、派生物から生じる利益も配分対象にすることができるようにされており、CBD との齟齬も生じない。したがって、第 5 条は外見上は CBD 第 15 条 7 項を繰り返しているように見えるのであるが、それは、第 2 条とリンクして、懸案であった利益配分の対象範囲を具体化するという重要な役割を担っている。

　なお、第 5 条 1 項をめぐっては、提供国において ABS 関連の法律が制定されていなかった場合にも、利益配分は国際義務であり、保証されるべきであると開発途上国は主張し、その明文化を求めていた[6]。しかし、先進国は、そのような主張は、ABS 規制は国内法に基づくと定めている CBD 第 15 条 1 項及び 7 項、また、MAT に基づくと定めている同 7 項を越えることにもなるた

---

(4)　実際、名古屋議定書の第 2 条 (e) において、「派生物」とは、「遺伝の機能的な単位を有しないものであっても…」と定められている。なお、その定義には、開発途上国が求め続けていた単なる化学物質や情報などは含められていない。

(5)　See, Note 2 on Article 4, Paragraph 1, in the Report of the Second Part of the Ninth Meeting of the Ad Hoc Open-Ended Working Group on Access and Benefit-Sharing, UNEP/CBD/COP/10/5/Add.4 (July 28, 2010), p. 21.

(6)　*Id.*, p. 11.

め[7]、反対していた。最終的に、そのような字句は採用されず、また、個別のMATに基づくことが明記されたことにより、開発途上国の主張は否定された。

以上に加えて、第5条5項は、遺伝資源に付随する伝統的知識について遺伝資源に準じた取り扱いを定めており、遺伝資源のみについて定めているCBD第15条7項に比べて、利益配分の対象範囲が拡大されている。

（3）派生物：取得規制の対象範囲

これにより2010年7月の時点で派生物をめぐる対立は解消に向かうように見えたが、その後、もう一方の派生物問題が表面化した。それは、国内法による取得規制の対象範囲に派生物を含めることである。開発途上諸国は、利益配分だけでなく取得規制（ABSのBSだけでなくA）の対象範囲にも派生物を含めるべきと主張したのである。具体的には、第6条、第15条及び第17条に、遺伝資源とともに派生物という用語を挿入するよう求めた。

これに対して、先進諸国は、CBD第15条1項は「遺伝資源」を対象にしており、上記定義のように「遺伝資源」に含まれない「派生物」は対象でないこと、また、特に、それは、第15条及び第17条が定める外国法の効力の受け入れ義務の中身を実質的に拡大してしまうこと、さらに実際にも、「派生物」に対する外国法の取得規制（PIC）の合法確認は法技術的に困難であることなど、主に法的観点から反対した。

この取得規制の対象範囲についても、上記（2）についてとられた解釈定義にならって、派生物という語を用いずに双方の見解に沿う文言の提案が繰り返されたが、それでも合意には至らなかった。最終的に議長提案として、以下で触れる第6条、第15条及び第17条のそれぞれから「派生物」という用語は削除された。したがって、資源提供国の国内法による取得規制の対象範囲は、換言すれば、国外効力を有する取得規制の対象範囲は、遺伝資源にとどまっている[8]。

（4）国内法に対する要件

第6条3項は、遺伝資源の取得規制について国内法を整備する際に従うべき

---

[7] 第1章3 注（9）を参照。
[8] ただし、それら各条には「利用」という語が用いられているため、利益配分の対象範囲と同様に、派生物は含まれているという主張が行われる可能性は残っている。

第6章　名古屋議定書の概略と論点

項目を定めている。具体的には、法的確実性・透明性、公正かつ恣意的でない規則、申請手続の公表、書面による合理的期間内の決定、許可書又は証明書の発給、発給した許可書のABSクリアリングハウスへの登録、先住民社会が関わる場合の明確な手続、MATに関する明確な規則と手続などである。

　実は、第6条3項は別の重要な役割を担っており、それは、利用国に対して他国の国内法令などの域外効力の受け入れとそれらの合法確認を義務付けている第15条、第16条及び第17条のための、前提要件を定めることである。具体的には、後述のように、第15条と第16条のそれぞれ第1項の「均衡する」という語がこの要件に対応した利用国の選択権を認めている。

　ただし、ABSの実体ルールは国内法が定めることを前提にしているため、第6条3項に定められているのは上記のような手続的要件、それもABS法というよりは一般的な法律のための要件にとどまっている。したがって、国内法に対する要件とはいっても、食料及び農業のための植物遺伝資源に関する条約（International Treaty on Plant Genetic Resources for Food and Agriculture：ITPGR）の多国間システム（Multilateral System：MLS）にならって、取得利用の円滑化と利益配分の保証とを内容とする均衡のとれたABS国際基準を定めるという先進国が主張していた要件にはなっていない。実際、円滑な取得確保を目的とする手続保証のためにEUが当初提案していた要件と比べても大幅に削られている[9]。また、一般的に行政手続に求められる要件と比べても、一部分にすぎない。そうではあっても、開発途上国の法令の手続面の透明性の向上は、一般的にも利用サイドにとっても望ましいことであろう。

　他方、第8条は、国内法による取得規制を定める際に考慮すべき特別事情を定めている。したがって、対立が解消されずに適用範囲に関する第3条では明記されていないヒトに対する病原体及び食品などの産品の取り扱いは、本条に組み入れられたのである。具体的には、それぞれ(b)と(c)において十分な考慮を払うことが求められている。また、科学研究目的の調査については、先進国はそれを重視し国内法要件を定めている第6条に組み入れるよう求め、開発途上国は主権的権利に対する制約であるとして反対していた。最終的に、第8条(a)として組み入れられることとなり、科学目的の非商業利用に対しては簡易

---

(9) See, 2）International access standards（that do not require harmonization of domestic access legislation）to support compliance across jurisdictions, UNEP/CBD/WG-ABS/7/4（January 28, 2009）, pp. 24-25,.

手続を定めることを検討するよう求めている。

なお、第6条、第7条及び第8条は、手続面ではあるが提供国の国内法に制約を定めており、通常の形態の条約のように締約国の主権的権利を部分的に制約し、国内法の調和を図っている。

(5) 域外効力の対象事項

第15条及び第16条のそれぞれ第1項は名古屋議定書の中核規定であり、外国法の域外効力が定められている。その域外効力の対象となる事項として、開発途上国は、当初はすべての国内法違反を主張していたが、近年は、特に、政府の事前の情報に基づく同意（Prior Informed Consent：PIC）の取得、地元 PIC の取得、MAT の成立、PIC 内容の遵守、MAT 内容の遵守、関連国内法が未制定でも PIC と MAT は国際義務であることなどを主張していた。他方で、先進国は、基本的には域外効力に反対であり、国際法違反として定めるよう主張していたが、域外効力を認める場合は、国内法が定めている場合の PIC 取得と MAT 成立、それぞれの事実確認に限定しようとしていた。

第15条及び第16条のそれぞれ第1項においては、域外効力の対象となる事項は、遺伝資源が PIC に従って取得されてきていること及び MAT が成立していたことの二点だけとされており、さらに、それらの事項が法令又は規制的要件として定められていることが必要とされている。したがって、先進国の主張に沿った規定となっており、PIC 又は MAT の違反は国際法違反ではないことが再確認された。

これら対象事項のうち、MAT は過去の事実の確認であるが、PIC については、それが付与されたという過去の事実の確認にとどまらず、PIC に従って遺伝資源が取得されてきていることという PIC 付与後のある程度の期間にわたる状況確認を要する。同様に、伝統的知識の場合には、当該先住民社会による PIC 又は承認に従って、及び彼らの関与を得て、取得されてきていることの確認が求められている。そのため、確認すべき事項は、提供国の法令や規制的要件がどのような規定を置いているか、PIC 付与に当たりどのような個別条件が付けられたかという事前特定し得ない事柄によって左右されるものとなっている[10]。伝統的知識の場合は、さらに、先住民社会の決定権者、その意思決定の手続などに左右される。

また、PIC や MAT の根拠は「法律」又は「規制的要件」によるとされている

第6章　名古屋議定書の概略と論点

ため、法律以外による場合や慣習法による場合なども対象にしなければならない。さらに、その対象となる国は単に「他国」とされているため、問題とされる遺伝資源の直接の「提供国」に限られなくなる。そのため、再輸出の場合には、再輸出以前の輸出国や原産国の規制要件についての遵守確保も求められる可能性があり[11]、実行可能性や法的安定性に対する懸念が生じ得る。

　とはいえ、上記のように対象事項はきわめて限定されており、しかも、内容的にもそれほど厳しくない。PIC は許認可制度の基本にすぎず、それ以上の厳格な基準や手続が許認可に関連して定められることも多い。同様に、MAT は契約法の原則の再確認にすぎず、契約が相互合意であることは当たり前である。そもそも、提供国においてはその国内法に従うことは当然であるため、そのような国内法に従い慎重かつ誠実に行動する企業を想定すれば、本条の域外効力による影響はそれほど大きくないと言えよう。

（6）対応義務

　上記（5）の対象事項について、同じ第 15 条 1 項は、利用国に対して、自国内で利用される遺伝資源を対象に、適切、効果的かつ均衡する、法的、行政的又は政策的な措置をとるよう義務付けている。また、第 16 条 1 項は、伝統的知識について同様の対応義務を定めているが、「適切な場合には」という制約が重ねてかけられている。これらの対応義務は、主権国家として譲れない点、すなわち、外国法の受け入れの際の選択権を前提としている。このような選択権は（6）～（8）に共通するため、同様の字句が用いられている。

　具体的には、「適切」と「均衡する」という語が利用国による一般的及び個別的な選択権を認めていると、EU をはじめとして先進国は解釈している。上記（4）において指摘したように、「均衡する」という語に基づいて、利用国は、

---

[10]　ただし、この部分は、カリ会合報告書では"used"が含まれており（have been accessed and used in accordance with prior informed consent）、PIC に従って取得した後の利用形態も対象とされていた（Report of the First Part of the Ninth Meeting of the Ad Hoc Open-Ended Working Group on Access and Benefit-Sharing, UNEP/CBD/WG-ABS/ 9 / 3　(April 26, 2010), p. 50)。それに比べれば、名古屋議定書では PIC の対象範囲は狭められている。

[11]　他方で、原産国を含めることは、第 1 章 3（図 2 右）において指摘したように、第 15 条 3 項が明記していない「条約に従っていない遺伝資源」に対する取り締まり措置を提示していることになる。

提供国の法令等が第6条3項の明確性・透明性要件に合致しているレベルに応じて対応措置のレベルを変えることができるとされる。さらに、「適切」「効果的」「均衡」という三条件はすべて成立しなければならないため、それらのいずれかにあたらない措置をとることは義務付けられていない[12]。他方で、対応措置の形態は裁量的であるため、「法的」、「行政的」又は「政策的」措置の、いずれでも良い。そのため、外国法に対応するためのこの義務もそれほど大きいとは言えない。

(7) 利用国における違反対応措置

第15条及び第16条のそれぞれ第2項は、上記(6)の措置をとっていたにもかかわらず、(5)の事項に対する違反が明らかになった場合に、利用国に、適切、効果的かつ均衡する措置をとることを義務付けている。これら三条件は上記(6)と同じであり、利用国内の社会規範や法制度との調和を前提とすることができる。したがって、当該外国法令の下での制裁措置を前提とする義務はない。なお、すでに第15条及び第16条のそれぞれ第1項において、外国法の要件は利用国の措置に受け継がれているため、それらの条の第2項は自国措置の違反への対応である。

また、それらの条の第3項は従来型の協力規定であり、提供国においてその国内法令違反に対して訴追などの措置がとられている場合で要請があったときに、行政及び司法分野で、可能な範囲内で適切な場合に協力するよう、利用国に義務付けている。

(8) 監視・認証制度

監視・認証制度は、最も合意が難しかった項目である。開発途上国は上記(6)の対応義務の確保のための一手段として厳格な監視・認証制度を求め、チェックポイントとしては、ABS窓口機関、研究機関、研究成果出版団体、知的財産

---

[12] 例えば、適切でない措置はとらなくて良いと考えられる。ところで、適切な措置がない場合は何もしなくて良いか、すなわち、不作為は認められるかも問題になるが、本件のように外国法を根拠にする場合は認められると言えよう。ちなみに、国際基準を根拠とする場合は不作為は認められないと考えられる。他方で、違反事例の重大性や悪質性に応じて、適切、効果的かつ均衡すること（下線部筆者）が求められているという異なる解釈も成立する点には注意しておく必要がある。

第 6 章　名古屋議定書の概略と論点

権審査機関、許認可審査機関などのリストアップを主張した。さらに、原産国を含めること、伝統的知識を含めること、知的財産権の審査時点を含め起源（origin）の開示を義務付けること、開示違反への措置を定めること、特許審査における開示違反の場合は却下すべきことなどを主張した。そして、そのような強制開示違反の際の措置を定める第13条の2（交渉時の条文番号）を提案した。

これに対して、先進国は、特許法の改正を伴うような制度[13]、また、強制的な制度については反対するとともに、不特定の外国法の合法確認を国内法の許認可基準として定めるのには無理があること、例示されているチェックポイントは適切でなくリストアップは不要であることを主張した。

この項目をめぐって対立が厳しくなった背景には、ここで検討されている監視・認証制度が通常の監視・認証制度と同じではないことがある。通常は品質規格に基づくのであるが、ここでの制度は外国法令に基づく規制的要件の遵守確認を目的とするため、必然的に外国法の受け入れという法的性格を有しているのである。さらに、第15条及び第16条のそれぞれ第2項と第3項の規定が、確認され又は疑われている違法に基づく個別的対応であるのに対して、ここでの制度は一般的に合法確認を求めることになる[14]。

最終的に採択された第17条においては、最低一か所のチェックポイントによる監視・認証制度を構築することが各国に義務付けられている一方で、チェックポイントのリストは削除された。したがって、その制度の導入とチェックポイントの設定には、各国の裁量が認められており、制度の性格も強制ではなく任意である。そのため、特許法の改正を伴うわけではなく、認証を伴わない遺伝資源などの許認可や流通を容認することができ、認証を伴わない資源を取引するリスクを考慮して購入者が選択する制度とすることも可能である。また、強制合法認証を前提としていた第13条の2（交渉時の条文番号）は削除された。

ただし、第17条1項(a)には設定すべきチェックポイントの条件が明記され

---

[13]　その反対の法的根拠については、第1章3における第16条5項の解説を参照。

[14]　個別的な違法対応の場合は合法推定を前提とする現代法原則に基づいているが、一般的に合法確認を求める場合は、その原則に合わないことも生じる。特に、開発途上国が求めていた強制合法認証の場合は、銃刀法や薬物規制などの場合に適用されているように、違法推定を前提として個別に合法確認し、確認されたもののみ流通や利用を認めるという例外的な法規制となる。

ており、PIC・MAT 及び利用に関する情報を対象にすべきこと、それらの情報の提示を要請すること、提示違反の場合の措置をとること、各利用段階について監視を行うことなどが定められている。そのため、実効的に機能するチェックポイントの設置と運用という実質的な義務を果たさなければならない。また、同項(b)は、MAT 中にその履行状況についての報告義務規定を含めるよう奨励している。

同条2項は、第14条に定められている情報交換メカニズムを通じた提供国からのPIC 情報を国際的に認められた遵守認証とすると定めており、その第4項には、最低限必要とされる情報項目が定められている。上記の第15条及び第16条の下での措置は実効面での課題も多いことから、この国際認証が活用されることになると思われるため、後述のように、情報交換メカニズムの整備を進める必要がある。

3　その他の規定

伝統的知識及び先住民については、上記の各項目に関わる範囲で触れたように、CBD に比べてそれらの位置づけと保証度合いが引き上げられている。実際、伝統的知識について一般的に定めている第12条のほかにも、第3条、第5条5項、第7条、第11条2項、第13条1項(b)、第16条などは、遺伝資源に関する規定に準じて、独立の規定で伝統的知識の取り扱いを定めている。同様に、第5条2項、第6条2項、第6条3項(f)なども、独立の規定で先住民について触れており、第11条も彼らの関与の必要を示している。さらに、第12条1項においては、先住民の慣習法、その規範及び手続に対する考慮義務が明記されており、第12条3項(a)と第21条(i)も先住民社会の規範及び手続に触れている。また、第6条2項、第6条3項(f)、第7条、第13条1項(b)、第16条1項なども、同意・承認権及び関与権に触れている。

しかしながら、先住民以外から入手した伝統的知識に対する利益配分に触れていた第9条5項（交渉時の条文番号、採択された第12条に該当）については合意が達成されず、最終的には削除された。さらに、第5条2項では「確立された権利に関する国内法令に従い」、また、第6条2項では「取得を認めるための確立された権利を有する場合に」というように先住民所在国の国家主権が色濃く示されており、CBD 第8条(j)が「国内法に従い」という条件を定めているだけであるのに比較すると、先住民の権利はかえって限定されてしまったと言え

第 6 章　名古屋議定書の概略と論点

よう。

　第 1 章 3 において指摘したように、CBD の三つの目的には序列があり、生物多様性の保全が前提的な基本目的とされている。名古屋議定書は、そのことを再確認した上で、ABS とほかの目的との関係を明記している。具体的には、第 1 条、第 9 条、第 10 条及び第 22 条 5 項（h）において、ABS に関わる活動や行動及びそれらから生じる資金を生物多様性の保全及び生物資源の持続可能な利用に振り向けるよう求めている。

　生物多様性に関する資金メカニズムについては、CBD の第 20 条及び第 21 条に定められているが、開発途上国はそのレベル及び運用実態に対して不満を表明していた。その不満は名古屋 COP10 で採択された愛知ターゲットの交渉にも向けられたが、その主力は ABS 交渉に傾注された。最終的に、過去に国際移転された遺伝資源への遡及適用に替えて、そのような資源を対象とする資金メカニズムに関する第 10 条が政治決着の中心条項として採択された。さらに、そのメカニズムに対する日本政府による 10 億円の追加拠出表明と引き替えに、その他の対立項目のほとんどから開発途上国の主張は削られた。そのメカニズムの検討と具体化は今後の課題とされている。

　名古屋議定書の中心目的は、繰り返し述べたように外国法の域外効力の受け入れを義務付けるものである。第 14 条は、その前提となる情報交換メカニズムについて定めており、いわば、この議定書の基盤メカニズムである。そのため、必要かつ十分な情報交換が確保されるように構築し改善をしていく必要がある。

　第 22 条及び第 23 条は、能力構築及び技術移転について触れている。これらは見過ごされがちな規定であるが、第 1 章 3 において第 16 条〜第 19 条について指摘したように CBD 全体の残された課題であるため[15]、今後、PIC や MAT との関わりを含めて重要性を高めてくると思われる。

4　今後の課題

　名古屋議定書は開発途上国の主張に基づいた形式になっている一方で、国家主権原則（先住民問題に関する開発途上国の立場を含む）と先進国の主張に沿って

---

[15]　南北問題と技術移転について、以下を参照。磯崎博司「環境条約における技術移転メカニズム」特許研究 50 号（2010 年）38-44 頁。

276

多くの限定が付されている。また、最終段階では、既存の法秩序の変革に向けて開発途上国が求めていた革新的な制度や手続のほとんどは削除された。そのため、名古屋議定書が一般に期待されていたような大きな効果をもたらすかどうか疑問である[16]。しかしながら、以上では、対立点を明確にするため最低限の法的対応に焦点を当てたが、それ以上の対応も奨励されている。実際、環境分野を含む多くの条約や国内法において、最低限の義務的対応にとどまらず、積極的な実施のための手法が積み重ねられてきている[17]。したがって、効果的に機能するABS枠組み全体のためには、第一に、名古屋議定書の運用に当たり、そのような積極的実施のための諸手法の活用を図ることが望ましい。それには、特に、ABS情報交換メカニズムと国際認証制度の効果的な運用、また、能力構築及び技術的・社会的支援に関わる手法が含まれる。

他方で、名古屋議定書は、ABS問題の外縁部分、すなわち、国境を越える遵守確保のための手続を定めているに過ぎない。そのため、第二に、名古屋議定書及びその周辺部分において、具体的な事例に基づく問題解決型の法制度整備を進める必要がある。それには、MATの国境を越えた遵守確保、法律や契約に疎い社会的弱者に対する支援、公益団体による団体訴訟の検討などが含まれよう。その中には、ABS問題にとどまらず、契約法、経済法、環境法及び人権法上の政策課題が関係してくるものがあるため、広い観点からの法政策的検討が必要とされる。

第三に、そこから中心部分に向かって、提供国における国内法・行政制度の整備とそのための支援、標準的・調和的なABS国内法令の提示、分野別の標準

---

[16] ところで、開発途上国は提供国となる場合のみ想定しているが、利用国となる場合のほうがはるかに多いと考えられる。その場合は、名古屋議定書によって他国のABS国内法を受け入れなければならなくなる。法制度面で整備が進んでいる先進国は、他国の国内法の受け入れについて対応することも可能と思われるが、その整備に課題の残る開発途上国にとっては負担が大きいかも知れない。

[17] 環境条約の遵守確保と積極的な実施については、以下を参照されたい。磯崎博司『国際環境法』（信山社、2000年）230-284頁。それらのための手法としては、行政的手法（条文解釈の提示又はガイドラインの設定、条文よりも厳しい措置の奨励、下部機関の設置、国内機関の指定、国内法令及び計画の整備・強化、個別措置の特定又は目標の公表）、監視的手法（当事国による報告・通報、当事国以外による違反通報及び監視、主権国家以外による監視、検討、説明責任及び勧告）、恩恵誘導的手法、並びに、法的・制裁的手法（審査及び違反認定、制裁、紛争解決、不遵守対応手続き）が活用されてきている。

第6章　名古屋議定書の概略と論点

的 MAT の検討、目的外使用や目的変更への対応措置の検討などを進める必要がある。このプロセスは以上のプロセスと相まって、ABS 問題の中心部分、すなわち、ABS そのもののルールを定めている各国の国内法の整備と調和につながることともなり、究極的には、環境・経済・社会的に健全な利用の促進と公正かつ衡平な利益配分の確保との実現が可能となる。

第四に、CEPA（Communication, Education, Participation and Awareness）を展開する必要が挙げられる。ABS の重要性は名古屋議定書の交渉過程を通じて広く知られるようになってきてはいるものの、個別手続きや外国法の追跡効力について十分な理解がされているとは思えない。ABS の基本と名古屋議定書の概略とともに関係国の法令の解説を含めて、正確な情報の提供を通じた認識向上のための手段がとられることによって、問題となる事態を減らすことができる。

なお、広く知られているように、生態系や共同体の外縁と国境線とは一致しない。そのような国境で画定できない事柄の場合には、主権的権利に基づいて国家ごとの囲い込み的対応をとることは効果的ではないことが多い[18]。ABS もその場合に該当する。すでに、主に開発途上国間において、遺伝資源や伝統的知識を共有する周辺国との間に摩擦が生じており、今後も増大する可能性が高い。そのような場合の国際協力に向けて、名古屋議定書の第 11 条には努力義務が定められており、また、第 10 条の資金メカニズムの対象とされてはいるが、それに限られず、環境法や人権法の原則を参考に、対象とする事項や事柄の広がりに応じた国際的又は地域的な共同管理方式の検討を進めるべきである[19]。

---

[18] 効果的でなかった類似の事例は 200 カイリ経済水域の主張に見ることができる。それは海洋先進国に対抗するための手段とされたが、全体としては、逆に海洋先進国に有利になってしまった。

[19] ABS に関する地域的な共同管理については、以下を参照。Gerd Winter, "Towards Regional Common Pools of GRs‐Improving the Effectiveness and Justice of ABS," in Evanson C. Kamau & Gerd Winter（eds.）, *Genetic Resources, Traditional Knowledge and the Law*（Earthscan Publications Ltd., 2009）, pp. 19-35.

◆おわりに◆

　日本の進むべき道は世界の国々と共存共栄することである。生物遺伝資源へのアクセス及び利益配分（ABS）の分野についても同様のことがあてはまる。一般に、二者が共同作業を行う時、①両方が得をする、②一方のみが得をする、③両方が損をする、という三つのケースがあり得る。賢いはずの人達でも、情報不足、経験の違い、偏った先入観、私欲などのために判断を誤り、結果として③を選ぶことがある。

　ABS においては、いかなる国も遺伝資源の利用国であり、同時に、提供国である。

　まず、「日本は遺伝資源の利用国である」という視点に立って考えてみよう。実は ABS 問題に関して、これまで、日本はほとんどこの視点で考えてきた。日本にとって、遺伝資源の提供国として最も重要な地域はアジアである。例えば東南アジアは、熱帯遺伝資源の宝庫である。1991 年に、日本はまず国内において産業界、学界、政府が協力体制の基礎を整備した上で、1993 年から政府 ODA プロジェクトにより東南アジア主要国と生物多様性に関する共通理解を深めることを通じて、友好関係の促進に努めた。これらのプロジェクトは、短兵急に資源アクセスを求めるのではなく、まず CBD の理念を相手国と共有することに専念することから開始した。これがその後の海外資源アクセスが円滑にしかも永続的に進めることができた主因と思われる。（独）製品評価技術基盤機構（NITE）の微生物資源センター（NBRC）によるアジア諸国との研究協力や、経済産業省（METI）と（財）バイオインダストリー協会（JBA）による「生物多様性条約を遵守したアクセス促進事業」は、所期の理念に基づいて実施された。

　国内でボン・ガイドラインを普及させる過程で、METI-JBA は企業や研究者を通して、ボン・ガイドラインを基礎に、更に「利用者に特化したガイドライ

ン」を開発する必要性を知った。それは、「遺伝資源へのアクセス手引」の発行という形で実現した。この手引は企業や研究者に対して現実場面で有効な指針を提供すると共に、開発途上国の主張する「利用者側措置(ユーザー・メジャー)」の考え方にも合致するものであった。手引の開発中に、時を同じくして日本と同様に ABS ツールの開発作業を進めていたベルギー(EU)チームやスイスチームとの交流による切磋琢磨も効果があった。

振り返ると、たくまずして日本は、世界的に見て独自で、しかも現実に機能する ABS レジームを構築し実施していたことになる。そして、第10回締約国会議(COP10)に至る過程でこれを事例として提示し、国際貢献ができたのである。これらは、すべて当初から「両方が得をする方法は何か」という視点に立って行動してきた結果である。

次に、「日本は遺伝資源の提供国である」という視点に立って考えてみよう。日本の国土は南北に長く、広い海域を有し、生物多様性に富んでいる。また、これまでの研究開発成果として高い付加価値を持つ遺伝資源を多く蓄積している。

日本は、CBD 下での ABS 国際レジームの長い交渉の過程で、資源提供国の主張の中に、「両方が損をする」という結果に終わらざるを得ない発想法が存在することを体験した。日本はこの経験を貴重な反面教師として役立てねばならない。日本の立国の基礎は科学技術と産業である。これらを更に強化することが日本の ABS の発想の基礎になければならない。もし仮に、日本が提供国としての私欲から目先の利益の確保に拘泥しすぎたならば、国外利用者によるアクセスのみならず、国内の研究開発までも阻害する結果になりかねない。日本が提供国という立場に立つ場合、提供国と利用者の「両方が得をする方法は何か」という視点に立って、双方の長期的な発展を確保するための仕組みを考えることが必須である。

日本は、CBD 下での ABS 国際レジームの長い交渉の過程で、資源提供国の主張の中に、「両方が損をする」という結果に終わらざるを得ない事例があることを体験した。日本はこの経験を貴重な反面教師として役立てねばならない。日本の立国の基礎は科学技術と産業である。これらを更に強化することが日本の ABS の発想の基礎になければならない。もし仮に、日本が提供国としての偏狭な動機にもとづく利益確保の制度をつくったならば、国外利用者によるア

おわりに

クセスのみならず、国内の研究開発までも阻害する結果になりかねない。日本が提供国という立場に立つ場合、提供国と利用者の「両方が得をする方法は何か」という視点に立って、双方の長期的な発展を確保できる仕組みを考えることが必須である。

　名古屋議定書が採択された。この状況に対応して、今後の遺伝資源政策の在り方について、「日本は利用国として、および、提供国としていかにあるべきか」についての議論をはじめるべき時期が来たのである。色々な観点から時間をかけて議論することが必要である。その際、「両方が得をするアプローチとは何か」を念頭に置き、研究開発が促進されると共に、国際的にも多くの仲間ができるような道を追求することが重要である。

CBD-ABS に関するよくある質問 *FAQ*

CBD-ABS に関するよくある質問
FAQ

　ここでは生物多様性条約（CBD）と生物遺伝資源へのアクセス及び利益配分（ABS）に関し、頻繁に尋ねられる質問及び「遺伝資源へのアクセス手引」[1]に掲載されている Q&A の中から基本的なものを取り上げ、現状でお答えできる範囲で回答しています。より詳しくは、本書の関連項目をご参照いただくか、我が国の権限ある国内当局にお問い合わせください。

【Q1】アクセスする場合、政府窓口や権限ある国内当局はどのようにして調べればよいのでしょうか？

A：CBD 事務局のウェブサイト（"Lists of National Focal Points"（http://www.cbd.int/information/nfp.shtml））に、各国の「政府窓口」（National Focal Points to Access and Benefit Sharing）及び「権限ある国内当局」（Competent National Authorities on Access and Benefit Sharing）が掲載されていますので、適宜、参照してください。

【Q2】CBD の発効（1993 年 12 月 29 日）前に取得した遺伝資源にも条約の効力は及ぶのでしょうか？

A：CBD の発効前であれば、条約に基づく義務はないものと考えられます。また、遺伝資源の提供国が 1993 年 12 月 29 日以降に本条約を批准している場合には、その国において本条約が発効した日以前に、当該国から取得したものについても、条約に基づく義務はないものと考えられます。ただし、遺伝資源の資源提供国の法令、行政措置などにより別段の定めがある場合には、

---

[1] （財）バイオインダストリー協会・経済産業省「遺伝資源へのアクセス手引」（2005 年）（http://www.mabs.jp/archives/tebiki/index.html）（最終訪問日：2011 年 1 月 10 日）

それに従う必要があります（→関連項目：第1章4及び第6章2）。

【Q3】遺伝資源が、仲介業者（Commercial Intermediary）を通じて間接的に利用者に提供される場合には、どのようにして事前の情報に基づく同意（PIC）の取得を確認できるのでしょうか？

A：仲介業者自身が、遺伝資源の取得に当たって、資源提供国の法令、行政措置などに従った手続を踏んだ上で許可を得たのか、及び、その遺伝資源を第三者たる利用者に提供する権限が仲介業者に与えられているのかを確認してください。

　確認の手段としては、当該仲介業者からPIC取得を確認できる書面の写しを取ること、仲介業者がPICを取得しているという確認書を仲介業者自身から取ることや、それが困難な場合でも、契約書の中で明示的に、仲介業者自身が資源提供国における法令、行政措置等に従って遺伝資源を取得したことを確認する条項を入れるという方法もあります。

　また、リスク回避のためには、仲介業者への確認とは別に、仲介業者に遺伝資源を提供した資源提供国が、PICについて国内法令・行政措置などにより、どのような手続を要求しているかを独自に調べることをお奨めします。

【Q4】カルチャー・コレクションなど（総称して生息域外コレクションと呼ばれている）から遺伝資源を取得する場合、PICを得る必要があるのでしょうか？

A：生息域外コレクションもCBDの対象になります。カルチャー・コレクション、生物資源センター（BRC）などが所在する国の法令が、PICの取得を要求している場合には、当然PICの取得が必要です。また、当該生息域外コレクションが、第三国から遺伝資源を取得し、それを利用者に提供しようとしている場合には、生息域外コレクションも一種の仲介者（Intermediary）ですから、問3の回答にある手順を踏むのがよいでしょう。

　他方で、公的なカルチャー・コレクションやBRCは行政機関との関係が密接である場合が多いため、資源提供国と公的カルチャー・コレクションやBRC間では第三者への資源の提供について、条件を事前に合意しているケースが多く見られます。

【Q5】ある植物が複数の国にまたがって生息している場合（原産国が一つではない場合）はどうしたらよいのでしょうか？

A：CBDにおける「遺伝資源の原産国」とは、「生息域内状況において遺伝資源を有する国」のことです（→関連項目：第1章3）。この定義に従えば、例えばある植物が2～3百年前に海外から日本に入り、その後日本の生息域内に存しているとするならば、その植物の原産国は日本となります。何ら取決めが交わされずにCBD発効以前に日本に持ち込まれ、日本に現在生息しているならば、日本が原産国です。こうした原産国が複数ある場合には、その中からアクセスする国を一つ決め、その国の国内法に従ってアクセスを行えば構いません。ただし、留意事項があります。例えば、アンデス山脈沿いのボリビア、コロンビア、エクアドル等の諸国には共通した植物があり、地域協定（アンデス協定）を結んでいます。そのため、アンデス協定加盟国の遺伝資源にアクセスする場合には、このような地域協定にも注意する必要がかあります。

【Q6】 遺伝資源の利用（派生物を含む）はどのように取り扱うべきですか？

A：遺伝資源の利用については、契約当事者が契約の中で具体的にその定義及び取扱いの内容を決めていくことが重要です。ただし、これらの取扱いについては、遺伝資源提供国である契約相手国の法令や行政措置で具体的に決まっている場合がありますので、当該国の法令や行政措置などをよく調べた上で交渉してください（→関連項目：第6章2）。

【Q7】 遺伝資源の所有者（遺伝資源が存在する土地の所有者等）の同意がある場合でも、別途政府のPICを得る必要がありますか？

A：所有者の事前同意（PIC）と政府のPICとは、別のものです。たとえ遺伝資源の所有者の事前同意があっても、国内法が定めている場合は、別途政府の許可が必要になりますので注意が必要です。

【Q 8】 市場で購入した果物を研究開発に用いた場合は CBD の対象になりますか？（目的外使用の問題）

A：市場において売り手と買い手の間には、通常、その果物が食べ物として消費されるという合意（黙示の譲渡契約）しかないとされます。その果物を研究開発の対象として利用することに対して提供国（当該果物の産出国）の ABS 関連法が政府 PIC の取得を義務付けている場合には、そのような行為は違法とされる可能性があるため、注意を払う必要があります。例えば、果物屋で売られているバナナを食料として消費する分には格別問題はないけれど、バナナを新製品の開発に用いる場合は、提供国の国内法に要注意ということです。

【Q 9】 各国の ABS 国内法に関し、どの国にあって、どの国にないということを調べる手段はありますか？

A：CBD 事務局ウェブサイト（"ABS Measures Search Page"（https://www.cbd.int/abs/measures/））から調べることができます。

【Q 10】 学術目的であっても、CBD の対象になりますか？

A：CBD は遺伝資源の利用目的による区別をしていませんので、学術目的であっても対象になります（→関連項目：第 3 章 5）。

【Q 11】 現在日本には ABS 法はないということですが、日本から遺伝資源を輸出等する場合に留意すべきことはありますか？

A：ABS に関する特別法はなくても、農林水産分野の法令、知的財産権分野の法令、様々な区域指定に関わる法令、輸出入規制法令、各種権利に関わる民商事分野の法令、違法な行為に関わる刑事関連法など、部分的・間接的に関係する法令はあります。しかし、業として行う場合には、既にこれらの法令にも対応が図られているはずですので、新たな規制がない限りこれまで通り

の対応で足ります。ただし、当該遺伝資源が外国由来である場合は、関連する外国の法令などにも注意する必要があります。

【Q 12】 伝統的知識を利用して研究開発を行いたいのですが、どのようにすればよいのでしょうか？

A：CBDの下では、「伝統的知識」は定義されていませんが、名古屋議定書には「遺伝資源に関連する伝統的知識」へのアクセスと利益配分について関連する条項があります（議定書第5条、第12条、第16条など）。これは国内法に従うという前提にのっとったものです。したがって、利用したい伝統的知識が存する国の国内法や慣習法等を十分に確認する必要があります。また、国内法によりPICの取得や利益配分が義務づけられている場合でも、伝統的知識が先住民や地域社会によって「集団的」に保有されていたり、複数の先住民等が同じ伝統的知識を保有している場合なども多く、誰に対してPICの申請や利益配分をすればよいのかが必ずしも明確ではありません。このように伝統的知識の取扱いについては不確定要素が多いため、個別事案ごとに相手国の権限ある国内当局に相談することをお奨めします（→関連項目：第4章2，3-1～3-3及び第6章）。

【Q 13】 海外の市場で購入したり農家が好意で提供してくれた在来の種子や作物を、日本に持ち込み遺伝資源として活用するにはどうしたらいいのでしょうか？

A：このような種子などを現地購入したり譲ってもらったりして日本に持ち帰るためには、相手国がCBDの締約国であれば、それら種子などを現地で入手する前に予め相手国の法令・行政措置などに従って政府（必要な場合は地域社会）から当該遺伝資源へのアクセス・持ち出しに関するPICを得ることが必要です。なお、相手国が植物の新品種の保護に関する国際条約（UPOV条約）加盟国の場合、登録品種で一般流通しているものを持ち帰って育種利用できますが、CBDとUPOV条約との関係がその国でどのように整理されているか、さらに種子の持ち出しを規制する法律があるかなどを事前に確認することをお奨めします（→関連項目：第3章4及び第4章5）。

【Q14】 食料及び農業のための植物遺伝資源に関する条約（ITPGR）の締約国のジーンバンクから、我が国に多国間システム（MLS）内の遺伝資源を導入することは可能ですか？

A：我が国はITPGRに加入していませんので、原則的にはMLS内の遺伝資源にアクセスできません。しかしながら、ITPGR第31条の規定から非締約国へのMLS内遺伝資源の提供は当該締約国の裁量によると思われますので、我が国からMLS内遺伝資源にアクセスできる可能性はあります（特に現在MLS内遺伝資源の多くは国際農業研究センター（IARCs）から提供されており、これらの機関は誰にでも遺伝資源を配布するとの方針を維持しています。）。（→関連項目：第3章4及び第4章5）。

【Q15】 ITPGRの締約国から我が国に、上記Q14以外の遺伝資源を導入するにはどのようにしたらいいのでしょうか？

A：このケースで対象となる遺伝資源は、生息域内にある附属書Ⅰに属する作物（牧草類を含む。）と附属書Ⅰに属さない遺伝資源（生息域内・域外を問わない。）です。これらの遺伝資源については、相手国がCBDの締約国であれば基本的にCBDに従います。（→関連項目：第3章4及び第4章5）。

※具体的な事案についての我が国の問い合わせ先

〈日本の権限ある国内当局〉
　経済産業省 製造産業局 生物化学産業課 事業環境整備室
　　電話：03-3501-8625　FAX：03-3501-0197

―――――〈執筆者紹介〉（五十音順）―――――

青柳　由香（あおやぎ　ゆか）
　　東海大学法学部講師……………第4章3-1〔田上麻衣子と共著〕，3-3
安藤　勝彦（あんどう　かつひこ）
　　(独)製品評価技術基盤機構(NITE)バイオテクノロジー本部参事官
　　　……………第3章5，第5章1-1〔渡辺順子と共著〕，2-2
磯崎　博司（いそざき　ひろじ）
　　上智大学大学院地球環境学研究科教授
　　　………………………はじめに，第1章3，4，第6章
奥田　徹（おくだ　とおる）
　　玉川大学学術研究所菌学応用研究センター教授・主任………第3章1
鴨川　知弘（かもがわ　ともひろ）
　　(株)サカタのタネ研究本部遺伝資源室研究員……………第3章4
最首　太郎（さいしゅ　たろう）
　　(独)水産大学校水産流通経営学科講師…………第1章1，第4章3-2
炭田　精造（すみだ　せいぞう）
　　(財)バイオインダストリー協会生物資源総合研究所所長
　　　………………第2章〔渡辺順子と共著〕，おわりに
高倉　成男（たかくら　しげお）
　　明治大学法科大学院教授……………………………第1章2
田上麻衣子（たのうえ　まいこ）
　　東海大学法学部准教授……………第4章1，2，3-1〔青柳由香と共著〕
薮崎　義康（やぶさき　よしやす）
　　(財)バイオインダストリー協会事業推進部部長……………第5章2-1
山本　昭夫（やまもと　あきお）
　　(NPO法人)海外植物遺伝資源活動支援つくば協議会会員
　　　………………………第4章5，第5章1-2
渡辺　順子（わたなべ　じゅんこ）
　　(財)バイオインダストリー協会生物資源総合研究所主席研究員
　　　……第2章〔炭田精造と共著〕，第3章2，3，第5章1-1〔安藤勝彦と共著〕
渡邊　幹彦（わたなべ　みきひこ）……………………………第4章4
　　名古屋大学国際環境人材育成プログラム特任教授

〈監修者〉

(財)バイオインダストリー協会 生物資源総合研究所

〈編者〉

磯崎博司（いそざき　ひろじ）
　上智大学大学院地球環境学研究科教授

炭田精造（すみだ　せいぞう）
　(財)バイオインダストリー協会生物資源総合研究所所長

渡辺順子（わたなべ　じゅんこ）
　(財)バイオインダストリー協会生物資源総合研究所主席研究員

田上麻衣子（たのうえ　まいこ）
　東海大学法学部准教授

安藤勝彦（あんどう　かつひこ）
　(独)製品評価技術基盤機構(NITE)バイオテクノロジー本部参事官

生物遺伝資源へのアクセスと利益配分
――生物多様性条約の課題――

2011(平成23)年3月26日　第1版第1刷発行

監　修　(財)バイオインダストリー協会
　　　　生物資源総合研究所
　　　　磯　崎　博　司
　　　　炭　田　精　造
編　者　渡　辺　順　子
　　　　田　上　麻衣子
　　　　安　藤　勝　彦
発行者　今井　貴・渡辺左近
発行所　株式会社　信山社
　　　　〒113-0033 東京都文京区本郷6-2-9-102
　　　　Tel 03-3818-1019　Fax 03-3818-0344
　　　　info@shinzansha.co.jp
　　　　笠間来栖支店　〒309-1625 茨城県笠間市来栖2345-1
　　　　Tel 0296-71-0215　Fax 0296-72-5410
出版契約 2011-5837-0-01011 Printed in Japan

Ⓒ編著者, 2011 印刷・製本／亜細亜印刷・渋谷文泉閣
ISBN978-4-7972-5837-0 C3332　分類323.916-d015 環境政策・環境法
5837-0101：013-080-020-020《禁無断複写》

「理論と実際シリーズ」刊行にあたって

　いまやインターネット界も第二世代である「web2.0」時代を向かえ、日本にも史上類をみないグローバリゼーションの波が押しよせています。その波は、予想を超えて大きく、とてつもないスピードで私たちの生活に変容をもたらし、既存の価値観、社会構造は、否応もなくリハーモナイズを迫られています。法、司法制度もその例外ではなく、既存の理論・判例や対象とする実態の把握について、再検討を要しているように思われます。

　そこで、わたしたちは、現在の「理論」の到達点から「実際」の問題、「実際」の問題点から「理論」を、インタラクティブな視座にたって再検討することで、今日の社会が回答を求めている問題を検討し、それらに対応する概念や理論を整理しながら、より時代に相応しく理論と実際を架橋できるよう、本シリーズを企図いたしました。

　近年、社会の変化とともに実にさまざまな新しい問題が現出し、それに伴って、先例理論をくつがえす判決や大改正となる立法も数多く見られ、加えて、肯定、否定問わず理論的な検討がなされています。今こそその貴重な蓄積を、更に大きな学問的・学際的議論に昇華させ、法律実務にも最大限活用するために巨視的な視座に立ち戻って、総合的・体系的な検討が必要とされるように思います。

　本シリーズが、蓄積されてきた多くの研究と実務の経験を考察し、新しい視軸から時代が求める問題に的確に応えるため、理論的・実践的な解決の道筋をつける一助になることを願っています。

　混迷の時代から順風の新時代へ、よき道標となることができれば幸いです。

2008 年 12 月 15 日

信山社　編集部

日本民法典資料集成

第一巻 民法典編纂の新方針

広中俊雄 編著
〔協力〕大村敦志・岡孝・中村哲也

【目次】
『日本民法典資料集成』(全一五巻)への序
全巻凡例／日本民法典編纂史年表
全巻総目次／第一巻目次(第一部細目次)

第一部 『民法編纂の新方針』総説
新方針／『民法修正』の基礎
法典調査会の作業方針
甲号議案審議前に提出された乙号議案とその審議
民法目次案とその審議
甲号議案審議以後に提出された乙号議案
第一部ⅠⅡⅢⅣⅤⅥ
第一部あとがき〔研究ノート〕

来栖三郎著作集Ⅰ〜Ⅲ

《解説》安達三季生・池田恒男・岩城謙二・清水誠・須永醇・瀬川信久・田島裕・利谷信義・唄孝一・久留都茂子・二藤邦彦・山田卓生

■Ⅰ 法律家・法の解釈・財産法
《1 法律家、法の解釈》1 法律家 2 法の解釈と法律家 3 法の解釈における制定法の意義 4 法の解釈における慣習法の意義 5 法の解釈における実定法の遵守 6 法における擬制について 7 いわゆる事実たる慣習と法たる慣習 〔A 法律家・法の解釈／B 民法・財産法全般／契約法を除く〕《2 財産法·物権》8 学界展望・民法 9 民法における財産法と身分法 10 立木取引における明認方法について 11 債権の準占有と免責証券 12 損害賠償の範囲および方法に関する日独両国法の比較研究 〔C 財産法判例評釈(2)(債権・その他)〕《3 契約法》13 契約法における日独両国法の比較研究 14 契約と不当利得法 15 契約法の歴史と解明 16 日本の贈与法 17 第三者のためにする契約 18 日本の手付法 19 小売商人の瑕疵担保責任 20 民法上の組合の訴訟当事者能力 〔*財産法判例評釈(2)（債権・その他)〕

■Ⅱ 家族法と家族法評釈(親族・相続) D 親族法につらなるもの 21 内縁関係に関する学説の発展 22 婚姻の無効と戸籍の訂正 23 家族法先生の自由離婚論の離婚制度の三つの問題について 24 日本の養子法 25 種積陳重先生の離婚制度の研究[講演] E 相続法に関するもの 26 日本の親族法(縮約) 27 共同相続財産に就いて 28 相続順位 29 相続税と相続制度 30 遺言の解釈 31 遺言の取消 32 「Iowa」について F その他(家族法に関する論文) 33 戸籍法と親族相続法 34 中川善之助「日本人・身分権及び身分行為の総則的課題・身分権及び身分行為」[新判紹介] *家族法判例評釈[親族・相続] 付・略歴・業績目録

信山社

森井裕一 著
東京大学大学院総合文化研究科

現代ドイツの外交と政治

第一線の研究者が、現代のドイツの姿を分かり易く解説。

戦後ドイツの外交と政治と最新の状況、その未来を知りたい方に最適の書。

本体￥2,000（税別） 四六判 約250頁

◆目 次◆

第一章 安定と分権――政治システムの特徴
一 「安定」建設的不信任／二 「民主義」国家機関（連邦首相，連邦議会，連邦参議院，連邦大統領，連邦憲法裁判所）／三 「分権」／四 ヨーロッパの中のドイツ
第二章 アデナウアー政権と政治システムの確立
一 アデナウアー政権／二 エアハルト政権と大連立政権
第三章 社会民主党政権――東方政策と社会変容
一 ブラント政権／二 シュミット政権
第四章 コール政権とドイツ統一
一 コール政権と「転換」／二 東西ドイツ共存からドイツ統一への転換
第五章 統一後の苦悩とヨーロッパ化の進展
一 東西ドイツの統一／二 苦悩する統一ドイツ
第六章 シュレーダー政権とドイツ政治の変容
一 第一期シュレーダー政権／二 第二期シュレーダー政権
第七章 メルケル大連立政権とドイツ政治の課題
一 大連立政権の特徴／二 政策課題への挑戦／三 ドイツ政治の展望
文献案内／関連年表

現代選書
分野や世代の枠にとらわれない、共通の知識の土壌を提供

信山社

学術の世界を切りひらく
信山社 学術選書

◇ ドイツ環境行政法と欧州（第2刷新装版）
　　　　山田　洋
◇ 環境行政法の構造と理論
　　　　高橋信隆
◇ 不確実性の法的制御
　　　　戸部真澄
◇ 低炭素社会の法政策理論
　　　　兼平裕子
◇ 複雑訴訟の基礎理論
　　　　徳田和幸
◇ 人権条約の現代的展開
　　　　申　惠丰
◇ 報道の自由
　　　　山川洋一郎

信山社

公益財団法人 旭硝子財団 編著　￥1000（税込）

生存の条件
生命力溢れる地球の回復

地球温暖化、生物多様性の喪失など、地球環境問題を易しく説明した、これから最新の環境問題と対策を考えるための必読の書。一般の方々、企業で環境対策を担当する方々などに向けた、ビジュアルで分かり易く編集された、待望の書籍。

竹内一夫 著

不帰の途 —脳死をめぐって

上製・432頁　本体3,200円（税別）　ISBN978-4-7972-6030-4 C3332

わが国の「脳死」判定基準を定めた著者の著者の"心"とは

医療、生命倫理、法律などに関わる方々必読の書。日本の脳死判定基準を定めた著者が、いかなる考えや経験をもち、「脳死」議論の最先端の途を歩んできたのか、分かり易く語る。他分野の専門家との対談なども掲載した、今後の日本の「脳死」議論に欠かせない待望の書籍。学問領域を超え、普遍的な価値を持つ著者の"心"を凝縮した1冊。

信山社

国際環境法
持続可能な地球社会の国際法
磯崎博司

地球温暖化交渉の行方
京都議定書第一約束期間後の国際制度設計を展望して
高村ゆかり・亀山康子 編

環境政策論(第2版)
倉阪秀史

環境を守る最新知識(第2版)
日本生態系協会 編

プラクティス国際法講義
柳原正治・森川幸一・兼原敦子 編

――― 信山社 ―――

――― 理論と実際シリーズ ―――

1　企業結合法制の実践　中東正文
　　　価格（税込）：3,570円

2　事業承継法の理論と実際　今川嘉文
　　　価格（税込）：3,780円

3　輸出管理論　国際安全保障に対応するリスク管理・コンプライアンス
　　田上博道・森本正崇
　　　価格（税込）：4,410円

4　農地法概説　宮崎直己
　　　価格（税込）：3,990円

5　国際取引法と信義則　加藤亮太郎
　　　価格（税込）：3,780円

6　生物多様性とCSR　企業・市民・政府の協働を考える
　　宮崎正浩・籾井まり
　　　価格（税込）：3,990円

9　特許侵害訴訟の実務と理論　布井要太郎
　　　価格（税込）：3,990円

――― 信山社 ―――